林业有害生物灾害应急管理

Linye Youhai Shengwu Zaihai Yingji Guanli

乔　恒　高峻崇 ▣ 编著

中国林业出版社

图书在版编目(CIP)数据

林业有害生物灾害应急管理/乔恒，高峻崇编著．
—北京：中国林业出版社，2010.12
ISBN 978-7-5038-5997-7

Ⅰ.①林…　Ⅱ.①乔…　②高…　Ⅲ.①森林植物－病虫害防治方法　Ⅳ.①S763

中国版本图书馆 CIP 数据核字（2010）第 223262 号

责任编辑：刘家玲　张　锴

出　版：中国林业出版社(100009　北京西城区德内大街刘海胡同 7 号)
E－mail：wildlife_ cfph@ 163. com　　电话：(010)83225764　83225836
发　行：新华书店北京发行所
印　刷：北京中科印刷有限公司
版　次：2011 年 8 月第 1 版
印　次：2011 年 8 月第 1 次
开　本：787mm ×1092mm　1/16
印　张：15. 5
彩　插：8P
字　数：380 千字
印　数：1 ~5000 册
定　价：48. 00 元

《林业有害生物灾害应急管理》

组织委员会

顾　问： 王祝雄　吴　坚

主　任： 张德新

副主任： 乔　恒

委　员： （按姓氏笔画排列）

于长春　于艳萍　山广茂　马志全　王　宝　王中华　王玉林
王向军　王志明　王志新　王百成　王悦山　王德胜　冯宝新
冯晓光　宁长林　皮忠庆　石茂根　任炳忠　关景海　刘　和
刘　明　刘守文　刘建华　刘海峰　刘焕志　刘鹏飞　孙英利
曲德彦　朱　林　吴振新　宋晓东　张世涛　张国华　张焕伟
张福玉　李　胜　李凤明　李占江　李平均　李国旗　李春生
苏延河　邵兴仁　孟庆繁　洪振环　唐文涛　殷德成　秦四运
郭石林　郭维安　钱玉库　高　远　高文韬　高长启　高延明
高峻崇　梁学顺　黄国杰　傅海山　谭杰超

技术总指导： 宋玉双　杨忠岐

技术指导组： （按姓氏笔画排列）

于治军　山广茂　才玉石　尤德康　王　洋　王剑波　孙玉剑
曲　涛　初　冬　张旭东　胡学兵　赵铁良　柴守权　高长启
常国彬　盛茂领　董晓波　熊惠龙

《林业有害生物灾害应急管理》

编著人员

主　　编: 乔　恒　高峻崇

副 主 编: 王　宝　宁长林　于艳萍

编　　委: (按姓氏笔画排列)

山广茂　王云峰　皮忠庆　乔芳琦　刘　明　刘国彪　刘修英
朱　爽　牟智慧　祁永辉　侯　彬　崔明哲　曹丽君　隋继红
程玉林　雷广衍

编写人员: (按姓氏笔画排列)

于艳萍　王　丽　王　宝　王云峰　宁长林　皮忠庆　石茂根
艾海涛　衣俊鹏　乔　恒　乔芳琦　任利伟　刘　明　刘伟杰
刘国彪　刘修英　朱　爽　牟智慧　祁永辉　许　冰　张凯鹏
李　飞　李　健　李广祥　李利群　杨世一　孟繁强　房　涛
金　铭　侯　彬　胡春平　高立军　高峻崇　崔明哲　曹玉坤
曹丽君　隋继红　程玉林　葛玉新　董志明　雷广衍

序 1

我国是世界上林业生物灾害最严重的国家之一。经普查，我国主要林业有害生物有近300种，造成灾害的也有100多种。“十一五”期间，我国年均林业有害生物发生面积1 164万 hm^2。第七次全国森林资源清查结果显示，乔木林有害生物成灾面积占林业灾害总面积的50.69%，占林业灾害的一半多。当前，我国林业有害生物灾害发生的基本态势是，外来林业有害生物传入加剧、扩散迅猛，常发性林业有害生物灾害种类发生面积居高不下，天然次生林、灌木林和荒漠植被生物灾害问题凸显，鼠兔危害进一步加剧，经济林生物灾害日益严重；特别是，由于大面积纯林和气候变化等因素，导致林业有害生物呈现出明显的突发性、暴发性和快速传播蔓延等特点。

林业有害生物灾害的影响是多方面的，它不仅对我国森林资源和生物多样性构成严重威胁，而且会造成大量碳排放，影响林业应对气候变化工作，特别是一些国家以舞毒蛾、星天牛等林业有害生物为由，采取技术性贸易措施，限制我国有关产品出口，给我国经济社会发展造成较大影响。据专家预测，未来一段时间，随着造林绿化步伐的加快，人工林面积的增长，加之全球气候变暖、局部气候异常、经济发展和全球贸易一体化进程加快等原因，我国林业生物灾害将呈高发势头，应急突发事件也会进入高发期，形势十分严峻。

党中央、国务院高度重视林业有害生物灾害应急管理，近年来制定了一系列政策法规，采取了有力措施，将《重大外来林业有害生物应急预案》纳入国务院部门应急预案，同时国家林业局还发布了《突发性林业有害生物灾害应急处置办法》，这些都为各级政府和公共机构应对林业有害生物灾害突发事件，做好事前预防、事发应对、事中处置和善后管理提供了依据。

为保护森林资源和国土生态安全，吉林省人民政府于2006年在全国率先启动实施了《吉林省重大突发性林业有害生物灾害应急处置预案》，将林业有害生物灾害防控工作纳入地方各级政府重要工作日程。尤其是，在对日本松干蚧疫情、栗山天牛灾害的应急处置上，部署周密，措施得力，各级政府和部门层层响应，真抓实干，取得了十分显著的应急处置成效，形成了政府组织发动，部门协同作战，社会广泛参与，经营主体尽责的应急管理模式。由吉林省林业厅编著的《林业有害生物灾害应急管理》一书，是在吉林省开展林业有害生物突发事件应急管理实践的基础上不断探索的结果，既有理论的创新，也是实践的结晶。全书分为理论篇、实践篇、附录篇3篇，理论篇主要介绍林业有害生物灾害应急管理理论，将林业有害生物灾害基本特征、主要类型、危害损失、风险分析、防治对策与措施以及应急管理机理机制、体制保障、应急全过程管理等工作内容进行了高度提炼和概括；实践篇主要以《吉林省重大突发性林业有害生物灾害应急处置预案》编制、印发到预案启动实施为主线，介绍了吉林省林业有害生物灾害发生、防控、应急启动和应急响应等实战活动。纵观全书，其最可宝贵的特点就是不仅仅局限于理论的探索，还把理论落实在具体的实践上，对深入推进林业有害生物灾害应急管理工作具有很好的启迪作用和参考价值。

古人云："居安思危，思则有备，有备无患。"林业有害生物灾害应急管理工作虽然发展很快，成效明显，但这一管理实践总体讲还刚刚起步，任重道远。希望各地认真借鉴吉林省的做法，继续在建立健全应急管理的体制、机制和法制上下大工夫，建立起统一指挥、反应灵敏、协调有序、运转高效的应急管理格局。同时，还要进一步完善应急预案体系，加强机构队伍建设和培训演练工作，建立投入保障机制，提高物资装备水平，健全监测预案网络，全面落实政府责任，为做好林业有害生物灾害应急管理打下坚实的基础。

国家林业局副局长 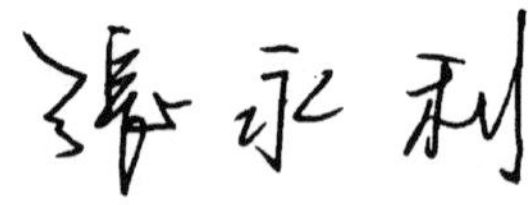

2011年6月20日

序 2

吉林省是国家重点林业省份，吉林省林业在全省生态环境建设、培育利用森林资源、积累和创造优良生态资本、推动生态省建设方面承担着重要职能。林业有害生物防治是林业重要工作内容之一，也是防灾减灾工作的重要组成部分。吉林省林业有害生物防治工作已经走过30余年发展历程，目前已经建立健全了省、市、县、乡四级调查监测网络体系，灾害预警能力得到加强；防治工作资金投入不断加大，防治基础设施明显改善，控灾减灾能力和技术水平得到显著提高；森林植物检疫工作全面步入规范化、制度化、法制化轨道，重大林业有害生物灾(疫)情应急处置机制不断完善；政府和林业部门“双线四级”目标管理责任制和考核机制不断完善，防治责任意识明显增强，林业有害生物发生危害和传播蔓延在一定范围内得到了有效遏制，为保护森林资源和生态安全发挥了积极的作用。随着新时期林业建设历史性转变和林业有害生物防治理念的更新，要求我们必须深刻认识到，加强林业有害生物防治工作，是有效遏制林业有害生物灾害严重发生和危害的迫切需要，是保护生态建设成果、推进林业持续快速健康发展的必然选择，是保护国家利益、促进对外贸易、提高国际地位的战略举措；抓好林业有害生物防治工作，对减轻灾害损失、保护森林经营者利益、促进经济和社会持续稳定发展具有重要作用。

加强生态建设，维护生态安全，促进生态文明，实现人与自然协调发展，是时代赋予林业的首要任务，也是林业有害生物防治工作所追寻的最高目标。吉林省当前乃至今后一个时期的林业有害生物防治工作，要认真贯彻落实科学发展观，紧密围绕新时期全省林业发展大局，继续加强林业有害生物防治工作基础设施建设，全面加大对防治工作的投入和对重点林业有害生物防治技术的科研攻关力度，建立一支高素质林业有害生物灾害防治和应急处置专业队伍，将防治工作纳入林业生产建设全过程，积极推进森林健康理念，全面加强林业有害生物灾害预防，严密防范外来林业有害生物入侵，深入开展林业有害生物灾害工程治理和应急管理，大力推进无公害防治，实现专群结合、联防联治和标本兼治，整体提高御灾、控灾、减灾能力，全面促进森林健康，形成政府与行业齐抓共管，社会共同参与的新格局，努力开创林业有害生物防治工作新局面。

《林业有害生物灾害应急管理》一书是吉林省林业主管部门及森防检疫系统集体智慧的结晶，也是吉林省林业有害生物灾害应急处置工作的实践总结。吉林省针对日本松干蚧疫情和栗山天牛灾害，果敢地启动实施了省级林业有害生物灾害应急处置预案，既开创了吉林省林业有害生物灾害应急处置工作的历史，也开创了在全国率先启动省级林业有害生物灾害应急处置预案的先河。通过应急处置预案的启动实施，使吉林省林业有害生物灾害得到了有效防控，并探索了启动省级林业有害生物灾害应急处置预案的经验和模式。可以说本书既有理论概括，又有实践经验，在理论方面，将林业有害生物灾害的基本特征、主要类型、危害损失、风险分析、防控对策以及应急管理机理、机制、体制、保障、应急全程管理等工作内容进行了高度提炼和概括，理论体系完整清晰；在实践方面，从应急处置预案编制、印发到启动实施，做到了实践手段具体实用。理论与实践紧密结合是本书最鲜明的特色。衷心希望本书能为我国林业有害生物灾害应急管理提供必要的理论支撑，成为其他林业有害生物灾害应急处置参考和借鉴的范例。

吉林省人民政府副省长

2011 年 6 月

前　言

公共突发事件应急机制建设是一项关系国计民生、涉及千家万户的政府行为，对促进经济建设、维护社会稳定、保障人民利益意义重大，受到社会各界的广泛关注。加快建立、健全各种应急机制，提高政府应对公共危机的能力，最大程度地减少突发公共事件造成的损害、最大限度地消除影响，是推进和谐社会建设的重要内容，也是应急处置工作最为重要的出发点和落脚点。

为了有效防范和控制吉林省重大突发性林业有害生物灾害，确保森林生态安全，2006年6月27日，吉林省林业厅组织制定并印发了《吉林省重大突发性林业有害生物灾害应急处置预案》(吉林检字[2006]394号)。根据吉林省林业有害生物灾害发生危害预警信息，吉林省人民政府于2006年10月13日启动实施了《吉林省重大突发性林业有害生物灾害应急处置预案》，利用现有先进技术，全面加大人、财、物力投入，计划通过5~6年时间，对区域性发生、严重危害的日本松干蚧疫情和栗山天牛灾害实施应急处置，全面遏制灾害严重发生危害势头，消除灾害发生隐患。预案启动实施以来，在时任吉林省人民政府副省长杨庆才同志和现任副省长王守臣同志的高度重视下，经林业部门的不懈努力、各职能部门的通力协作、社会各界的大力支持，对日本松干蚧疫情和栗山天牛灾害取得了十分显著的应急处置成效，正向着预定目标稳步推进。预案启动实施以来，取得了一定的成绩，得到了国家林业局的充分肯定，面向全国林业系统印发了《吉林省栗山天牛灾害应急处置文件汇编》，并于2009年将吉林省栗山天牛灾害应急处置工作经验在全国进行了推广。

对于重大突发性林业有害生物灾害，如何做出快速精确反应、尽可能减少灾害损失、最大限度缩小负面影响，本书编委会成员均有过亲身经历，有过成功的喜悦，也有过失误的教训。当时最大的需求是盼望着能有一个范例，或者能有一本指导林业有害生物灾害应急处置的理论书籍可供参考。然而，我们是最早启动实施省级林业有害生物灾害应急预案的省份，没有现成的书籍可供查阅，没有现成的样板可供照搬，一切都需要在干中学、在学中干。所以，时至今日，感到非常有必要将这些切身体会记载下来，希望能够为广大同仁提供一些借鉴，由此萌生了编著本书的想法，通过编著者们一年多时间的不懈努力，现终得付梓。

本书包含林业有害生物灾害应急管理理论篇、实践篇以及附录篇三部分内容，其中：理论篇共分为六章，主要包括林业有害生物灾害及防治；林业有害生物灾害应急管理理论，林业有害生物灾害应急管理的保障体系；林业有害生物灾害应急处置预案，林业有害生物灾害应急处置全过程管理。实践篇共分为五章，主要包括吉林省林业有害生物灾害发生与防控情况，重大突发性林业有害生物灾害应急处置预案的编制和启动实施，林业有害生物灾害应急处置工作典型案例，林业有害生物灾(疫)情发生市及相关县(市、区)对省级应急处置预案的响应。附录篇主要包括吉林省林业厅印发实施的林业有害生物灾害应急处置预案，林业有害生物灾(疫)情应急处置实施过程中相关文件与方案。本书主要宗旨就是将林业有害生物灾害应急管理理论与应急处置工作实践紧密结合起来。

本书适用于分管应急处置部门的负责人及工作人员、分管林业工作的政府领导、林业局局长、林场场长和林业站站长、森防检疫机构从业人员、森保员以及植保专业工作者参考，也适用于在读大学生、研究生及相关研究人员参阅。

本书编写过程中，得到国家林业局张永利副局长、造林司吴坚总工程师的高度关注和支持，得到吉林省人民政府王守臣副省长、刘延春副秘书长、李福升副秘书长及张宝田副秘书长的关心和支持，吉林农业大学王志明教授对书稿给予了辛勤校对，在此一并表示衷心感谢！

编著者
2011 年 7 月

目　录

下篇 实践篇

附录篇

上篇

理论篇

第一章　林业有害生物灾害

林业有害生物是指能够对森林植物及其产品产生危害的任何生命有机体。主要包括以林木为食的森林害虫，以林木为寄主的真菌、细菌、病毒、植原体等微生物和线虫，直接取食林木的害鼠、害兔，与林木争夺养分、水分和阳光的害草以及寄生在林木枝、叶上的螨类及节肢动物等。这些林业有害生物以林木的根、干、枝、叶、花、果、实为寄主，以取食、寄生或侵占生态位等方式直接侵害林木，轻者使树木生长受到影响，重者导致树木生长衰弱甚至枯死。由于这类情况大量发生，就形成了发生在森林中和林木上的一类重要自然灾害——林业有害生物灾害。

林业有害生物灾害产生的原因是由于极端的自然因素、人为因素或者其他诸多因素的共同作用，使自然界森林生态系统的能量交换、物质循环、信息传递等有序状态遭到破坏，从而失去自然平衡，致使少数生物种类强占生态位，其种群密度大幅度增加，大量争夺森林生态系统内部养分，使森林生态资源遭到破坏。当这种强占超过人类容忍的界限时，这种生物便成为林业有害生物灾害。

实际上任何一种生物在自然界都是生态系统中的有机组成成分，无论其种群数量大小，都是客观存在的。只是人类根据自己的目的和需要，将它们人为地划分为有害生物或有益生物。因此，林业有害生物灾害的概念，也是相对于人类利益而言的。

第一节　林业有害生物灾害的基本特征

林业有害生物灾害是在森林生态系统恶化后，有害生物种群的大量增殖而产生的，它具有生态性灾害的特点，主要特征是有害生物的种类多、分布广、发生频度高、造成的损失大。

一、林业有害生物种类繁多

据林业有害生物普查资料记载，我国已知的林业有害生物 8 243 种。其中：害虫 5 020 种、病害 2 918 种、鼠(兔)类 160 种，有害植物 145 种。多年的林业有害生物防治工作实践证明，上述众多的林业有害生物中，能够造成灾害的有害生物约 300 种。其中能造成重大灾害的种类有 100 余种，造成特大灾害的种类约 30 种。如松毛虫类、美国白蛾、天牛类、木蠹蛾类、吉丁类、小蠹类、木蠹象类、松材线虫病、鼠(兔)类等都曾造成过重大灾害。同时，有害生物危害的树木种类较广，如松树、云冷杉、杨树、柞树、柏树、杉树、竹林等主要树种都可以受其严重危害。

二、林业有害生物分布广泛

林业有害生物是森林生态系统中不可缺少的生物多样性组成成员，承担着相应的生态功能，因此，有森林分布的地方就有林业有害生物分布，它们与森林相生相伴。一般情况下，它们能够与其他森林生态系统成员和谐相处，相得益彰。但当森林生态系统失去平衡之后，某些有害生物种群就会急剧增殖，严重危害森林林木，直至暴发成灾。

（一）不同森林类型分布着不同种类的林业有害生物

中国幅员辽阔，从南到北跨越50个纬度，从东到西跨越60余个经度，森林从南到北的自然分布类型包括热带雨林、热带季雨林、亚热带常绿阔叶林、暖温带落叶阔叶林、温带针阔混交林和寒温带针叶林。由于气候条件的不同和有害生物与寄主树木长期的自然选择，林业有害生物的分布也随着森林的分布呈现出地域性分布特点。因此，不同类型森林，其林业有害生物种类会有所不同。

（二）同一种林业有害生物可以危害不同树种

多数林业有害生物物种可能仅危害1种或少数几种寄主树木，但有的有害生物种类因其分布的经、纬跨度大，危害的寄主树种也多。例如，松纵坑切梢小蠹在我国西南、西北、华北、东北地区均有分布，危害的树种有红松、樟子松、油松、赤松、马尾松、云南松、思茅松、华山松、高山松等。舞毒蛾能危害几十种树木，美国白蛾的寄主植物多达170余种。

（三）主要林业有害生物发生面积大

据“十一五”期间统计资料表明，我国每年林业有害生物发生面积在800万～1 100万公顷，占全国森林总面积的4.1%～5.6%。以2006年为例，这一年属于偏重发生年份，主要林业有害生物总发生面积为1 097万公顷，其中：森林虫害发生面积828万公顷，森林病害发生面积104万公顷，森林鼠（兔）害发生面积165万公顷。主要发生种类如下：松材线虫病发生面积7.1万公顷，杨树病害发生面积32万公顷，美国白蛾发生面积24万公顷，松突圆蚧发生面积57万公顷，红脂大小蠹发生面积10万公顷，椰心叶甲发生面积5万公顷，刺槐叶瘿蚊发生面积7万公顷，杨树食叶害虫发生面积114万公顷，杨树蛀干害虫发生面积84万公顷，松毛虫发生面积113万公顷，萧氏松颈象发生面积28万公顷，黄脊竹蝗发生面积8万公顷，栗山天牛发生面积26万公顷，小蠹虫发生面积20万公顷。

三、林业有害生物灾害发生频度高

林业有害生物灾害发生频度高主要有以下6个方面原因：首先是有害生物的生殖潜能大。有害生物的生命周期短的不足1个月，有的1年可以发生几代，有的一年发生1代，有的2～3年发生1代，而每一代的生殖潜能可以扩大到几十倍甚至几百倍，林业有害生物就是靠短生命周期和较大的生殖潜能代代相传，在生命繁衍过程中，一旦遇到森林生态系统失去平衡和有利于其繁衍的生态条件，它们就可以在短时间内迅速完成种群积累直至达到暴发成灾。其次是人为因素导致林业有害生物灾害频繁发生。由于违反了适地适树造林原则，导致造林树种不适合当地的气候、土壤等条件而出现生长不适或遭受其他方面生理伤害，继而诱发林业有害生物的严重发生和危害，加速造林苗木的死亡。同时，由于大面积单一树种造林，违反了营造混交林的原则，导致森林生态系统单调、脆弱，食物链简单，有害生物的寄主集中连片，食物充足，常常诱发某种林业有害生物快速、大面积暴发成灾。第三是由于全球气候变化的影响。随着工业化进程的快速发展，全球有害气体和碳排放量不断增加，形成的“温室效应”造成地球表面温度升高，有害生物种群内部某种机制被打乱，导致其暴发成灾周期缩短，危害加剧。第四是滥用化学农药。过去在林业有害生物防治上，曾一度大量使用化学农药，造成部分有害生物抗药性增强，种群异常增殖，成灾频率加快，防治难度加大。如我国的松毛虫灾害，20 世纪 50 ~ 70 年代期间，平均成灾周期为7 ~ 8 年，80 年代以来，其平均成灾周期缩短至 3 ~ 5 年。以春尺蠖、杨扇舟蛾等为主的杨树食叶害虫近年来危害呈不断上升趋势，其发生面积从 1990 年的 49 万公顷上升到 2006 年的 114 万公顷，16 年来增长速度居高不下，并且仍有进一步发展的趋势。第五是随着经济发展，林产品异地运输量加大，林业有害生物传播几率增加，导致林业有害生物灾害发生的频次增高。有害生物异地传播后，传入地林业有害生物种类增加，分布范围加大，增加了林业有害生物成灾概率；如果传入地没有该种林业有害生物，则造成外来有害生物入侵，由于传入地没有相应的生物天敌控制，外来有害生物一旦定殖，往往会在短时间内暴发成灾，从而进一步增加了林业有害生物灾害的发生频度。第六是对林业有害生物防治工作重视力度不够，调查监测工作不到位，“谁经营、谁防治”的责任制度没有落到实处，防控工作投入不足，甚至舍不得投入，常使小灾酿成大患。

第二节　林业有害生物灾害的主要类型

对林业有害生物灾害进行科学分类是防治工作的基础，也是对林业有害生物灾害描述的重要前提。林业有害生物灾害可按其致灾因子、灾害表征、灾害结果、地域分布、危害寄主等方面进行分类。

一、按致灾生物因子分类

（一）森林病害

由于树木机体受真菌、细菌、植原体、病毒、类病毒等病原微生物的侵害，造成生理机能受阻，严重时导致其生长衰弱甚至死亡的一类现象称为森林病害。主要包括以下几种类型：

1. 叶部和嫩梢病害

由病原微生物侵染引起的寄主树木叶部和嫩梢生理及组织方面的病理变化。如白粉病、锈病、霜霉病、斑点病、变形病、疮痂病、变色病、煤污病等。

2. 枝干病害

由病原微生物侵染寄主树木树干和枝条引起的生理及组织方面的病理变化。如溃疡病、烂皮病、流脂病、流胶病等。

3. 根部病害

由病原微生物侵染寄主树木根部引起的生理及组织方面的病理变化。包括：冠瘿病、根朽病、立枯病等。

4. 维管束病害

多由真菌、细菌、线虫等病原微生物侵入树木导管或筛管后，病原微生物扩大繁殖并分泌有毒物质，致使导管或筛管填充堵塞及功能缺失，常表现为树木整株萎蔫、枯死。如松材线虫病、榆树枯萎病等。

5. 种实病害

由病原微生物引起的寄主树木种子和果实生理及组织方面的病理变化。如霉烂病、僵果病等。

（二）森林虫害

1. 危害叶部的虫害

多为鳞翅目、鞘翅目害虫以及螨类取食树叶，当树叶被取食殆尽后，可主动转移、迅速扩散，继续取食有叶的寄主，常常造成寄主树木在短期内大量失叶，影响光合作用，导致树木生长量降低。

2. 危害枝梢的虫害

多为鳞翅目、鞘翅目和同翅目的害虫危害树木枝梢，以幼（若）虫或成虫钻蛀、啃食、刺吸林木枝、梢及幼茎，对寄主树木造成危害。如螟蛾类、卷蛾类、象甲类、蚜虫类、蚧虫类等。这些害虫常造成嫩梢扭曲、枯黄、易风折，影响树木高生长和主干形成。

3. 危害木质部的虫害

多为鞘翅目害虫，部分为鳞翅目和膜翅目害虫，以幼虫钻蛀树干木质部，造成木材等级下降，严重时导致寄主树木死亡。如部分天牛类、木蠹蛾类、树蜂类害虫等。

4. 危害韧皮部的虫害

多为鞘翅目害虫，以幼虫在树皮和木质部间钻蛀，不深入木质部，只危害树木韧皮部，所钻蛀的坑道切断寄主树木营养和水分输送通道而使树木整株枯死。如小蠹类、吉丁类、部分天牛类害虫等。

5. 危害根部的虫害

多为鞘翅目昆虫，以幼虫或成虫啃咬或钻蛀苗木和幼树的根系，造成根系功能损坏，导致寄主树木死亡。如金龟子类害虫。

6. 危害种实的虫害

多为鞘翅目、膜翅目和鳞翅目昆虫，在花期或幼果期将卵产于花内或果内，种子和果实成熟期后成虫羽化飞出或继续隐藏于种实中，成为贮藏期的种实害虫，多引起果实早落、腐烂、种子空瘪。如栎实象、种实寄生蜂、桃小食心虫、松果梢斑螟等。

（三）森林鼠（兔）害

危害林木的啮齿目和兔形目的部分种类，称之为害鼠和害兔，主要包括松鼠科、仓鼠科、鼠科、跳鼠科和鼠兔科、兔科的一些种类，主要取食林木种子、啃食树皮、枝芽、幼根。暴发成灾时，往往造成林木大面积死亡，导致天然林难以更新、人工造林困难。

（四）森林草害

1. 寄生性种子植物害

由寄生性种子植物如槲寄生、桑寄生等寄生在寄主林木上，靠汲取寄主树木的营养生存和繁衍，引起寄主林木发生病理变化，导致生长衰弱甚至死亡。

2. 入侵植物害

森林生态系统遭受有害植物入侵，有害植物无节制地生长繁衍，与林木争夺阳光、营养、水分，造成树木枯死，致使森林生态系统生物多样性缺失、物种灭绝、结构破坏、功能减弱或丧失等。

（五）其他动物害

1. 牲畜危害

人类饲养的动物在疏于管理的情况下践踏林地、啃食林木，对森林或树木造成的危害。如羊、马、牛等家畜对林木造成的危害。

2. 野生动物危害

野生动物无节制的繁衍，种群膨胀，取食量大大增加，翻拱林地，造成对森林林木的危害。如野猪、熊等。

二、按有害生物分布地域分类

（一）本土林业有害生物

所谓本土林业有害生物是指在当地森林生态系统形成过程中原本就存在的林业有害生物种类。它们在生态系统食物链中处于低级地位，绝大部分都有自己的生物天敌区系，受本土生物天敌的捕食或寄生，控制其保持较为合理的种群密度，不容易暴发成灾。但是，当森林生态系统失去平衡之后，本土林业有害生物也可能失去天敌的有效控制，致使种群快速增殖积累直至暴发成灾。

（二）外来林业有害生物

严格地说，外来林业有害生物是指本地森林生态系统原本没有，通过自然或人为传播，由其他生态系统传入的种类。但是，现在所说的外来林业有害生物一般是指由境外或省外传入的、本地或本省原本没有的林业有害生物种类。

外来林业有害生物一旦传入一个新的森林生态系统，就失去了原产地生物天敌的控制。如果环境条件适合，能够在新入侵的森林生态系统中定殖，可以在短时间内形成优势种群，不断排挤本地物种，破坏生物多样性，使物种单一化，致使森林生态系统的物种组成和结构发生改变，最终彻底破坏整个森林生态系统。森林生态系统破坏后是很难恢复的，有时是无法恢复的，本地物种一旦消亡，森林资源就会丧失，其后果将直接影响到国土生态安全和经济、社会可持续发展。

以松材线虫病入侵为例来说明外来林业有害生物入侵后造成的严重危害后果以及潜在危险。松材线虫病原产地是北美洲，目前分布于美国、加拿大、墨西哥、葡萄牙、日本、韩国、中国等国家。该病自从1982年传入我国以来，已成为我国有史以来最具毁灭性的一种林业有害生物灾害。被松材线虫病侵染的松树，从侵染到死亡最短只需40天时间，从发病到成片松林死亡只需3～5年时间。在松材线虫病入侵我国后不到20年时间里，从入侵地南京市迅速蔓延到山东、江苏、浙江、安徽、广东等地，至2009年底，疫情发生面积达到7.5万公顷，累计造成的直接经济损失高达45亿元，间接损失约300亿元，直接威胁到我国南方3300万公顷松林的生存安全，并对黄山、张家界等一批世界自然文化遗产构成严峻威胁。

据2003～2005年全国林业有害生物普查结果显示，我国从境外传入的林业有害生物共34种。其中：1980年以前传入的共16种，分别是松疱锈病、松针褐斑病、落叶松枯梢病、杨树花叶病毒、双钩异翅长蠹、美国白蛾，苹果蠹蛾、日本松干蚧、苹果绵蚜、温室白粉虱、紫茎泽兰、薇甘菊、加拿大一枝黄花、飞机草、凤眼莲、大米草；1980年以后传入的种类共 18 种，分别是松材线虫病、椰心叶甲、水椰八角铁甲、红脂大小蠹、褐纹甘蔗象、锈色棕榈象、松突圆蚧、湿地松粉蚧、蔗扁蛾、茶蔗透翅蛾、美洲斑潜蝇、枣实蝇、曲纹紫灰蝶、西花蓟马、刺槐叶瘿蚊、刺桐姬小蜂、红火蚁、悬铃木方翅网蝽。同时，此次普查查明的国内省际传播的林业有害生物种类共 368 种，其中森林害虫 237 种，森林病害 131 种。

目前，外来物种入侵问题不仅仅涉及林业，其他行业如农业、畜牧业、水产业、园艺业也面临着同样的严重问题。外来有害生物入侵所引发的生物灾害和生态安全问题日趋严峻，为追求经济利益而盲目引种已成为造成生物入侵的最主要原因。生物入侵绝大部分是人为因素造成的，以往存在地域障碍使生物远距离传播受到限制，但是随着现代化交通工具的发展，跨地区、跨国、跨洲的生物转移变得非常容易，国际贸易和全球经济一体化加快了生物传播和入侵的速度。

据农业部的最新统计，目前入侵我国的外来生物物种有 400 多种，其中危害较大的有 100 余种。世界自然保护联盟公布的全球 100 种最具威胁的外来物种中，我国就有 50 余种。近年来入侵我国的外来生物正呈现出传入数量增多、传入频率加快、蔓延范围扩大、发生危害加剧、经济损失加重等趋势。近 10 余年来，新入侵我国的外来有害生物达 20 种以上，平均每年递增 1 ~ 2 种，我国已经成为遭受外来入侵生物危害最严重的国家之一。据保守估计，外来入侵物种每年给我国经济造成的直接损失达数千亿元之巨，这个数字还不包括生态破坏及其引发的其他间接损失。

三、按灾害引起的结果分类

林业有害生物侵害林木的根、干、枝、叶、花、果、实，最终导致树木生长量的下降和质量的降低。因此，根据林业有害生物灾害引起的结果，还可以进行如下分类，为林业有害生物造成的灾害损失评估提供依据。

(一) 生长量损失型

林业有害生物侵害树木的嫩茎或叶片，致使嫩茎或叶片的光合作用受到不同程度的影响，林木固碳功能减弱，营养积累不足，导致林木生长量下降。主要由食叶害虫、枝梢害虫和叶部病害及枝梢病害造成。

(二) 质量降低型

主要由蛀干害虫、木材腐朽菌等林业有害生物侵害树木主干，在木质部内钻蛀坑道或造成主干木材腐朽，致使木材工艺价值严重下降，或因其危害导致非木质林产品的品质、质量下降。

(三) 产量减少型

主要由害虫和病害等有害生物直接或间接危害林木种实及非木质林产品，导致林木种实及非木质林产品数量减少，质量降低。

(四) 树木死亡型

主要由危害韧皮部和形成层的害虫、根部害虫、蛀干害虫及根部和干部病害等有害生物危害而造成林木整株甚至成片死亡，是最严重的林业有害生物灾害类型。

四、按发生危害规律分类

林业有害生物灾害按其发生和危害特征一般可分为突发性、偶发性和常发性三种类型。

（一）常发性林业有害生物灾害

常发性林业有害生物灾害是指经常发生或发生频次高的林业有害生物灾害。常发性的主要原因是森林生态系统中林业有害生物种群基数过大造成的，一旦环境条件适宜，常发性林业有害生物能够快速完成种群增殖，达到发生甚至成灾。常发性林业有害生物灾害发生情况如图 1-1 所示。

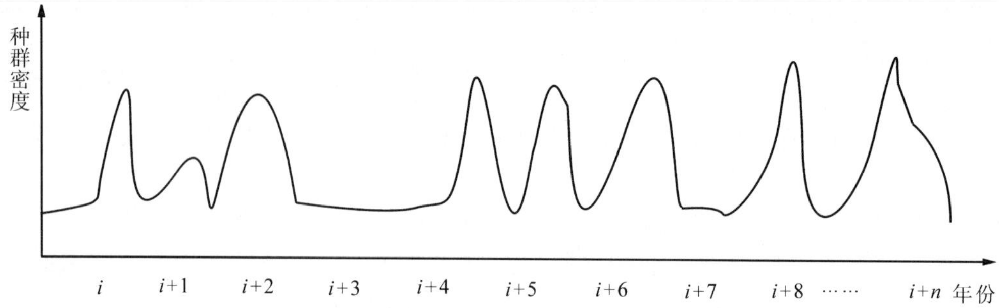

图 1-1　常发性林业有害生物灾害发生示意

（二）偶发性林业有害生物灾害

偶发性林业有害生物灾害是指不经常发生的林业有害生物灾害。偶发性的主要原因是有害生物在森林生态系统中受到生物天敌的有效控制，其种群基数长期处于较低状态。但是，当环境条件适宜之后，种群也能得到有效的增殖积累，最终达到发生成灾。偶发性林业有害生物灾害发生情况详见图 1-2 所示。

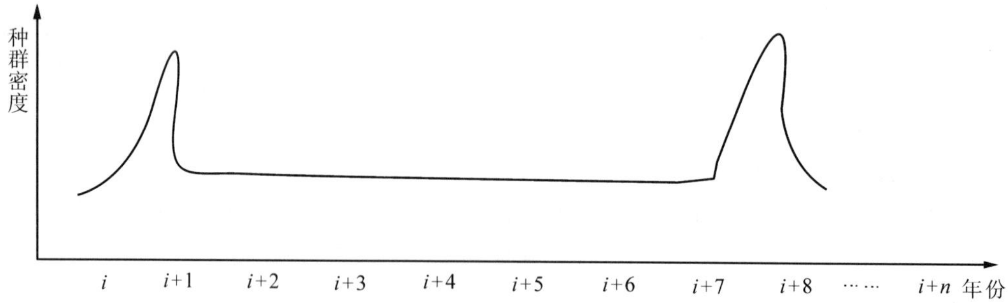

图 1-2　偶发性林业有害生物灾害发生示意

（三）突发性林业有害生物灾害

突发性林业有害生物灾害是指对其生物学、生态学特性及发生、发展内在规律不是很清楚，缺乏对灾害的理性认识和感性认识，灾害发生出乎人们预料，没有灾害防控方面的思想准备和技术储备，灾害发生过程时间较短，令人猝不及防。突发性林业有害生物灾害发生情况如图 1-3 所示。

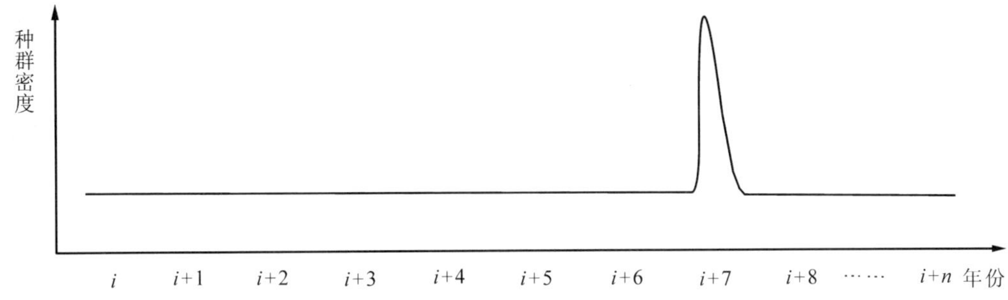

图 1-3　突发性林业有害生物灾害发生示意

第三节　林业有害生物灾害造成的损失

森林具有经济、生态以及社会方面的多种功能，各种功能的发挥均伴随着相应的效益产出，由于林业有害生物的危害，使得森林的功能受到不同程度的损害，森林功能所产生的效益也将不可避免地遭受损失，并且不同类别的林业有害生物所造成的森林功能的损害各不相同。了解和掌握森林功能及效益，对林业有害生物灾害的损失评价及估算具有重要意义。

一、森林的功能及效益

对森林资源功能的划分，国内外不同的专家学者有不同的看法。Daily(1994)曾对生态系统服务功能和价值评估进行过专题研究，Costanza(1997)等对全球生态系统服务功能进行了详细划分和评估。毕绪岱等(1998)认为森林具有涵养水源、保护土壤、固碳放氧、保田增产、城市绿化、旅游休闲、促进社会就业等功能；周晓峰等(1999)认为森林的功能包括经济效益和公益效益；朗奎建等(2000)认为森林具有涵养水源、水土保持、抑制风沙、改善小气候、吸收 CO_2 释放 O_2、净化大气、减轻水旱灾害、消除噪音、森林游憩、生物保护等功能。

根据以上研究结果可以看出，对森林功能及效益无论怎样划分，归纳起来无外乎就是经济、生态和社会这三大方面功能及效益。

(一)经济方面的功能

森林资源经济方面的功能包括林木资源和林地资源。其中，林木资源是木材生产的根本来源，是人类生存、生活、生产过程中的必需品之一；林地资源是林木资源生长的载体，为林木资源生长提供必要的养分。林木资源和林地资源是已经市场化的、有可遵循价格的、具有巨大经济收益的资源类型。

(二)生态方面的功能

1. 涵养水源

水源涵养是森林最重要的功能之一，森林通过林冠截留、枯落物持水和土壤贮水，对降水进行再分配，从而减少地表径流，起到净化水质、减少洪涝和干旱灾害的作用。

2. 保育土壤

森林保育土壤、减少水土流失的作用主要在于林木庞大的根系能起到固持和网络土壤的作用，从而保护土壤结构稳定，减少因降雨对土壤侵蚀造成的水土流失。森林还能借助其光合作用合成有机物，以枯枝落叶的形式还原给土壤，提高林地腐殖质含量，增加表层土壤肥力。

3. 固碳放氧

森林是地球上最大的碳储库，具有强大的固碳放氧功能，该功能在全球温室效应加剧的情况下，显得尤为重要。森林在其生长过程中，不断吸收、固持 CO_2，向大气中释放 O_2；同时，森林土壤也能起到相当大的固碳作用。森林的固碳放氧作用对于人类的生存和发展具有重要意义。

4. 净化环境

森林不但能吸收空气中的部分有害气体(如 SO_2、HF、NO_2、Cl_2等)，而且还能促进森林内、外的空气流动，促进有害气体的扩散稀释，从而降低空气中有害气体的浓度。同时森林还具有杀菌、吸尘、减噪功能。

5. 防护功能

森林的防护功能主要体现在调节气候和抵御风害、防止土地荒漠化三个方面。调节气候方面的最终效果主要体现在农、牧业产量的增加上；抵御风害、防止土地荒漠化方面主要体现在防护林的防风效应，推迟或阻挡土地沙漠化和半沙漠化进程。

6. 生物多样性

森林生物多样性包括物种多样性、遗传多样性和生态系统多样性三个层次。其中：物种多样性是指森林生态系统中生命有机体的种类和数量；遗传多样性是指森林生态系统中物种遗传物质信息总和；生态系统多样性是指森林的生态环境、生物群落和生态过程的丰富度。生物多样性的主要功能，一是能够为社会源源不断地提供多种生物资源产品，体现为直接功能；二是能够为社会可持续发展储备多方面的科研实验载体，增强科学技术后劲，体现为间接功能。

(三)社会方面的功能

1. 森林游憩

由于森林具有的特殊的生态功能，使得森林游憩活动除了具有游览、观光等一般旅游功能外，还具有促进游人身心健康、提高人们生态环境意识等特殊功能。

2. 提供就业机会

森林的存在可促进林区产业结构更加趋于合理，养殖业和种植业得到发展，增加当地农民的收入。同时，森林旅游业的发展，还可以带动市场、餐饮、服务等相关产业的发展，大大提高当地人群的就业机会。

3. 防灾减灾

森林可以有效防止洪涝和干旱灾害的发生，还可以减少山体滑坡、泥石流、雪崩等其他自然灾害的发生。

4. 文化精神

自然山水的美可以陶冶人们的高尚情操，增加人们的审美能力，促进人与自然的和谐友好；挖掘自然文化内涵能够大幅度提高旅游资源自身价值，增强吸引力和感染力，提高重游率。

以上是森林所具有的经济、生态和社会三大方面的多种功能，森林的多功能性决定了森林资源价值的多重性。对森林的直接经济效益，可以建立指标核算体系进行较为准确的核算；对于生态效益和社会效益等间接效益的计量，目前虽然还没有像直接经济效益那样精确，但是也可以通过各种间接的方法进行估算。根据有关森林功能效益核算方面的研究结果，森林的直接经济效益只占森林全部效益的较小份额，森林最为巨大的效益是其发挥的生态效益。国内研究结果普遍认为：经济效益∶生态效益∶社会效益＝4∶20～40∶1。印度加尔各答农业大学T. M. 达斯教授曾经计算出一棵树的木材价值只相当于这棵树本身全部价值的0.3%。由此可以看出，森林发挥的生态效益最为主要并且最为巨大。

二、林业有害生物灾害对森林功能效益造成的损失

林业有害生物灾害的发生和危害对森林的各种功能可造成不同程度的破坏，功能的破坏势必会造成相应功能所发挥的效益损失。

林业有害生物灾害造成的直接经济损失的评估可以建立评价指标体系，通过其单位价值或价格损失，利用定量方法进行核算。林业有害生物灾害造成间接经济损失没有直接经济损失那样明确，其评估方法需要根据林业有害生物灾害损害的森林具体功能才能加以确定。下面就林业有害生物灾害发生危害具体情况进行简要分析。

（一）林业有害生物对新植林和未成林造成的危害损失

新植林和未成林由于造林后生长时间短，蓄积量小，其生态效益和社会效益尚未显现出来，此时遭受林业有害生物灾害，则可造成包括苗木费用、整地造林费用、管护费用、占用林地费用、防治费用、补植费用投入等方面的损失。在损失的计量方面，利用林业有害生物灾害危害严重程度或危害比例大小，来调整和计量灾害所造成的损失，而生态效益和社会效益可以忽略不计。例如，森林鼠害造成的树木死亡率为25%，则所造成的损失为上述全部费用投入的25%。

（二）林业有害生物对林木叶部和枝梢造成的危害损失

林木的叶片和嫩茎均含有叶绿素，能够通过光合作用合成有机营养物质，同时还具有固碳放氧功能。如果叶片受到有害生物侵害，则直接影响光合作用，影响树木生长；如果嫩茎遭受有害生物侵害，虽然不会轻易导致树木死亡，但可造成通向叶片水分和营养传导组织功能的破坏，叶片会因失去水分供应而枯萎，直接导致叶片不能进行光合作用，不能固碳放氧，不能为树木制造营养，最终影响树木生长，导致树木生长量明显下降。这种情况发生后会对森林功能效益造成多方面损失。在经济效益方面，树木受害后生长量会明显下降，除了影响当年生长量之外，还要影响到第二年甚至第三年的林木生长量；在生态效益方面，会影响到森林固碳放氧、净化空气以及防风功能效益的发挥；在社会效益方面，会直接影响到森林旅游业的开发，因为没有人愿意花钱去看到生满害虫的森林以及枝枯叶黄、满目疮痍的景象。

（三）林木干部有害生物造成的危害损失

林木干部有害生物的危害分为三种类型。一种类型是木质部危害型，即有害生物破坏树木材质，造成木材工艺缺陷，降级降等，如栗山天牛、青杨脊虎天牛、木蠹蛾类害虫及心材腐朽病、边材腐朽病等；另一种类型是韧皮部危害型，即有害生物在树皮下韧皮部和形成层之间钻蛀危害，造成树木营养和水分输导中断，致使树木枯萎死亡，如吉丁虫类、小蠹虫类、烂皮病、溃疡病、疱锈病等；第三种类型是综合危害型，这类林业有害生物既能危害木质部，又能危害韧皮部，造成的危害更为严重，如光肩星天牛、杨干象等。

木质部危害型有害生物造成的森林功能效益损失主要包括降低木材等级、致使木材价格下降等直接经济损失，由于一般情况下不会造成树木死亡和生长衰弱，因此，在生态和社会方面功能效益损失并不明显，甚至在短时间内根本没有影响；韧皮部危害型有害生物造成的森林功能效益损失，主要体现在生态和社会效益方面，包括对涵养水源、保育土壤、固碳放氧、净化环境、防护功能、森林游憩、防灾减灾、文化精神等诸多方面均有不同程度的影响，而在经济效益方面，受害树木如果能够及时采伐利用，在木材工艺等级及价格方面基本上不受多大影响；综合危害型的灾害是致命的，它能够给森林的经济效益、生态效益、社会效益均造成重大影响。

（四）林木根部有害生物造成的危害损失

林木根部有害生物造成的危害也是多方面的。如果树木根系受害，则树木吸收、储存养分以及吸收水分的功能将不同程度地丧失，致使树叶枯黄、枝梢枯萎，直至整株树木死亡。如林木根朽病，落叶松根窒息病等造成的危害。林木根部有害生物造成的危害损失与韧皮部危害型有害生物造成的损失类似。

（五）种实林业有害生物造成的危害

林木种实受到林业有害生物的危害，对森林的影响主要体现在森林自身天然更新能力下降。对一些珍贵树木来说，如果种实大量受害，种实产量势必减少，对其种苗培育是相当不利的。从经济角度考虑，一些树木的种实可作为油料、果品和食品，如果其种实受害，则会直接影响森林经营者的经济收入。

第四节　林业有害生物灾害防控工作的重要性和紧迫性

一、林业有害生物危害的严重性

改革开放以来，我国林业建设事业得到长足和快速发展。但是，伴随着森林资源的结构改变和全球气候变化等因素以及全球经济一体化进程的加快，我国林业有害生物的发生情况和发生特点也随之发生了明显的变化。主要表现为：一是本土重要的林业有害生物种类不断增多，发生面积不断增大。如松毛虫类、杨树枝干性害虫类和杨树食叶性害虫类、栗山天牛、萧氏松茎象等常发性种类的发生面积长期居高不下；二是一些次期性有害生物种类如小蠹虫、杨树烂皮病等频繁暴发成灾，正在由次要种类转变为主要林业有害生物种类；三是外来有害生物入侵频次增加，造成损失异常严重，如松材线虫病、美国白蛾、薇甘菊等外来入侵有害生物种类扩散蔓延势头难以遏制，并已严重威胁着国土生态安全；四是鼠、兔害在我国“三北”地区严重发生、猖獗危害，极大地威胁着多年来退耕还林工程和防护林工程的造林绿化成果。五是一些林业有害生物种类的检疫和防控问题被发达国家作为国际贸易中的技术壁垒，对我国植物产品的出口贸易造成十分严重的影响，直接影响到出口创汇和拉动国民经济增长。

二、我国林业有害生物灾害造成的严重损失

林业有害生物灾害的严重发生、猖獗危害、快速扩散蔓延，不仅对林业生产造成严重危害，也对生态环境建设构成严峻威胁，甚至造成灾难性后果。近 10 年来，我国每年林

业有害生物发生面积都在800万公顷以上，高发年份达到1 100万公顷。据有关部门统计，我国因林业有害生物灾害的严重发生和危害造成的直接和间接损失平均每年高达880亿元。其中：林业有害生物灾害直接影响林木生长，平均每年造成的林木生长量损失高达1 700万立方米，直接经济损失达120亿元；同时将不可避免地影响到森林的固碳放氧、涵养水源、保育土壤、防风固沙、吸尘减噪、美化环境、防灾减灾等多种生态服务功能的发挥，通过测算，森林生态服务功能方面的间接经济损失每年高达760亿元。

三、林业有害生物防治工作的重要性和紧迫性

改善生态环境、加强生态建设、维护生态安全已成为新世纪经济、社会发展对林业的主要需求。当前，我国已经进入全面建设小康社会、加快推进社会主义现代化的新的发展阶段，林业正面临着社会主导需求、消费层次、资源配置方式的深刻变化，落后的林业生产力与社会对林业日益增长的多种需求的矛盾，特别是与生态需求的矛盾，已经构成了现阶段乃至今后相当长一段时期内林业发展的主要矛盾。

今后一个时期我国林业发展总体思路，就是要以天然林资源保护、退耕还林、“三北”及长江流域等重点防护林体系建设、京津风沙源治理、野生动植物保护及自然保护区建设、重点地区速生丰产用材林建设六大工程为框架，构建“点、线、面”相结合的国土森林生态网络体系。即以全国城镇绿化、森林公园、自然保护区以及典型生态区为“点”，以大江大河、主要山脉、海岸线、主干铁路和公路为“线”，以东北、内蒙古国有林区，西北、华北北部和东北西北部干旱、半干旱地区，华北及中原平原地区，南方集体林地区，东南沿海热带林地区，西南高山峡谷地区，青藏高原高寒地区等八大区为“面”，实现国土森林资源在空间布局上的均衡合理配置。

从目前我国林业有害生物的猖獗发生和严重危害看，林业有害生物灾害已对森林资源和国土生态安全构成了严重威胁，成为制约我国林业可持续发展的重要因素。从今后国土生态建设上看，随着今后一个时期浩大国土生态建设工程的实施，最大限度地保护好每一项国土造林绿化成果，严格防止林业有害生物灾害继续造成的严重破坏和带来的潜在威胁，是林业有害生物防治工作的重要职责和神圣使命。

林业有害生物灾害防治工作作为一项公益事业，仅靠林业部门的行为是难以完成的，必须紧紧依靠政府的组织领导，赢得社会共识，凝聚全社会力量，得到社会各界积极参与和大力支持才能完成。因此，全力开展林业有害生物灾害防控工作，必须成为各级政府、林业主管部门乃至全社会的一项重要任务。

随着新时期林业的社会化转变，迫切要求林业有害生物防治工作也必须向社会化转变，这是适应我国林业发展的必然要求。面对林业有害生物灾害的严重发生趋势，防治工作容不得丝毫松懈，只能加强，不能削弱。只有这样，才能真正起到为全国森林生态体系建设保驾护航的作用。

第五节　林业有害生物灾害风险分析

林业有害生物作为一种自然现象，其在森林中的起伏消长受气候、环境、人为干扰等多方面因素的影响，随时都有发生灾害的风险。那么，到底什么是风险、风险怎样识别、

如何对风险进行管理则成为人们普遍关心的问题。

一、关于风险的概述

（一）什么是风险

人们对风险的认识由来已久，自然界中的一切包括人类在内，都不可避免地在不同程度上遭受风险的考验。“天有不测风云，人有旦夕祸福”这句谚语被常常引用，恰恰反映出人们对风险的意识，这也是对风险一词的最通俗的解释。虽然对于风险一词目前还没有一个十分全面、完整的定义，但不同的学者从不同的角度对风险的含义进行了诠释：风险是指可能或者将要发生的危险，并且这种危险有导致损失和失败的可能；风险是不利事件发生并导致损失的不确定性，在预测上有一定的难度；风险是实际结果和预期结果之间的差异程度，差异程度越大，则风险也就越大；风险是不利事件发生的可能性或者说是发生概率，说明风险也具有一定的预测性和度量性。

（二）风险产生的原因

风险产生的根本原因主要有三个方面。一是客观世界的复杂多变，决定了风险的客观存在，并且不受人的主观因素影响；二是人类对自然的认识和认知方面的局限性，还不能完全对风险做出准确的判断；三是人类科学技术方面的局限性，即使预测到风险的存在，但却不能进行完全有效的防范。

（三）风险的构成要素

为了把握风险的实质，掌握风险构成所必备的条件，识别和度量风险，需要对风险的构成要素进行剖析。目前学术界普遍公认，风险由风险因素、风险事件、风险期望和风险结果这四大要素构成。

风险因素：是指造成风险事件发生以及在发生过程中导致风险结果变化的客观因素。

风险事件：是由风险因素引发并产生不利影响的客观事件，是风险产生结果的载体。

风险期望：是指在从事某种具体活动之前，对该项活动所存在风险大小的一种预测。

风险结果：是指由风险因素引发、风险事件促成、与风险期望相伴的一种现实反映。

上述四大风险构成要素是相互联系的有机整体。风险因素是风险形成的前提和基础，风险事件是导致风险结果的必要条件，风险期望是对风险结果的事前预测，风险结果是风险事件运行的最终后果，对风险结果的评价依赖于风险期望。

（四）风险的特性

风险是客观存在的，但是，随着科学技术的进步，人类在识别、管理、分析、控制风险方面的能力在不断地增强。虽然风险不可能被人们完全规避，但是，人们可以从中发现风险发生的规律性，从而增大了把风险降低到最小程度的可能性。

风险的特征主要有以下几个方面：

1. 风险的未来性

风险的未来性是指风险事件将来可能发生并造成损失。如果是已经发生的事件导致的损失，则应视为是事故，不能称之为风险，因此风险具有未来性。

2. 风险的损害性

风险的损害性是风险发生的后果。凡是风险都会给人们造成利益方面的损害，包括经济的、非经济的，直接的、间接的等等。

3. 风险的不确定性

风险的不确定性包括空间、时间、损失程度上的不确定性，这是风险的最根本特征。

4. 风险的可预测性

风险的可预测性可以通过风险事件发生的概率分布，依据统计学原理来进行预测。

(五)如何进行风险管理

风险管理就是如何预测、防范和控制风险，研究风险发生和变化规律，用最小的成本代价获得最大的安全保障。换句话说，风险管理的最终目标就是要用最经济、最有效的方法使风险造成的各种损失最小化。

二、林业有害生物灾害风险

林业有害生物在不同的环境条件下都有可能形成灾害的风险，既然有形成灾害的风险，就具有造成损失的不确定性和可预测性。林业有害生物造成灾害风险的特征主要体现在以下几个方面：

(一)林业有害生物存在的客观性

林业有害生物作为生物物种，经过长期的历史进化，繁衍至今，它们以林木的根、干、枝、叶、花、果、实为营养基础，在食物链的控制下，维持着自身在森林生态系统中的位置，成为森林生态系统中的组成成员。轻微的林业有害生物危害对森林和林木并不产生多大的影响，有的甚至能够起到刺激林木生长的作用。它们与森林、林木和谐相处，维持着森林生态系统的生物多样性，这是客观存在的事实。

(二)林业有害生物对森林和林木具有损害性

当森林生态系统失去平衡状态时，某些林业有害生物种群的繁衍就有可能失去控制，其种群数量迅速增大，严重侵害林木机体，轻者对林木生长造成影响，重者则能导致林木枯萎直至枯死。这种情况如果只发生在个别林木上，不会造成多大损失，但能够带来发生某种林业有害生物灾害的风险。这种情况如果迅速扩大和蔓延，危害普遍发生，则灾害已经形成。因此，大量、普遍发生的林业有害生物灾害，会对森林和林木造成严重的损害。

(三)林业有害生物灾害的发生具有不确定性

林业有害生物灾害发生的不确定性主要表现在空间、时间和损失程度等方面。任何森林，不论是天然林还是人工林，由于各种原因，都存在着生态系统平衡失调的情况，这时，有害生物就有可能发生，甚至暴发成灾。有害生物在哪些林分中发生、发生多大面积、在什么时间发生、发生发展趋势以及所造成的损失等都具有不确定性。虽然目前对林业有害生物灾害的调查、监测技术比从前有显著的提高，但是依然存在调查、监测盲区。许多林业有害生物往往是在明显发生之后才被调查、监测到。即使监测到了林业有害生物灾害发生，其发生、发展趋势如何、能够造成多大的损失等也很难预测。因此，林业有害生物灾害的发生依然具有不确定性。

(四)林业有害生物灾害的发生具有发展性

林业有害生物灾害一旦进入发生状态，往往会进一步扩散、蔓延。当灾害扩大到一定的程度之后，有害生物寄主树木逐渐枯萎死亡，致使有害生物种群的食物供应不足，有害生物个体营养不良，疾病频发，自然生物天敌也跟踪而上，林业有害生物种群就会由此走向衰落，形成从发生到发展直至衰退这样一种循环。

例如，在自然情况下的健康森林中，云杉八齿小蠹只是森林中的一个物种，以过熟、衰弱、被压、倒伏的寄主林木为食，生息繁衍。当其种群密度上升之后，往往呈点状分布，每个分布点都是虫源地。如果环境条件适宜，种群就会继续扩大，从虫源地向外逐渐扩散、蔓延，形成多个以点为中心的面状发生区。多个面状发生区继续扩大，面与面相连后，就会导致寄主林分成片枯死。随着寄主林分的枯死，云杉八齿小蠹种群最终也会走向衰退。

综上所述，林业有害生物具有形成灾害的可能性，形成灾害后就具有损害性，发生危害及造成的损失具有不确定性，同时，在发生、发展趋势方面又具有可预测性。因此，林业有害生物灾害具备风险的全部特征。

三、林业有害生物风险分析

林业有害生物风险分析指的是为防止危险性有害生物传入，按照一定的方法进行科学分析，确定其危险性大小，减少其传入风险的决策过程。是一项涉及生物学、生态学、社会学、经济学等多学科的复杂工程，要求其分析或评估过程必须遵循科学性、客观性、动态性和可能性原则。

（一）林业有害生物风险分析的目的和意义

林业有害生物风险性分析的结果能够表明林业有害生物危险性的大小，只有开展危险性分析，才能有针对性地提出检疫对策及防范措施，才能有效防止危险性林业有害生物入侵，保护林业生产和生态环境安全。同时，根据 WTO 多边贸易规则有关规定，通过对有害生物进行风险分析，可以促进林产品出口贸易，增加国际市场准入机会，实现国际贸易自由化。运用得当，还可以发挥林产品检疫方面正当的技术壁垒作用。

（二）林业有害生物风险分析的内容及步骤

1. 林业有害生物风险分析的主要内容

林业有害生物风险分析一般包括有害生物风险评估和有害生物风险管理两方面内容。有害生物风险评估是对某一有害生物入侵、定居的可能性和造成经济或生态损失的可能性的评估。而有害生物风险管理则是为了使入侵可能性降低到可以接受水平所采取的检疫与管理措施。有害生物风险管理的主要内容包括：收集有害生物的生物学、生态学、传播途径以及传入地的相关信息；提出所涉及的有害生物名单并作初步评估；确定潜在的检疫性有害生物名单，逐种进行评估；提出总体风险和降低风险的检疫措施并进行评估。

2. 林业有害生物风险分析的主要步骤

风险分析调查阶段：查明有害生物及其传播途径；确定进行有害生物风险分析的地区；收集有害生物的信息，主要包括有害生物的生物学特性，当前的分布情况，寄主植物，传播途径，该种有害生物是否在国内或国际上进行了风险分析等。确定有害生物是否为潜在的检疫性有害生物，是否与某种传播途径相联系。

有害生物风险评估阶段：对在风险分析调查阶段查明的需要进行风险性分析的有害生物逐种进行风险评估，掌握其生物学资料，查明其地理分布情况，传入风险性分析地区的传入可能性，传入后定殖可能性，定殖后防治的可能性，扩散蔓延的可能性，潜在的经济重要性，最后确定该种有害生物是否符合检疫性有害生物标准。

有害生物风险管理阶段：一是确定将风险降至可接受水平的检疫措施；二是按照最低影响原则、等同原则和无歧视原则来确定风险管理备选方案；三是对备选方案的效率和影响逐个进行评价；四是确定与有害生物风险相匹配的检疫措施。

（三）有害生物风险分析方法

澳大利亚的 Sutherst 和 Maywald 于 1985 年建立了一种用于生态气候研究的微机系统——CLIMEX，该系统通过分析气候对生物生长发育的影响以及生物对气候条件的反应，能够比较全面地分析和评估生物在不同环境中的适生能力。

Nix 于 1986 年创建的生物气候分析和预测系统——BIOCLIM，它能够定量地分析物种在过去、现在和未来可能的分布区。这个分析和预测系统能够帮助我们更好地了解气候与物种分布区之间的关系。

预设预测规则的遗传算法，是以物种的生态位为基础对物种进行研究的软件——GARP 软件，它利用物种的已知分布数据和环境数据，产生以生态位为基础的物种生态需求，研究生物多样性和物种的潜在分布。

美国农业部动植物检疫局将其用于商业风险分析的软件——@ RISK 软件用于有害生物风险分析。@ RISK 软件的分析基于 Monte Carlo 方法，对各种可能出现的结果进行模拟，给出相应时间的发生概率，并以各种图形表示分析结果。

GIS 软件在适生区预测研究中主要的用途就是将目标物种发生区域内的生物学特性和地理坐标结合起来，研究影响物种分布的各种因素，然后根据这些因素再对物种适合生存的地区进行预测。

魏淑秋于 1984 年提出了气候相似距方法，该方法通过分析不同地点的气候相似距，依据相似距大小定量地判断两地气候、作物生长期等相似程度。该方法可用于病虫、杂草的气候适生性分析。

蒋青等于 1995 年提出了多指标综合评价方法，该方法从有害生物分布、潜在的危害性、受害寄主的经济重要性、移植的可能性和危险管理难度 5 个方面对有害生物危险性进行评价，通过公式计算有害生物危险性的综合评价值，确定有害生物的危险程度。

凭借计算机功能的增强，沈佐锐等 2003 年运用随机性模型提出一种新方法，即用天气模拟模型驱动有害生物种群动态模拟模型，并用 Monte Carlo 和 Bootstrap 技术，构造 WVP（Weather-Via-Pest）风险函数。

范京安于 1997 年提出了模糊综合评判数学模型，该模型计算方法为，设有 M 个评估地，选每一评估地的 N 个因素作为评判因子，根据每一评判因子的期望指标建立隶属函数，计算出各因子实际指标对期望指标的隶属度，每一评估地对各期望指标的隶属度就构成了一个 N × M 阶矩阵，由此计算出物种的适生值。

四、有害生物风险分析方法案例

蒋青等（1995）在充分研究了影响有害生物的各个相关因素的基础上，把那些最重要的、相对固定的、易于评价的、相对独立的因素分别列出，结合植物检疫工作实际情况，在广泛听取有关方面专家意见的基础上，建立了一个有害生物危险性评价指标体系，确立了各项指标的评判标准；采用定性分析与定量分析相结合的方法，用多指标综合评价方法计算有害生物风险值（R）。这一风险评估指标体系和评判标准在我国林业有害生物风险分析中一直在沿用。有害生物风险评价指标体系框架如图 1-4 所示。

（一）有害生物风险评价指标体系

总指标 — Ⅰ级指标 — Ⅱ级指标

- 有害生物风险性（R）
  - 1. 国内分布状况（P_1）
  - 2. 潜在的危险性（P_2）
    - 1. 潜在的经济危害性（P_{21}）
    - 2. 是否为其他有害生物传播媒介（P_{22}）
    - 3. 国外重视程度（P_{23}）
  - 3. 受害寄主植物的经济重要性（P_3）
    - 1. 受害寄主植物种类（P_{31}）
    - 2. 受害寄主植物种植面积（P_{32}）
    - 3. 受害寄主植物经济价值（P_{33}）
  - 4. 移植的可能性（P_4）
    - 1. 截获难易程度（P_{41}）
    - 2. 运输过程中的存活率（P_{42}）
    - 3. 国外分布状况（P_{43}）
    - 4. 国内适生范围（P_{44}）
    - 5. 传播能力（P_{45}）
  - 5. 危险性管理的难度（P_5）
    - 1. 检疫鉴定难度（P_{51}）
    - 2. 除害处理难度（P_{52}）
    - 3. 根除难度（P_{53}）

图 1-4　有害生物风险评价指标体系框架

（二）有害生物危险性指标评判标准

序号	评判指标	评判标准
1	国内分布状况（P_1）	无分布，$P_1=3$；国内分布面积占 1% ~20%，$P_1=2$；国内分布面积占 20% ~50%，$P_1=1$；国内分布面积大于 50%，$P_1=0$
2.1	潜在的经济危害性（P_{21}）	据预测，造成的产量损失达 20% 以上，和（或）严重降低作物产品质量，$P_{21}=3$；产量损失在 5% ~20% 之间，和（或）有较小的质量损失，$P_{21}=2$；产量损失小于 5%，且对质量无影响，$P_{21}=0$
2.2	是否为其他有害生物传播媒介（P_{22}）	可传带 3 种以上的检疫性有害生物，$P_{22}=3$；可传带 2 种，$P_{22}=2$；可传带 1 种，$P_{22}=1$；不传带任何检疫性有害生物，$P_{22}=0$
2.3	国外重视程度（P_{23}）	有 20 个以上国家将其列为检疫对象，$P_{23}=3$；19 ~10 个国家将其列为检疫对象，$P_{23}=2$；1 ~9 个国家将其列为检疫对象，$P_{23}=1$；没有将其作为检疫对象的国家，$P_{23}=0$

（续）

序号	评判指标	评判标准
3.1	受害寄主植物种类(P_{31})	受害寄主植物10种以上，$P_{31}=3$；5～9种，$P_{31}=2$；1～4种，$P_{31}=1$；无受害寄主植物，$P_{31}=0$
3.2	受害寄主植物种植面积(P_{32})	种植总面积350万公顷以上，$P_{32}=3$；150万～350万公顷，$P_{32}=2$；150万公顷以下，$P_{32}=1$；没有种植，$P_{32}=0$
3.3	受害寄主植物经济价值(P_{33})	根据其应有价值、出口创汇等情况，由专家进行判断定级，$P_{33}=3$，2，1，0
4.1	截获难易程度(P_{41})	有害生物经常被截获，$P_{41}=3$；偶尔被截获，$P_{41}=2$；从未被截获或历史上只截获过少数几次，$P_{41}=1$。因现有检疫技术原因，本项不设“0”
4.2	运输过程中的存活率(P_{42})	运输中有害生物存活率40%以上，$P_{42}=3$；存活率10%～40%，$P_{42}=2$；存活率0%～10%之间，$P_{42}=1$；存活率为0，$P_{42}=0$
4.3	国外分布状况(P_{43})	世界上50%以上的地域能够适生，$P_{43}=3$；25%～50%的国家有分布，$P_{43}=2$；0%～25%之间的国家有分布，$P_{43}=1$；国外没有分布，$P_{43}=0$
4.4	国内适生范围(P_{44})	国内50%以上的地域能够适生，$P_{44}=3$；国内25%～50%的地域能够适生，$P_{44}=2$；国内1%～25%之间的地域能够适生，$P_{44}=1$；国内没有适生的地域，$P_{44}=0$
4.5	传播能力(P_{45})	气流传播，$P_{45}=3$；由活动能力很强的介体传播，$P_{45}=2$；土壤传播或活动能力很弱的介体传播，$P_{45}=1$。该项不设“0”
5.1	检疫鉴定难度(P_{51})	现有检疫鉴定方法可靠性很低，花费时间很长，$P_{51}=3$；现有鉴定方法非常可靠，简便快速，$P_{51}=0$；介于二者之间，$P_{51}=2$，1
5.2	除害处理难度(P_{52})	现有的方法几乎不能杀死有害生物，$P_{52}=3$；除害率在50%以下，$P_{52}=2$；除害率在50%～100%之间，$P_{52}=1$；除害率为100%，$P_{52}=0$
5.3	根除难度(P_{53})	田间防治效果差，成本高，难度大，$P_{53}=3$；效果好，成本低，简便易行，$P_{53}=0$；介于二者之间，$P_{53}=2$，1

(三)有害生物风险性*R*值的计算

在有害生物风险评估指标体系建立后，通过分析体系的内在逻辑关系和数学表达式，从而构造出合理、可行的分析模型。

有害生物危险性评价指标体系中评判指标与评判标准的关系是由评判指标(Ⅰ级指标)的评价值与评判标准(Ⅱ级指标)的评价值通过一定的数学关系来确定。

P_1(国内分布情况)：由于没有下属Ⅱ级指标，其评价值可根据表中规定的标准来确定。

P_2(潜在的危害性)：由于其下属Ⅱ级各指标能独立地对Ⅰ级指标做出贡献，即Ⅱ级指标间的逻辑关系属叠加关系，它们的评价值之和(或平均数)即为上一级指标的评价值。有害生物的潜在危害性主要是由其造成的经济危害构成的，潜在的经济危害性的权重为0.6，其余2项权重各为0.2，P_2的计算公式为：

$$P_2=0.6\times P_{21}+0.2\times P_{22}+0.2\times P_{23}$$

P_3(受害寄主植物的经济重要性)：其下属Ⅱ级指标间某一项达到最大值，即能替代其他指标对上一级指标做出贡献，它们之间的逻辑关系为替代关系，所属Ⅱ级指标的最大评价值即为该项Ⅰ级指标的评价值。P_3的计算公式为：

$$P_3 = \mathrm{Max}(P_{31},\ P_{32},\ P_{33})$$

P_4(移植的可能性)：有害生物能否移植异地，是由其传入、定殖和扩散3个方面共同决定的，它们相互依存，缺一不可。因此，其Ⅱ级指标间的逻辑关系为连乘关系，该项Ⅱ级指标做等权处理，它们的评价值之积的5次方根即为上一级指标的评价值。公式表达为：

$$P_4 = \sqrt[5]{P_{41} \times P_{42} \times P_{43} \times P_{44} \times P_{45}}$$

P_5(危险性管理的难度)：因为有害生物的检疫及除害处理和田间防治是危险性管理同等重要的几个方面，其逻辑关系为叠加关系，3项指标做等权处理。因此，P_5应是其Ⅱ级指标评价值的平均值，其计算公式：

$$P_5 = (P_{51} + P_{52} + P_{53})/3$$

上述5个Ⅰ级指标间各个因素相互依存，缺一不可。即若某有害生物在国内分布已广，即使危害性很大，其危险性综合评价值 R 仍为零；若某有害生物不可能移植到我国，即使其他因素的值很大，其 R 值亦为零。其计算公式为：

$$R = \sqrt[5]{P_1 \times P_2 \times P_3 \times P_4 \times P_5}$$

根据 R 值的大小，可了解不同有害生物在检疫上的危险性程度，据此即可以对有害生物的检疫危险性进行排序。

参考文献

[1]张星耀，骆有庆主编．中国森林重大生物灾害[M]．北京：中国林业出版社．2003.

[2]国家林业局森林病虫害防治总站编．中国林业有害生物概况[M]．北京：中国林业出版社．2008.

[3]李振宇，解炎主编．中国外来入侵种[M]．北京：中国林业出版社．2002.

[4]侯元兆，张颖编著．森林资源核算(上卷)[M]．北京：中国科学技术出版社．2005.

[5]魏初奖，张健如主编．植物检验及有害生物风险分析[M]．长春：吉林科学技术出版社．2004.

[6]林伟，陈宏，金瑞华．CLIMEX——微机生态气候分析系统在有害生物适生性研究中的应用[J]．植物检疫，1992，6(2)：108－113.

[7]蒋青，梁忆冰，王乃扬．有害生物危险性评价的定量分析方法研究[J]．植物检疫，1995，9(4)：20 8－211.

[8]沈佐锐，马晓光，高灵旺．植保有害生物风险分析研究进展[J]．中国农业大学学报，2003，8(3)：51－55.

[9]魏淑秋．气候相似距简介[J]．北京农业大学学报，1994，10(4)：427－428.

[10]Nix HA. A biogeographic analysis of the Australian elapid snakes. In：Longmore R，editor. Atlas of elapid snakes. Australian flora and fauna series number 7. Canberra：Australian Government Publishing Service. 1986，4－15.

[11]Mackey BG. A spatial analysis of the environmental relations of rainforest structural types[J]．Biogeo. 1993，20：303－306.

[12]Stockwell DRB and Noble IR. Induction of sets of rules from animal distribution data：a robust and informative method of data analysis[J]. Math Comput Simulat，1992，33：385－390.

第二章　林业有害生物灾害防治

林业有害生物灾害严重危害森林资源，并且常常造成巨大损失，被称为“不冒烟的森林火灾”。我国森林资源相对贫乏，森林资源保护工作十分重要，保护好森林资源，在一定意义上讲，也就相当于发展了森林资源。林业有害生物防治的目的就是为了防止森林资源受到林业有害生物的严重危害，减轻其对森林资源造成的损失，从而有效地保护国土绿化成果。为此，国家十分重视林业有害生物防治工作，自20世纪80年代以来，我国逐步建立健全了国家、省、市、县四级森防检疫机构，并相继颁布了《植物检疫条例》和《森林病虫害防治条例》，完善了林业有害生物防治和检疫法规体系，使林业有害生物防治检疫行为得到了有效规范，为防止林业有害生物灾害的发生和危害发挥了积极的作用。

第一节　林业有害生物灾害防治策略

进入21世纪以来，随着国家综合实力的不断增强和人民生活水平的不断提高，对国土生态建设的要求越来越高，对森林资源保护工作的需求也越来越迫切。在这种大趋势下，如何进一步全面加强林业有害生物防治工作，对现有林业有害生物灾害采取什么样的防控对策和措施，在森林培育过程中如何从根本上有效避免林业有害生物灾害的发生和严重危害，已成为摆在各级人民政府、林业主管部门、森防检疫机构以及众多森林经营者面前的一项紧迫任务。

一、林业有害生物防治和应当坚持的方针

(一)林业有害生物防治的概念

国务院颁布的《森林病虫害防治条例》第二条对森林病虫害防治做过如下规定：森林病虫害防治是指对森林、林木、林木种苗及木材、竹材的病害和虫害的预防和除治。

但是，随着对森林、林木、林木种苗及木材、竹材产生危害的生物种类(如害鼠、害兔、害草)的增加，森林病虫害这一名词已经明显不能准确涵盖现有的有害生物种类。针对此问题，国家林业局于2004年12月在江西省南昌市召开的全国林业有害生物防治工作会议上，提出用“林业有害生物”一词替代过去很长一个时期一直应用的“森林病虫害”一词。因此，本书所称的林业有害生物灾害防治一词是指对林业有害生物实施调查监测、检疫检验、预防和除治工作的总称。

(二)现行的林业有害生物防治方针

在2004年南昌会议上，国家林业局在广泛征求意见的基础上，针对过去我国森林病

虫害实行的防治方针进行了重新修订，既丰富了其内涵，又扩大了外延，将过去“预防为主，综合治理”的防治方针，修订为现行的“预防为主，科学防控，依法治理，促进健康”的防治方针。

“预防为主”，就是要坚持科学的发展观，把林业有害生物防治工作贯穿到林业生产的各个环节，强化监测预报、检疫监管、营林及生物防治等预防性工作，实现由重除治向重预防的战略性转变；

“科学防控”，就是要准确把握林业有害生物发生、发展和有效防控的规律，以科学的态度处理林业有害生物、寄主与环境的关系，用科学的方法进行预防和除治，提高防治效果，保护生物多样性，最大限度地减轻防治措施对环境造成的污染和对森林生态系统带来的破坏；

“依法治理”，就是要突出防治工作的法制性，严格执行《森林病虫害防治条例》和《植物检疫条例》，依靠法律手段，规范防治工作行为，强化全社会依法防治的责任意识，履行好防治义务；

“促进健康”，就是要树立森林健康理念，促使森林保持较好的自我调节和增强系统稳定性的能力，通过采取针对调整和稳定森林生态系统的综合性措施，积极应用以营林和生物防治为主的无公害防治技术，恢复我国森林生态系统的健康水平，提高森林抵御林业有害生物侵害的能力，最终实现林业有害生物灾害可持续控制的目标。

二、法律法规对林业有害生物防治责任和义务方面的相关规定

对于各级人民政府、林业主管部门、森防检疫机构、森林经营者在林业有害生物防治责任和义务方面，法律法规进行了如下明确规定。

《中华人民共和国森林法》第二十二条规定：各级林业主管部门负责组织森林病虫害防治工作。林业主管部门负责规定林木种苗的检疫对象，划定疫区和保护区，对林木种苗进行检疫。

《森林法实施条例》第十九条规定：县级以上人民政府林业主管部门应当根据森林病虫害测报中心和测报点对测报对象的调查和监测情况，定期发布长期、中期、短期森林病虫害预报，并及时提出防治方案。森林经营者应当选用良种，营造混交林，实行科学育林，提高防御森林病虫害的能力。

发生森林病虫害时，有关部门、森林经营者应当采取综合防治措施，及时进行除治。发生严重森林病虫害时，当地人民政府应当采取紧急除治措施，防止蔓延，消除隐患。

《森林病虫害防治条例》规定：森林病虫害防治实行“谁经营、谁防治”的责任制度。地方各级人民政府应当制定措施和制度，加强对森林病虫害防治工作的领导。对暂时没有经济收入的森林、林木和长期没有经济收入的防护林、水源林、特种用途林的森林经营单位和个人，其所需的森林病虫害防治费用由地方各级人民政府给予适当扶持；发生大面积暴发性或危险性森林病虫害，森林经营单位或者个人确实无力负担全部费用的，各级人民政府应当给予补助。

林业行政主管部门是政府的组成部门，代表政府从事林业各项管理工作，林业有害生物防治工作是林业工作的重要组成部分，县级以上林业主管部门主管本行政区的林业有害生物防治工作，其所属的森防检疫机构负责林业有害生物防治的具体组织工作，因此，各

级林业主管部门对林业有害生物防治工作负有直接的组织和管理职责。森防检疫机构是隶属于林业主管部门、法律法规授权、具有防治检疫行政执法职能的事业单位，对林业有害生物防治工作负有业务管理、技术指导和行政执法职能。

乡(镇)林业工作站是在乡(镇)政府领导下的、负责本乡(镇)林业工作管理的职能部门，对本乡(镇)的林业有害生物防治工作负有组织和管理职责。当前，由于我国集体林权制度改革已经全面完成，集体林已经全面分林到户，因此，乡(镇)林业站对林农的林业有害生物防治工作负有组织管理和指导职责。

森林经营者是森林经营单位和森林经营个人的总称。目前在我国，森林经营者主要包括三种形式：一是国有森林经营者，主要包括国有林场及其他国有林业企事业单位；二是合作森林经营者，主要包括私有林场、股份制及林农自发合作组织；三是个体经营者，主要指集体林权制度改革后分林到户所形成的一家一户的经营者。

从以上法律法规相关规定中我们可以看出，森林经营者对林业有害生物防治负有最直接的责任和义务，即“谁经营，谁防治”；各级林业主管部门对林业有害生物灾害的调查监测及防治工作负有业务管理与指导职责；各级政府对林业有害生物防治工作负有组织和领导、制定措施和制度以及对防治费用给予扶持和补助的职责。森林经营者应当选用良种壮苗，适地适树造林，营造混交林，科学培育森林，促进森林生态系统稳定、提高防御林业有害生物侵害能力；发生森林病虫害时，森林经营者应当采取综合防治措施，及时进行除治，政府和相关职能部门应当尽全力予以大力支持。

三、新时期林业有害生物防治应当采取的策略

根据以上林业有害生物防治法律法规的相关规定，按照新时期国家对林业发展的总体要求，为了切实保护好森林资源，有效防止林业有害生物灾害的发生和严重危害，确保森林效益的全面发挥，促进林业经济又好又快发展，结合我国林业有害生物防治工作实际，对于当前及今后一个时期林业有害生物防治工作，应当采取以下策略。

(一)方针路线策略

要全面坚持科学发展观，认真贯彻“预防为主，科学防控，依法治理，促进健康”的防治方针，严格落实“谁经营，谁受益，谁防治”的责任制度，建立健全以各级政府为主导的防治工作监督管理保障体系，完善防治工作制度和措施，全面加强组织领导、业务管理和技术指导，确保林业有害生物灾害防治的主动性和时效性。

(二)森林培育策略

要全面树立森林健康理念，切实把林业有害生物防治工作贯穿于林业生产全过程，要适地适树造林、营造混交林、封山育林，加强对森林的抚育管理，科学培育森林，确保林木健康生长，不断提高森林生物多样性，促进森林生态系统的协调和稳定，从源头上全面有效预防林业有害生物灾害的发生。

(三)调查监测策略

要建立健全林业有害生物灾情调查监测体系，重点加强乡镇和林场森保员队伍和装备建设，制定切实可行的调查监测工作方案，严格落实调查监测责任和任务，确保调查监测工作的准确性和时效性，及时统计、汇总和上报调查监测数据，全面掌握林业有害生物的发生、发展动态，及时发布灾情预报和灾害预警，为林业有害生物灾害的防治工作提供翔

实的依据。

(四)检疫及监管策略

各级森防检疫机构要依法履行调运检疫工作程序和技术规范，强化调运检疫监管，严防疫情的人为传播，全面加大对调入的森林植物及其产品的复检、补检和检疫行政执法工作力度，有效防范外来林业有害生物入侵。要组建兼职森检员队伍，加强业务培训和装备保障，提高检疫工作技术技能，严格落实产地检疫工作责任和任务，强化产地检疫工作督导，对疫情实施有效的封锁扑灭和除害处理，从源头上控制疫情的传播和蔓延。

(五)灾害防治策略

要强化灾害防控体系建设，加大灾害防治工作投入，创新防治工作机制；要加强灾害防治技术指导和灾害防治监管，全面实施无公害防治；对发生的林业有害生物灾害要依法实行限期除治通知书制度；对一般性灾害，应当及时督促森林经营者自行采取措施防治；对较大级别的灾害，林业主管部门应当及时组织实施工程治理；对重特大灾害，当地人民政府应当迅速组织实施应急管理。要全面推进“政府组织发动、部门相互配合、行业协调指导、社会广泛参与、经营者尽职尽责、市场化防治运作”的林业有害生物防治管理模式和工作机制，及时有效地防灾控灾，努力减少林业有害生物灾害造成的损失，有效实现林业有害生物灾害的可持续控制。

第二节　做好林业有害生物防治工作的主要措施

要充分做好林业有害生物防治工作，首先必须对林业有害生物的发生及危害情况进行及时、全面、严密、准确的调查监测，准确掌握本地林业有害生物的分布、发生和危害情况，科学预测发生、发展趋势，为防治工作提供翔实依据，以便采取科学措施适时进行防治。同时还要加强森林植物及其产品检疫工作，按照植物检疫法规和技术规程规定实施检疫检验，有效切断危险性和检疫性林业有害生物的人为传播和扩散蔓延。只有这样，才能够真正做好林业有害生物的防治工作。

一、健全体系，充分做好林业有害生物调查监测工作

(一)我国林业有害生物调查监测体系概况

1. 骨干体系建设基本完成

相关法律法规规定，各级林业主管部门是林业有害生物调查监测工作的主管部门，对林业有害生物调查监测活动负有监督和管理职责，其所属的森防检疫机构负责林业有害生物调查监测工作的具体开展。

目前，我国已经依法建立健全了国家级、省级、市级、县级四级森防检疫机构。特别是“十一五”期间，通过各级林业主管部门的立项投资建设，对各级森防检疫机构的基础设施与装备进行了全面更新，具体包括工作条件、实验室、标本室、资料室、数据库、网络通讯传输设施、现代化办公设备、调查监测仪器、交通工具、调查工具等等，设立了林业有害生物测报科室，配备了人员编制，配备了专职测报人员，建立并健全了“全国林业有害生物防治和检疫管理信息系统”，实现了测报信息的网上快捷传输，并在全国重点建设了1 000个国家级林业有害生物中心测报点，各省(自治区、直辖市)也进行了省级和市级

中心测报点的配套建设，基本形成了覆盖全国至县的宏观林业有害生物调查监测网络体系。同时还明确规定了各级森防检疫机构的林业有害生物测报工作职责，具体如下。

(1)国家级森防检疫机构测报工作职责

负责制定全国测报工作规划及其有关政策规章和管理制度；负责全国测报网络建设和管理工作，制定和颁布主要林业有害生物测报办法，负责确定国家级中心测报点及其主测对象；审查和对外公布全国林业有害生物发生、防治情况以及国内外重大和危险性林业有害生物疫情数据；综合分析各地主要林业有害生物调查信息，定期发布中、长期林业有害生物发生趋势预报和森林病虫情动态通报，定期召开林业有害生物灾害发生趋势会商会；负责省级、地级森防检疫机构专业技术人员和国家级中心测报点测报员的岗位培训；组织测报新技术的研究、推广和应用。

(2)省级森防检疫机构测报工作职责

负责本辖区内的测报网点建设和管理，组织、指导、协调、监督测报业务工作，制定相关管理制度；综合分析基层单位和中心测报点上报的森林病虫情监测预报数据，及时发布本辖区内林业有害生物灾害中、长期预报和情况通报；负责管理本辖区内重大、危险性林业有害生物的疫情数据；及时汇总和报告本辖区的主要林业有害生物及突发性、危险性种类的发生和危害情况，提出防治意见；负责研究制定国家尚未颁布的本辖区内主要林业有害生物测报办法，并报国家级森防检疫机构所属的测报中心备案；确定省级测报点和其测报对象以及调查监测对象，负责省级测报点测报员的岗位及测报技术培训，考核审批测报人员；研究、推广测报工作新技术、新方法。

(3)市级森防检疫机构测报工作职责

做好本级林业有害生物调查监测的日常业务管理，负责所辖县级森防检疫机构调查监测业务的检查、监督和指导，负责管辖区域内国家级、省级和市级中心测报点的管理，负责所辖县级专职测报员及森保员的业务培训工作；负责向省级森防检疫机构报告本辖区林业有害生物的发生和危害情况，组织本辖区县级森防检疫机构做好林业有害生物专项调查和普查工作。

(4)县级森防检疫机构测报工作职责

负责组织、落实、督导各乡(镇)林业工作站和林场的林业有害生物调查监测工作；确定调查监测种类，审核森保员调查监测工作计划，复核调查监测数据的真实性和准确性；发布本辖区内主要林业有害生物发生动态和趋势预报；对辖区内的林业有害生物灾害进行现场确认调查；对森保员进行业务培训和考核。

(5)国家级中心测报点测报工作职责

完成国家级森防检疫机构下达的主测对象和当地主要林业有害生物的调查监测预报任务；按规定上报林业有害生物发生情况和危险性林业有害生物的相关数据，及时发布主要林业有害生物的发生动态并进行发展趋势预报；负责对相关专、兼职测报员进行培训；按规定使用好测报专项经费，做好仪器设备的使用和管护工作。

从以上可以看出，各级森防检疫机构无论是从硬件建设还是从软件建设，完全能够承担起相应的林业有害生物调查监测的工作职能。

2. 基层体系建设相对薄弱

我们所说的基层体系主要指乡(镇)、林场，甚至包括村屯等县级以下森林经营管理单元，由于没有专职调查监测人员编制和资金来源，只能由县级林业主管部门在乡（镇）林业工作站、林场等森林经营管理单位聘任一名林业职工作为森保员，通过森防检疫机构的业务培训，兼职从事本经营管理区内的林业有害生物调查监测工作。

由于森保员是兼职的，平时还要完成本单位其他工作，到了本单位工作任务集中时，往往就无法顾全林业有害生物的调查监测工作，由此会导致这个乡（镇）、林场在某一时段、某些有害生物种类的调查监测数据不完整，这是基层乡（镇）林场林业有害生物调查监测工作最常发生的事情。此外，森保员被调换的情况也时有发生，导致森保员队伍不稳定。由于森保员这支队伍的知识层次、业务素质、敬业精神等方面差别较大，工作能力和水平也参差不齐，往往导致基层乡（镇）和林场的林业有害生物调查监测数据的准确性和时效性难以保证。

此外，乡（镇）林业工作站和林场还有一支护林员队伍，主要负责森林防火、林业有害生物发生情况报告和防止滥砍盗伐等森林管护工作。但是，目前这支队伍的知识和技术层次较低，又没有经过专门培训，对林业有害生物知识了解不多，在调查监测业务工作中只能起到辅助作用。

（二）调查监测体系存在的问题

通过分析可以看出，林业有害生物调查监测工作的骨干体系和基层体系之间不协调，存在基层体系薄弱、队伍不稳定、人员素质低、责任制无法落实等实际问题。这些问题会导致我们无法及时得到一手资料，无法对新发灾害进行及时准确的测报工作，往往会贻误最佳防治时机。长此以往，林业有害生物调查监测工作必将面临总是要跟着灾情跑，调查监测准确率就不可能得到提高，灾后报灾的现象就不可避免，最终导致灾害防控压力不断增大，进而形成恶性循环。

因此，需要进一步加强基层林业有害生物调查监测体系建设，建立健全并稳定森保员队伍，固定岗位，兑现工资待遇，加强培训，配备装备，提高调查监测技术技能，全面落实林业有害生物调查监测责任和任务，解决好骨干体系和基层体系的协调对接，是有效解决基层调查监测体系薄弱问题的关键所在。

（三）如何才能真正做好调查监测工作

应当全面加强基层林业有害生物调查监测体系建设，以乡（镇）林业工作站、林场等森林经营管理单位为基本调查监测单元，由县级林业主管部门在乡（镇）林业工作站、林场等单位聘任森保员，建立健全并稳定森保员队伍，固定岗位，兑现工资待遇，提供调查监测必备的工作条件，加强调查监测业务培训，提高调查监测技术技能，确保森保员在林业有害生物调查监测季节坚守岗位，由森保员负责组织护林员对本经营管理区内的林业有害生物分布、发生、危害情况适时进行调查监测，对应施监测调查的林业有害生物种类，按照县级以上森防检疫机构的规定和要求，按时进行调查记录和统计汇总。对于森林和林木产生明显危害、但森保员不认识的林业有害生物种类，则要及时向县级森防检疫机构报告情况，由县级森防检疫机构进行现场核查确认，确定调查监测方法后再进行调查监测。只有建立起一支能够有效覆盖到乡（镇）、林场、甚至村（屯）的调查监测网络体系，全面落实林业有害生物调查监测责任和任务，才能有效解决好骨干体系和基层体系的协调对接，才能准确掌握林业有害生物发生动态和危害程度，才能为防治工作提供翔实依据。

1. 应确定森保员如下调查监测工作职责

(1)负责登记本经营管理区内应施调查监测的寄主林分，按照树种相同、地块相邻、林龄相近的原则划定踏查块，每个踏查块的面积不超过200公顷，并绘制应施调查监测种类年度线路踏查示意图，将本经营管理区内的每一片森林都纳入调查监测视野。

(2)按照规定的时间和方法调查林业有害生物的分布、发生及危害情况，完成本乡(镇)、林场应施调查监测寄主林分和林业有害生物种类的踏查及标准地调查任务。

(3)负责组织、指导护林员做好护林责任区的林业有害生物发生情况报告工作，及时记载、分析护林员的相关情况报告，并进行现场核实。

(4)按规定及时统计、汇总、上报本经营管理区各类林业有害生物调查监测业务报表，建立调查监测业务档案。

2. 应为森保员提供必备工作条件

(1)野外调查装备

为森保员配备轻便型两轮摩托车1辆，调查工具箱1套，林业有害生物野外调查记录仪(PDA)1个，全球定位仪(GPS)1个，小型数码照相机1个。

(2)室内办公装备

办公桌、椅、档案柜1套；联网台式电脑、打印机1套。

(3)森保员需要掌握和储备以下专业技术知识

森防检疫机构应当定期对森保员进行相关业务培训，印发林业有害生物调查监测培训教材、《森保员手册》、《林业有害生物调查技术规程》以及相关林业有害生物调查监测书籍资料。

3. 应建立健全森保员的调查监测工作程序

(1)应施踏查林分登记

在每年的林业有害生物调查监测工作开展之前，县级森防检疫机构应当向各乡(镇)林业站、林场下达应施调查的林业有害生物种类，森保员根据下达的应施调查监测的种类，确定应施调查寄主林分和面积，将应施调查寄主林分划分为若干个踏查块，进行统一编号，登记每个踏查块所包括的林班和小班，填写《××乡(镇、林场)应施踏查林分登记表》。

(2)线路踏查

森保员按照《××乡(镇、林场)应施踏查林分登记表》确定的调查种类、时间，按事先确定的踏查线路，及时深入林地实施林业有害生物线路踏查，在踏查块中，采取机械取样法，选取一定数量的样株(样方)，根据林业有害生物的种类和危害部位进行确定，在《××种类林业有害生物线路踏查登记表》中记载应施调查的林业有害生物种类的有无，统计该踏查块的林业有害生物的有虫或感病株率，确定其是否达到发生统计起点。如果未达到发生统计起点，则不再进行调查；如果达到发生统计起点，则应继续实施详细的标准地调查。

(3)标准地调查

根据踏查结果，对某种病虫害达到发生统计起点的林分，可直接进行标准地调查，或在规定的调查期内完成标准地调查任务，确定发生面积和危害程度。

标准地调查一般以小班为单位进行，标准地面积0.2公顷，其内树木不少于100株，要求标准地的林业有害生物发生危害程度在小班之中具有平均代表性。标准地的调查方法一般分为地面样方调查法、样株调查法、样枝调查法、危害部位调查法、害鼠铗日调查法、叶部危害程度调查法，可根据不同的调查对象和调查方法，在标准地中均匀抽取样株、样枝或样方进行调查，填写《××种类林业有害生物标准地调查记录表》。样株调查法一般均匀选择60株样株；样枝(样方)调查法一般均匀选择20株样株，在样株上再按规定抽取样枝(样方)调查；叶部害虫调查和病害危害程度调查以及鼠(兔)危害株率调查样株应不少于100株。

(4)对新发生种类的调查监测与报告

在线路踏查工作中发现或接到护林员报告，有非应施调查林分或非规定调查种类的发生危害情况，也应做好踏查记录，填写线路踏查登记表，及时将情况上报县级森防检疫机构。由于对新发现的种类没有具体的调查监测技术方法，可参照与之相似的林业有害生物种类标准地调查方法进行标准地调查，也需要对其标准地调查结果进行统计、汇总和上报。待森防检疫机构拟定出具体调查监测技术之后，再按规定的技术要求进行调查。

对新发现的严重危害的林业有害生物发生种类、新发生的疫情、突发性的林业有害生物灾害，县级森防检疫机构接到报告后应当在第一时间进行现场确认，本级机构确认不了的，向上级森防检疫机构申请确认，待有害生物种类、发生面积和危害程度调查清楚之后，再将调查监测技术、防治对策及防治技术措施等情况以文字材料上报上级森防检疫机构，并将该种类纳入应施调查监测的林业有害生物种类，通过《森林病虫害防治信息系统》这一系统软件上报发生及防治数据。

(5)调查资料的统计、汇总和上报

森保员调查监测任务完成后，要在5日内将线路踏查记录表和标准地调查记录表整理并装订成册，按照某种林业有害生物发生面积统计标准，对标准地调查结果进行统计汇总，填写《××月林业有害生物标准地汇总表》，并按规定日期，向县级森防检疫机构上报《××月林业有害生物发生情况报告表》。

县级森防检疫机构对各乡(镇)、林场森保员上报的《××月林业有害生物发生情况报告表》进行审核，确认无误后，将表中的数据录入《森林病虫害防治信息系统》，并逐级上报至国家级森防检疫机构。

这样，各级森防检疫机构就能够适时收到管辖区域内至县，甚至至乡(镇)、林场的林业有害生物发生种类、发生面积、危害程度以及成灾情况，为发布管辖区域内林业有害生物发生趋势预报、拟定防控对策及落实防治技术措施提供翔实的第一手资料。

二、加强管理和指导，充分做好林业有害生物灾害的预防和除治工作

林业有害生物防治是在调查监测工作基础上，对具有发生趋势的林业有害生物种类采取科学措施进行预防，有效防止其种群数量继续扩增，避免其形成灾害；对已经形成灾害的林业有害生物种类，则要有计划、有目的地采取综合技术措施进行治理，及时有效遏制灾害的继续发展，迅速降低林业有害生物种群数量，使林业有害生物所形成的灾害逐步得到平息，使森林、林木在尽可能短的时间里恢复正常生长。林业有害生物防治包括一般性灾害的常规防治，较大灾害的工程治理，以及重大突发性灾害的应急管理这三个层面。

以上可以看出，如果及时对林业有害生物种类进行调查监测，及时对林业有害生物种

群采取预防措施，及时有效地控制林业有害生物不形成灾害，则是林业有害生物防治的最高境界。林业有害生物一旦形成灾害，一方面造成了森林、林木的直接经济损失和生态方面的巨大损失，另一方面还需要人、财、物力投入来进行防治，可谓“得不偿失”。

过去很长一个时期内，由于没有真正将林业有害生物防治工作贯穿于林业生产全过程，大面积营造纯林，大量重复性使用化学农药，造成森林生态系统结构单一、功能脆弱。同时，还由于林业有害生物防治工作理念落后，相关科技不发达，导致防治技术和措施也具有局限性，再加上部分森林经营者对林业有害生物防治工作重视不够，常常导致林业有害生物灾害的发生和发展，造成巨大的损失。

进入21世纪以来，林业有害生物防治工作受到国家和各级政府的高度重视，森林健康理念得到全面贯彻，林业有害生物防治工作机制得到进一步创新，防治工作责任制得到层层有效地落实，相关新技术科研及成果推广力度不断加大，生物防治技术被广泛应用，营(造)林预防措施被纳入规程，防治器械不断推陈出新，防治药剂正向着环境友好和无公害方向发展，各级政府和林业主管部门对防治补助经费的投入逐年加大，大部分常规性的林业有害生物得到了有效预防，一些突发性林业有害生物灾害得到及时控制，一些过去积淀的重、特大林业有害生物灾害也正在得到逐步攻克，我国林业有害生物防治工作已经呈现出前所未有的良好发展态势。

但要真正全面做好林业有害生物防治工作，还必须进一步落实责任，加大投入，加强督导，真抓实干，既要致力于有效预防林业有害生物的发生，全面促进森林健康，又要适时对林业有害生物灾害采取综合治理措施，避免小灾酿成大患，还要有针对性地对重、特大林业有害生物灾害实施工程治理甚至应急管理，才能够为保护森林资源、维护生态安全、实现林业又好又快发展提供强有力的保障。

(一)切实将林业有害生物预防措施真正贯穿于林业生产全过程

林业生产全过程包括林木良种繁育、造林绿化、营林抚育、森林采伐、森林植物及其产品调运等多个环节，并且每个环节都有可能存在林业有害生物发生危害和传播蔓延的可能性，因此，在每个环节都要充分加强林业有害生物的预防措施，从根本上防止林业有害生物的发生和危害。在林木种苗生产繁育过程中，要加强对林业有害生物的调查、防治、检疫和除害处理；在绿化造林过程中，要使用经过检疫的林木良种适地适树造林、营造混交林；在林分生长期间，要适时进行修枝定干、透光伐和抚育伐，确保林木生长所需的空间和光照，促进林木茁壮生长，全面提高抵抗林业有害生物侵害的能力；对达到生理成熟的林分，应进行适龄采伐，以有效防止林木生理成熟后因生长势衰弱，引发林业有害生物严重发生和侵害的情况出现；在采伐运输过程中，对采伐林木要及时造材，运入贮木场进行归楞储存，严禁将采伐的林木长时间存放在林地内，防止采伐后的林木在林地内滋生林业有害生物；要认真做好采伐林木的产地检疫工作，将感染林业有害生物、产地检疫不合格的原木单独归楞，及时进行除害处理，有效防止林业有害生物的人为调运传播。

(二)认真落实“谁经营，谁防治”的责任制度

《森林病虫害防治条例》明确规定：森林病虫害防治实行“谁经营，谁防治”的责任制度。地方各级人民政府应当制定措施和制度，加强对森林病虫害防治工作的领导。

从以上规定可以看出，森林经营者对所经营的森林发生的林业有害生物灾害，负有直接的防治责任和义务。森林经营者经营森林的主要目的就是要取得收益，如果森林遭受林业有害生物的危害，势必造成森林经营者的收益减少。森林经营者在经营森林过程中能够经常性地接触森林，容易发现林业有害生物的发生与危害情况，及时而必要的防治措施和投入能有效避免林业有害生物对森林造成直接经济损失。因此，在林业有害生物灾害初发期及时采取防治措施，会取得事半功倍的防治成效，而此时的防治投入就需要森林经营者承担。如果森林经营者此时不承担防治责任和义务，则林业有害生物灾害蔓延扩大后，必将造成更加严重的灾害损失，造成森林经营者更大的收益损失。

植树造林，绿化国土，实现人居生态环境的不断改善和优化，是各级政府的一项重要职责。政府所辖区域内森林覆盖率指标的完成，都是依靠众多森林经营者不断造林绿化实现的。森林经营者经营森林所获得的只是森林所产生的直接经济效益，而森林生长过程中所产生的巨大经济效益和社会效益却由全社会共同分享和受益。因此，森林一旦暴发严重的林业有害生物灾害，超出森林经营者的承受能力，则全社会都有责任和义务帮助森林经营者进行防治，政府和林业主管部门在这时就应当发挥领导者的作用，调动社会各界力量，加大防治工作的人、财、物力投入，积极组织灾害防控工作，快速降低灾害造成的损失，有效保护森林资源，切实维护国土生态安全。

（三）依法规范林业有害生物防治工作行为

各级林业主管部门和森防检疫机构应当经常性地对本辖区内林业有害生物发生、危害情况进行分析和研究，对森保员的防治工作及时进行检查指导，并及时督促森林经营者进行适时防治。

当森林发生林业有害生物灾害时，要充分发挥森防检疫机构专职业务人员以及林场和乡镇林业站森保员的作用，利用他们掌握的林业有害生物防治技术、技能，拟定防治技术措施，编制《防治设计任务书》进行防治设计；森林经营者应当按照《防治设计任务书》中提出的防治时间和技术措施，积极采取措施适时进行防治；在每一项防治作业结束后，还要填写《防治效果验收书》，对防治作业质量和防治效果进行验收和评价。

对于发生林业有害生物灾害不及时进行除治的森林经营者，森防检疫机构要依法对其下达《限期除治通知书》，责令其在规定的时间内采取措施进行防治；对已经被责令限期除治但仍不进行除治的，森防检疫机构可以组织防治力量代为除治，代为除治所涉及的费用全部由被责令限期除治的森林经营者承担；如果森林经营者拒不除治或除治不力导致林业有害生物蔓延成灾的，森防检疫机构除了组织防治力量代为除治外，还可以责令赔偿损失，并处一百元至二千元罚款。

（四）进一步加强林业有害生物防治新技术的科研、示范和推广工作力度

林业有害生物种类繁多，危害形式多种多样，防治技术要求严格。目前我们虽然对一些常见的林业有害生物种类已经掌握了行之有效的防治技术，但是依然有许多种类的防治技术仍不成熟，并且随着药剂药械的不断更新换代，技术手段的不断拓宽，林业有害生物防治技术也需要不断地进行更新，这就要求我们必须加大林业有害生物防治新技术的科研、示范和推广工作力度。科研单位和大专院校应当不断深入研究探索不同种类林业有害生物灾害的无公害、综合性、效果显著的防治技术措施，不断拓宽防治技术视野，在技术上精益求精，有效突破防治技术局限性这一瓶颈；各级森防检疫机构要对防治技术科研成果进行及时验证、示范和推广，将一些技术含量高、可操作性强、效果显著的防治技术应尽快上升为地方标准、行业标准乃至国家标准，将科技成果迅速转化成生产力，以此规范化指导森林经营者的防治工作。

三、夯实基础，强化森林植物及其产品的检疫检验与监管工作

森林植物检疫工作是一项集业务管理、技术指导和行政执法于一体，旨在防止危险性林业有害生物人为传播蔓延的预防性措施，既包括对携带传播危险性林业有害生物的森林植物及其产品的技术管理，也包括对森林植物及其产品所有者的法制管理。国务院 1983 年发布《植物检疫条例》(1992 年修订发布)，1989 年林业部(现国家林业局)发布《国内森林植物检疫技术规程》(1998 年修订发布)，1994 年林业部发布《植物检疫条例实施细则(林业部分)》，随后，各省相继制定了森林植物检疫实施办法，使得我国的森林植物检疫法规体系逐步完善，森林植物检疫工作逐步走上法制化、规范化轨道。

(一)森林植物检疫工作特点

森林植物检疫的主要任务就是通过检疫检验将森林植物及其产品上携带的检疫性和危险性林业有害生物进行全面、彻底的除害处理，有效防止检疫性和危险性林业有害生物通过人为调运进行远距离传播，既要防止疫情传出染祸于人，又要防止疫情传入引祸入境，以此达到保护林业生产和森林资源乃至国土生态安全的目的。归纳总结森林植物检疫工作，具有如下特点。

1. 森林植物检疫工作是一项预防性措施

森林植物检疫工作是一项防患于未然的工作，如果检疫工作做得认真彻底，就可以有效控制林业有害生物的人为传播与蔓延，真正起到保护森林资源和国土生态安全的作用。但是如果检疫工作不认真，工作疏忽或流于形式，很容易造成检疫性和危险性林业有害生物传播蔓延甚至酿成重大灾害，导致巨大的经济、生态、社会效益损失，在这方面，我们都有过沉痛的教训。

森林植物检疫工作的重点在于产地检疫环节，如果在森林植物生长和森林植物产品生产期间，在原产地就把检疫工作做好，把检疫性和危险性林业有害生物消灭在原产地，那么，在调运时就能够大幅度减少有害生物的人为传播几率。为了防止不经过检疫检验私调、滥运森林植物及其产品的违规行为，我国在重点林区均设立了木材检查站，负有查验调运森林植物及其产品的《植物检疫证书》工作职能，以此堵截未经检疫的森林植物及其产品。各级森防检疫机构依法对违规调运的森林植物及其产品实施复检和补检，对违规行为人实施检疫行政处罚，其目的也是为了有效防止危险性林业有害生物的人为调运传播。因此，森林植物检疫工作就好比是一个“过滤器”，通过检疫检验和除害处理等技术措施和手段，将危险性林业有害生物过滤掉，让检疫合格的森林植物及其产品顺利流通，以此达到防止危险性林业有害生物人为调运传播、促进林业经济健康快速发展的目的。

2. 森林植物检疫工作是一项技术性很强的工作

森林植物检疫工作的技术性主要体现在检疫检验和除害处理这两个方面。在检疫检验方面，我国实行的是针对性检疫，检疫性和危险性林业有害生物只是众多林业有害生物当中的很少一部分，检疫检验时需要准确识别，如果不能够做到这一点，则森林植物检疫工作就失去了应有的意义和作用；由于检疫检验时不可能一一进行查验，只能从批量中抽取一定数量的样品，要求在有限的时间内做出准确的判断，没有一套科学的抽样方法和切实可行的检验手段是很难办到的。因此，森林植物检疫工作是一项技术性很强的工作。

3. 森林植物检疫是一项任务繁重的工作

应施检疫的森林植物及其产品种类繁多，包括林木种子、苗木、花卉、果品、药材、木(竹)材及其制品，数量巨大，并且点多、面广、战线长。此外，检疫工作还包括疫情调查、疫情普查、产地检疫、调运检疫、复检、除害处理、国外引种检疫隔离试种监管以及检疫行政执法等多个检疫环节。因此，森林植物检疫工作所要投入的人力、物力也十分庞大，如果在某一个环节出现问题，都有可能导致森林植物检疫工作出现漏洞，从而起不到“过滤器”的作用。总而言之，森林植物检疫工作是一项任务极其繁重的工作。

4. 森林植物检疫工作是一项社会性和法制性很强的工作

森林植物检疫工作不仅涉及林业系统内部各个部门，也涉及农业、园林、交通、铁路、航空、邮政等多个系统，同时还涉及社会上进行森林植物及其产品生产、经营、调运的单位及个人，要想有效防止检疫性和危险性林业有害生物传播蔓延，绝不是仅靠森防检疫机构就能够做好的一项社会性极强的工作，必须得到全社会的支持和理解以及各有关部门的密切配合，齐抓共管，才能够实现检疫工作目的。同时，森林植物检疫工作是一项法制性很强的工作，相关森林植物检疫法规和规范性文件是公民、法人和其他组织必须遵守的行为准则，任何单位和个人违反森林植物检疫法规，都将会受到追究和查处。

(二)我国现行的森林植物检疫工作体系

《植物检疫条例》规定：国务院林业主管部门主管全国的森林植物检疫工作，各省(自治区、直辖市)林业主管部门主管本地区的森林植物检疫工作，县级以上各级林业主管部门所属的森防检疫机构负责执行国家的森林植物检疫任务。

《植物检疫条例实施细则(林业部分)》规定：县级以上地方林业主管部门或其所属的森防检疫机构可以根据需要，在林业工作站、国有林场、国有苗圃、贮木场、自然保护区、木材检查站以及车站、机场、港口、仓库等单位，聘任兼职森检员协助森防检疫机构开展工作。

目前，我国已经建立健全了国家级、省级、市级、县级四级森防检疫机构，配备检疫检验实验室，《植物检疫证书》网络签证软件系统，森林植物检疫交通工具，设有专职森林植物检疫员，实行制式着装管理，针对国家林业主管部门和省级林业主管部门规定的应施检疫的森林植物及其产品名单以及检疫性和危险性林业有害生物名单，按照《森林植物检疫技术规定》，实施检疫检验和除害处理，签发各种森林植物检疫单证，对森林植物检疫行政违规案件进行查处等项工作。从我国现有的四级森防检疫机构的设置来看，我国的森林植物检疫工作已经形成体系，但是由于县级森防检疫机构人员数量有限，一般只有3～5名专职森检员，因此，也仅仅能够承担起《植物检疫证书》的签发以及森林植物检疫日常管理及行政执法工作，对每天都需要进行的、具体的、大量的森林植物及其产品产地检疫工作，县级森防检疫机构尚无力承担，只能依靠兼职森检员来完成。因此，兼职森检员是森林植物检疫工作的基础。

(三)如何才能真正做好森林植物检疫工作

要想真正做好森林植物检疫工作，必须要从兼职森检员这支队伍抓起，彻底改变目前这种松散型的兼职检疫员聘任和管理方式。县级林业主管部门应当从各个乡镇、林场公开招聘兼职森检员，对参加报名的人员首先进行资格审查，选择文化层次高、事业心强、工作勤奋、语言表达能力强、能够秉公办事、敢于坚持正义的人员，审查合格后，再统一进行考试，择优录取，使兼职森检员覆盖到每个乡镇、林场，组建一支人不在多、而在于精的兼职森检员队伍，从森防检疫机构收取的检疫费中解决兼职森检员工资待遇和装备保障这一难题，在县级林业主管部门的直接领导下，专职从事和开展森林植物产地检疫工作。

1. 要使兼职森检员全面掌握产地检疫技术技能

县级森防检疫机构要经常性地对兼职森检员进行系统培训和业务指导，使兼职森检员能够准确、熟练掌握以下方面技术技能：一是充分掌握本地分布的检疫性和危险性林业有害生物及所危害的寄主树木的形态特征，做到能够进行准确识别；二是能够准确掌握检疫性和危险性林业有害生物的调查监测方法，进行日常调查监测；三是准确熟练掌握《森林植物检疫技术规程》，能够按规定进行抽样调查和产地检疫检验，并做好《产地检疫记录》，规范签发《产地检疫合格证》；四是准确熟练掌握检疫性和危险性林业有害生物的常规除害处理技术，规范签发《除害处理通知单》；五是能够熟练掌握检疫性林业有害生物专项调查和普查技术，并且能够独立写出专项调查和普查技术报告；六是对所发现的违反植物检疫法规的行为敢于进行制止或举报。

2. 要给兼职森检员配备必要的工作装备

为了让兼职森检员充分发挥作用，做到对森林植物及其产品实施现场检疫检验，就要为他们配备必要的检疫检验工具、除害处理设备以及交通工具等，包括两轮摩托车 1 辆，检疫工具箱 1 套，常规除害处理设备 1 套，野外调查记录仪（PDA）1 个，全球定位仪（GPS）1 个，小型数码照相机 1 个，《兼职森检员工作手册》1 本，以及《产地检疫记录》、《检疫除害处理通知单》、《产地检疫合格证》等必要的产地检疫单证等。

3. 要切实维护兼职森检员的社会地位和工作的权威性

兼职森检员生活和工作在基层乡镇或林场，应当说他们的社会地位不高，人微言轻，在执行产地检疫任务时，难免要受到一些阻挠和刁难，甚至打击和报复。对此，县级林业主管部门和森防检疫机构要给予必要的支持，对阻挠和刁难兼职森检员工作的单位和个人要给予批评教育直至警告，对进行打击报复的要依法处理。要千方百计地为兼职森检员的工作排忧解难，树立他们在工作中的信心和威望，对他们举报的违反植物检疫法规的行为要及时认真地进行调查核实，并坚决予以查处。要让当地有关单位和个人尊重兼职森检员，有效支持和配合兼职森检员的工作。

4. 要确保兼职森检员队伍思想和作风的纯洁性

虽然有县级林业主管部门的撑腰，但作为一名兼职森检员，也要珍惜自身的工作，要切实做到言行一致、表里如一、谦虚谨慎、脚踏实地、努力做好本职工作，绝不能养成好逸恶劳、欺上瞒下、鱼肉乡里等恶习。对此，县级林业主管部门和森防检疫机构一定要明察秋毫，对有上述恶习的兼职森检员，要坚决予以清除，以保持兼职检疫员队伍的纯洁性和工作作风的严谨性。

第三节 林业有害生物主要防治技术

当前我国林业有害生物防治技术措施，主要包括营林预防、生物防治、仿生防治、物理防治和化学防治五类。其中：营林预防、生物防治及仿生防治主要起预防林业有害生物发生作用；而物理防治和化学防治是对已经发生的林业有害生物灾害起到除治作用。只有预防措施和除治措施有机结合，才能避免林业有害生物种群过度积累，才能有效控制其暴发成灾。

一、营林预防技术

(一)林木种苗生产繁育环节

在林木种苗生产繁育环节，一定要选择适合本地气候、经过本地较长时间栽培验证、通过相关机构审定和进行过检疫检验的林木良种作为种源来进行林木种苗生产繁育。

林木种苗是培育森林的基础，是培育优质森林的关键，林木种苗的生产繁育需要具备相关的资质，因此，必须依法对林木种苗的生产实行许可证制度。要求在林木种苗生产繁育过程中，做好土壤消毒，精耕细作，加强水肥管理，采取各种行之有效的措施，防止苗木遭受冻害、旱害、涝害、日灼伤等各种自然灾害，确保苗木健壮生长，着力培育优质、健康的良种壮苗。要时刻注意林业有害生物发生危害情况，适时进行调查，建立健全林业有害生物调查档案，对主要林业有害生物种类要制定防治技术方案，一旦发生危害应及时进行除治。同时还要全面做好林木种苗生产繁育期间的产地检疫工作，对感染危险性林业有害生物的林木种苗，要及时进行除害处理。苗木出圃时，还要认真进行检疫检验，取得《植物检疫证书》后，才能出圃用于绿化造林，以有效防止出圃苗木携带林业有害生物的传播蔓延，避免造成严重后果。

在林木种苗生产繁育期间，林业有害生物防治工作至关重要，因为林木种苗生产繁育面积相对较小，苗木低矮，最容易采取防治措施并取得显著防治效果，可以花最小的代价解决苗木受林业有害生物危害这一问题。如果在此阶段林业有害生物防治检疫工作做不好，一是苗木受害后品相不好，影响销售，甚至因为检疫不合格而不能销售；二是即使经过除害处理之后能够销售，但因林业有害生物的严重危害，苗木售价会受到影响，这将给苗木生产繁育者造成一定的经济损失；三是一旦苗木携带林业有害生物进行绿化造林，还会造成林业有害生物传播蔓延，导致后续防治成本加大。因此，在林木种苗生产繁育环节，全面加强林木种苗林业有害生物除治是一项十分重要和必要的工作。

(二)绿化造林环节

造林绿化单位或个人一定要选择适合本地气候和土壤、经过检疫检验的林木良种壮苗进行绿化造林。大规模造林时，因用苗量大，苗木出圃后根系很容易失水干枯，必须对苗木进行必要的假植，防止根系裸露时间过长，影响造林后苗木的成活率，同时也能有效避免造林后苗木缓苗期过长，导致生长衰弱，从而诱发林业有害生物发生。干旱地段要坐水造林，湿涝地段造林之前应进行排水防涝。要本着“适地适树”的原则，不要将旱生苗木栽植到低洼地中去，反之，也不要将喜湿苗木栽植到干旱地中去，这样才能保证造林后苗木能够健康、茁壮地生长，才能够有效抵抗林业有害生物的侵害。

在绿化造林时，要注意避免营造大面积纯林，防止成林后林业有害生物灾害的频繁发生。要尽可能营造混交林，成林后可有效增加林分生物多样性和森林生态系统的稳定性，增强林分自身抵御林业有害生物侵害的能力。但营造混交林时需要注意，对于某种林业有害生物能够转主寄生危害的树种之间不能进行混交造林，以防林业有害生物的严重发生和猖獗危害。

（三）新植林生长环节

在新植林生长期间，应当及时进行除草，防止杂草过分生长，与树苗争夺水分、养分和光线，导致树苗因营养不良而生长衰弱。同时，要根据新植林的生长情况，适时进行修枝定干。如果新植林地土壤瘠薄，还要适当施肥，增加土壤养分，并保持适宜的土壤水分条件，以此促进新植林健康生长，促进其尽快郁闭成林。

要高度重视新植林林业有害生物的调查监测工作，一旦发现新植林有林业有害生物灾害发生趋势，应当及时进行防治，并且要力争做到全面、彻底地除治，有效防止林业有害生物灾情复发，否则，一旦林业有害生物在新植林中暴发成灾，则极有可能对新植林造成毁灭性危害。

（四）幼中龄林生长环节

当新植林郁闭进入幼龄林阶段之后，应当适时对林分进行透光疏伐，进入中龄林阶段应当适时进行抚育采伐，要调整林分郁闭度始终保持在 0.7～0.8 之间，确保林木有充足的光照，才能促进树木旺盛生长。在透光疏伐和抚育间伐过程中，要尽可能保留林分树种多样性，本着“伐次留好”的原则，将一些病虫害木、衰弱木、被压木及时伐除，努力促使林分始终朝着混交林、复层林的方向发展，促进林分生态系统不断协调和稳定，有效增强其抵抗林业有害生物侵害能力。

在幼龄林阶段如果发生林业有害生物，应当尽量采取营林、生物、仿生、物理等预防性防治措施，尽可能避免单纯大面积使用化学防治措施，以保持林分内生物多样性，以免对刚刚建立起来的森林生态系统造成严重破坏，从而有效维护和促进幼龄林生态系统逐步趋于平衡和稳定。在中龄林生长阶段，林分经过前期的抚育管理，已经形成较为稳定的生态系统，树木生长十分旺盛，生长率达到高峰，此时如果发生林业有害生物灾害，为了避免造成巨大的直接经济损失，可以考虑使用包括化学防治措施在内的综合性治理措施，以便快速降低林业有害生物种群密度，避免灾害扩大进而造成更为巨大的损失。

（五）成过熟林生长环节

当林分达到成过熟生长阶段，林木生长势开始下降，对林业有害生物的抵抗能力逐步下降，此时十分容易诱发次期性林业有害生物灾害的严重发生和暴发成灾，特别是一些蛀干害虫和干部病害的严重发生，常常导致树木死亡，或直接造成木材降级、降等，最终将影响到森林经营者的直接经济效益。因此，应当有计划地对成过熟林采取适龄采伐措施，在林木生长势衰弱和林业有害生物灾害暴发之前进行适时采伐及合理利用，使森林的直接经济效益得到全面发挥，同时也能有效规避林业有害生物灾害暴发成灾带来的严重危害。

二、生物防治技术

生物防治技术是根据森林生态学食物链原理，利用林分中有益生物控制有害生物种群数量的一种防治技术。从保护生态环境和可持续发展的角度讲，生物防治是林业有害生物防治最应当提倡和普及推广的一项技术措施。生物防治具有很多优点：一是对人、畜安全，对环境友好，不存在任何公害问题；二是通过林间释放有益生物，可以在林分中定居，对有害生物能够起到长期的持效控制作用；三是自然界中有益生物资源十分丰富，并且开发潜力巨大；四是生物防治便于在林间施用，防治成本相对较低。

虽然生物防治具有上述优点，但也有相对不足之处：一是生物防治的作用效果缓慢、滞后，对大面积发生的林业有害生物灾害难以进行及时、有效地控制；二是一些生物天敌由于受气候和地域生态环境的限制，防治效果往往会呈现出不稳定性；三是目前能够用于生产性防治的有益生物种类不多，通过生物防治达到有效控制的林业有害生物种类有限；四是生物防治通常只能将有害生物控制在一定的危害水平，对于一些防治效果要求高的有害生物，还较难实施效果显著的种群治理。

利用生物防治控制林业有害生物发生的途径主要包括保护有益生物、引进有益生物、人工繁育和林间释放有益生物，以及开发利用有益生物及其产物等。

（一）保护有益生物

尽管自然界中有益生物种类很多，但由于受不良环境、寄主种群变动以及人为因素的影响，常不能维持较高的种群数量，要想充分发挥有益生物对有害生物的控制作用，就需要采取一定的措施对其加以保护，促使它们在林分中更多、更快地繁殖起来。保护措施主要是为有益生物提供必要的食物资源和适合的栖息场所，帮助有益生物克服不良环境，避免化学农药对有益生物的大量杀伤，使有益生物始终维持较高的种群数量。自然界中有益生物资源丰富，因地制宜地加以保护和利用，一般不会增加过多的支出，且方法简单，效果显著。保护有益生物可以分为直接保护、营林措施保护和用药时注意保护。

1. 直接保护

是指专门保护有益生物而采取的措施，如保护益鸟，在严禁猎捕益鸟的同时，可以制作人工鸟巢在林间布挂，提高益鸟繁殖量，增加其种群数量；如保护越冬瓢虫，可以将刚进入越冬期的瓢虫收集起来，人为保存在其最适宜越冬的条件下，有效减少其越冬死亡率，翌年春季出蛰时，再将人为保存越冬的瓢虫释放到需要的林分之中，这样可大幅度提高瓢虫越冬种群的成活率，达到更好地控制有害生物的目的。

2. 营林措施保护

主要是结合营林生产进行保护，如在林间空地栽植一些蜜源植物，供有益生物进行补充营养，延长生命，提高繁殖率，增加种群数量；如通过翻耕、施肥等措施促进植物根际拮抗微生物的繁殖，也是生产上常常应用的有效措施。

3. 用药时注意保护

主要是在防治有害生物时注意合理用药，避免大量杀伤有益生物。如选择对有益生物毒性小的农药进行防治，选择对有益生物比较安全的时期进行施药防治，选择适当的施药剂量和施药方式进行防治，都可以达到保护有益生物的目的。

（二）引进或助迁有益生物

引进有益生物防治有害生物已经成为林业有害生物防治工作中的一项重要内容，尤其是对外来入侵有害生物，从原产地引进有益生物进行防治，常能取得令人满意的防治效果，这在国内外均有过许多成功的先例。如美国从1888～1889年从大洋洲引进澳洲瓢虫防治柑橘吹绵蚧，经过5年时间，使美国的柑橘吹绵蚧得到了“一劳永逸”的有效控制；我国海南省引进的椰甲截脉姬小蜂和椰心叶甲啮小蜂两种天敌，对一度在海南省猖獗危害的外来有害生物椰心叶甲起到了十分显著的生物防治效果。

引进有益生物之前，应当做好充分的调查研究和安全评估，以免造成引进失败或引进后演变成有害生物。首先，要考虑从目标有害生物原产地的轻度发生区寻找有益生物，更有可能引进到有效的生物天敌。其次，要考虑引进地的气候和生态环境是否适合被引进有益生物的生存和繁衍，以提高引进后定殖的成功率。第三，引进过程中要考虑适宜的包装和运输工具，防止其在运输过程中死亡。第四，要采取必要的检疫措施，防止携带其他危险性有害生物入境。

助迁有益生物也是一种较为便捷的生物防治措施。在自然条件下，某一地区的森林生态系统内有其特定的有益生物群落，为了利用有益生物控制有害生物，可将某一地区的有益生物助迁到没有该种类分布的地区，使它们在新地区定殖下来并发挥作用，如助迁大红瓢虫在我国一些省之间防治吹绵蚧就获得了良好的防治效果。

(三)人工繁殖与释放有益生物

有益生物，尤其是寄主范围较窄的天敌生物，对有害生物的控制常常表现出明显的跟随效应，即在有害生物大发生之后，有益生物才会大量出现。人工繁殖和释放有益生物可以增加其在林分中的种群数量，使有害生物在大发生之前就能得到有效控制。在这方面有很多成功的事例。如人工繁殖释放赤眼蜂防治鳞翅目害虫，人工繁育周氏啮小蜂防治美国白蛾，人工繁殖管氏肿腿蜂防治青杨天牛，人工繁育多角体病毒防治舞毒蛾等。人工繁育和释放有益生物要取得良好的效果，一般要选择高效适宜的有益生物种类，以提高投入效益，还要选择适宜的中间寄主或培养材料，以减少繁殖成本，避免有益生物活力退化。在进行生物防治时，还要选择适当的释放时期、释放方法和适宜的释放量，以帮助其建立野外种群，保证对有害生物的持续控制作用。

三、仿生防治技术

所谓仿生防治技术是利用昆虫自身的生理生化特性和行为特点作为害虫防治的技术手段，包括害虫的性信息素、聚集信息素等，可干扰害虫雌雄之间的交配通信，对害虫实施诱捕，减少害虫种群数量，从而达到虫情监测和防治目的的一类防治技术。

仿生防治技术具有专一性强、无公害、保护天敌、经济有效、安全方便、无抗药性等诸多优点，已经逐步成为农林害虫综合防治中不可缺少的手段之一。近年来，利用昆虫信息素防治害虫的应用研究已获得突破性进展，很多种类害虫的人工合成信息素正逐步实现商品化进入市场，利用害虫性信息素、聚集信息素监测和防治一些害虫已经成为害虫管理的一项直接、可靠而有效的技术方法。

利用害虫信息素防治害虫的方法大致可分为 3 种：大量诱捕法、交尾干扰法、与其他生物农药组合使用法。

(一)大量诱捕法

大量诱捕法是指在林间按照一定的面积比例，设置害虫聚集信息素诱捕器大量诱捕害虫，或设置害虫性信息素诱捕器大量诱捕雄性害虫，导致林间害虫数量下降或雌雄比例严重失调，减少雌雄害虫间的交配几率，使雌性害虫的卵不能受精，进而不能发育成幼虫，以此减少害虫下一代种群密度的一种防治技术措施。

大量诱捕法对那些利用聚集信息素进行行为通信的鞘翅目害虫效果明显，方法也很简单，只要将聚集信息素诱捕器设置在林间，或将聚集信息素合成物与触杀性农药混合喷施于寄主树干上，就可以达到大量诱杀害虫的目的。

当林间设置的性信息素诱捕器和有效诱捕范围能达到和林间雌性害虫相竞争程度时，特别是对那些雌雄性比接近于1：1、雄成虫为单次交尾的害虫，大量诱捕法是一种效果十分明显的防治技术措施。如白杨透翅蛾成虫雌雄性比为1∶1，雌雄成虫均为单次交尾，因此，只要诱捕到1头雄成虫，就有1头雌成虫无法交配。

然而，大多数害虫的雌雄性比虽然接近于1∶1，但雄成虫具有多次交尾能力，即使诱捕到相当数量的雄成虫，残存的雄成虫数量仍足以和林间的雌成虫交尾并繁殖出大量后代。多数林间试验结果表明，大量诱捕法在低虫口密度下效果显著，而虫口密度过高时，则难以达到理想的防治效果。因此，在高虫口密度情况下，首先应当采取其他防治措施压低虫口密度，然后再采取大量诱捕法进行防治，这样才能取得显著的防治效果。

（二）交尾干扰法

在林间大量释放害虫信息素，使信息素气味弥漫在整个林间，可以导致雌雄成虫间的交尾通信联系被切断，使雄成虫丧失寻找雌成虫的定向能力，不能有效寻找配偶进行交尾，致使林间雌雄成虫交尾几率大为减少，从而使下一代的虫口密度急骤下降，以此达到防治的目的。

（三）信息素与其他生物农药组合使用法

利用信息素诱捕器诱捕害虫，使被诱捕的害虫感染病毒或接触化学不育剂后再行释放，通过交尾过程传播被感染的病毒，从而造成害虫病毒病的发生和流行，或利用接触过不育剂的雄成虫使之与雌成虫交尾，但不能使雌成虫产生受精卵，从而减少害虫下一代的种群密度，以此达到防治的目的。

四、物理防治技术

物理防治技术是指利用各种物理因子、人工和器械等防治有害生物一类措施的总称，它主要依据有害生物对环境条件中各种物理因素如温度、湿度、光、电、声、色等反应和要求来制定相应的防治措施。常用的方法有人工和机械防治、诱捕与诱杀、物理阻隔、温度控制、微波辐射等。

（一）人工和机械防治

人工和机械防治就是利用人工和简单机械，通过汰选、剪除、捕杀等手段防治林业有害生物。如播种育苗前对林木种子进行筛选、水选或风选，可以汰除一些带病虫的种子；对于一些害虫常使用捕捉、震落、网捕、摘除虫枝虫果、捡除虫包、刮除卵块等方法进行防治；对于病害防治常使用剪除病枝、刮除病斑、清理销毁病叶等方法进行防治；对于鼠害则利用捕鼠器、捕鼠铗、地弓、地箭等方法进行防治。

（二）诱捕与诱杀

诱捕与诱杀主要是利用昆虫和动物的趋性，配合一定的物理装置、引诱物质、化学毒剂或人工处理来防治害虫和害鼠的一类方法。通常包括灯光诱杀、食饵诱杀、潜所诱杀、信息素诱捕、颜色诱杀等。

灯光诱杀：利用害虫的趋光性，采用黑光灯、白炽灯、高压汞灯等光源，结合诱捕装置或高压电网诱杀害虫的防治方法。

食饵诱杀：利用害虫和害鼠对食物的趋性，通过配置适当的食饵来诱集或诱杀害虫和害鼠，如利用糖醋液诱杀一些蛾类害虫、利用粪尿诱杀蝼蛄和竹蝗，利用饵木诱杀小蠹虫等。

潜所诱杀：利用害虫某一虫态所具有的潜伏习性，人为营造适合其潜伏的场所，引诱害虫前来潜伏，然后集中杀灭。如在树干基部绑草把诱集美国白蛾老熟幼虫前来化蛹，然后集中销毁。

信息素诱捕：利用人工合成的害虫信息素，结合诱捕装置来诱捕害虫的一种方法。其中，性信息素诱捕器主要用于鳞翅目害虫成虫的诱捕，聚集信息素诱捕器主要用于鞘翅目小蠹虫类成虫的诱捕。

颜色诱杀：利用某些昆虫的视觉趋性制作不同颜色的粘虫胶板，粘附并杀灭害虫。如利用黄色粘虫胶板粘杀落叶松球果花蝇成虫，利用紫色粘虫胶板粘杀花曲柳窄吉丁成虫等。

（三）物理阻隔

物理阻隔是在充分掌握有害生物生物学特性的基础上，根据其活动行为，人为设置物理性障碍，阻止有害生物危害或扩散的措施。常用方法有套袋、涂胶、绑塑料环，阻隔接触等。如造林时在树苗上套带网眼的尼龙套，防治金龟子危害；如松毛虫、花布灯蛾、春尺蠖、榆紫叶甲、分月扇舟蛾等害虫越冬后需要通过树干上树取食危害，在上树之前，可以在树干上涂胶、绑塑料环的方法阻隔其上树危害；在经济林中防止害鼠危害树木时，在树干基部围绕一圈铁制网格栅，可以阻隔害鼠与树木干基接触，达到预防害鼠危害的目的。

（四）温度控制

任何生物对环境温度都有一个适应范围，如果超过适应范围，温度过高或过低，都会导致有害生物死亡。因此，可利用高温或低温来直接杀死有害生物。如利用微波产生的高温杀死木材或种实中的害虫，利用热水浸种杀死一些种实害虫，利用烘干窑高温杀死木材内的各种害虫，利用快速冷冻法杀死一些害虫等。此外，物理防治还包括水浸和真空缺氧窒息措施等等。

五、化学防治技术

化学防治技术是指利用化学药剂防治有害生物的一类技术措施，具有方法简便、高效快捷等诸多优点，特别是在林业有害生物暴发成灾时，其控制作用是其他防治技术措施无法比拟的。过去，我国曾在很长时间内大量使用有机氯、有机磷、氨基甲酸酯、拟除虫菊酯类等高毒、高污染的化学农药，对森林生态系统、人居生态环境造成了相当大的危害。在上述化学农药副作用及恶果逐步显现之后，人们开始认识到化学防治的严重危害性。我国目前已经全面禁止生产和使用有机氯农药，对部分有机磷、氨基甲酸酯、拟除虫菊酯类等高毒、高残留农药也相继明令禁止生产和使用。同时，一些化学农药也正在逐渐被限制生产和使用。保护地球、保护生态环境、保护生物多样性、保护人类的健康，已经成为当今世界的共识。当前，化学药剂的研发正向着高效、低毒、安全、经济的无公害方向发展，植物源、动物源、微生物源、特异性和选择性的高效低毒新农药不断被研发出来，并得到有效推广和应用。尽管如此，化学防治依然存在着十分明显的缺点：一是长期使用会导致有害生物能够产生抗药性；二是对森林生态系统中的有益、有害生物不分敌友统统杀灭，造成生物多样性缺失，存在有害生物再猖獗的严重隐患；三是化学农药有残留，污染环境，对人、畜健康依然有明显影响。因此，化学防治技术是一把双刃剑，在应用时一定要注意发挥其优点，克服其缺点，加以科学利用，才能在有害生物防治工作中发挥其重要作用。主要化学防治技术措施如下。

(一)喷雾防治

利用喷雾器械将用水或其他溶剂稀释过的农药喷施在林业有害生物寄主树木上，通过药剂的胃毒和触杀作用将林业有害生物杀死，以此达到防治目的。喷雾器械小到背负式手动喷雾器、机动喷雾机，大到各种高射程车载喷雾机甚至飞机施药。该技术措施效率高，成本低，适于大面积作业。

(二)喷(放)烟防治

利用喷烟机将化学农药加热变成烟雾在林间释放，或将化学农药通过助燃剂、发烟剂制成的烟剂，在林间点燃释放烟雾进行防治。该技术措施效率高，成本低，但受天气和地形影响比较大。

(三)打孔注药防治

利用打孔注药机在树干上打孔，然后将在树体内具有传导作用的化学农药注入注药孔中，使化学农药在树体内传导，当林业有害生物危害被注药的寄主树木时，通过取食带药的寄主机体而导致中毒死亡。该技术措施效率低，成本高，不适于大面积作业。

(四)毒环毒绳触杀防治

利用具有触杀性的化学农药直接涂抹在树干上，或将纸绳或草绳浸泡触杀性农药后再捆扎在树干上，当具有上下树习性的害虫通过毒环或毒绳时，接触到药剂中毒而死。该技术措施效率较高，成本较低，适于较大面积作业。

(五)毒土防治

将具有触杀和熏蒸作用的化学农药和细土拌在一起，施入土壤中，用于防治地下害虫。该方法主要用于苗圃地下害虫的防治。

(六)熏蒸防治

利用具有熏蒸作用的化学药剂在密闭环境条件下熏杀害虫的一种防治方法。一般适用于帐幕熏蒸除害处理。此外，还适用于仓库、温室大棚等环境的有害生物防治。

(七)毒饵防治

利用有害动物喜食的食物作为饵料，加入适口性较好的化学药剂制成毒饵，释放到有害动物经常活动的地方，让其取食后中毒死亡。此法常用于防治森林害鼠。

此外，还有许多根据化学农药特性和有害生物生活习性专门设计的一些针对性很强的防治方法。

参考文献

[1]国家林业局森林病虫害防治总站编著．林业有害生物防治历(一)[M]．北京：中国林业出版社，2010.

[2] 杜家纬编著．昆虫信息素及其应用[M]．北京：中国林业出版社，1988.

[3]高步衢主编．森林植物检疫[M]．北京：中国科学技术出版社，1998.

第三章　林业有害生物灾害应急管理理论

当前，我国正处于经济快速发展战略机遇期和生产、生活方式快速转型期，在这个经济全球化和社会开放化的时代，随时可能遇到这样或那样的突发事件和危机风险。当一些突发事件和危机来临时，如何能够做出及时、准确、有效的反应，最大限度地减少损失、缩小负面影响，建立科学、长效和灵活的应急机制和体制，切实维护和解决好社会生产和群众生活等问题，是摆在我们面前的一个重要课题。十届人大二次会议审议通过的《政府工作报告》首次明确提出："各级政府要全面履行政府职能，在继续搞好经济调节、加强市场监管的同时，更加注重履行社会管理和公共服务职能。特别要加快建立健全各种突发事件应急机制，提高政府应对公共危机的能力"。十六届三中全会通过的《中共中央关于完善社会主义市场经济体制若干问题的决定》明确要求："建立健全各种预警和应急机制，提高政府应对突发事件和危机风险的能力"。可见，建立健全应急机制和制定、修订突发公共事件应急预案，是落实科学发展观的一件大事，也是全面履行政府职能的一项迫切任务。

第一节　突发事件与应急管理

突发事件和应急管理是两个不同的概念，突发事件在先，应急管理随后，有了突发事件的发生，方显应急管理的必要，虽然在顺序上有先后之分，可以说突发事件和应急管理是相辅相成的一对孪生姊妹。本节就突发事件的内涵和外延，突发事件构成要素，突发事件分类以及对突发事件实施应急管理的必要性和建立健全突发事件应急机制的迫切性做以下阐述。

一、突发事件

（一）突发事件的概念

突发事件从字面上简单理解就是在人们缺乏思想准备的情况下突然发生的事件。近年来国内学者曾给出突发事件许多不同的定义，例如国内学者刘玉梅（2005 年）对突发事件给出这样的一个定义：突发事件是指那些事前难以预测，带有异常性质，严重危及社会秩序，在人们缺乏思想准备的情况下猝然发生的灾害性事件。由于它的不可控制和巨大的破坏性，往往会对社会经济发展和人民生活造成意想不到的灾难，甚至可能引发区域，乃至全国、全球性的危机。

目前最权威的是《国家突发公共事件应急处置总体实施预案》中给出的定义：突发事件是指突然发生，造成或者可能造成重大人员伤亡、财产损失、生态环境破坏和严重社会危害，危及公共安全的紧急事件。

（二）突发事件的构成要素

由以上定义可以看出，突发事件主要由以下几个基本要素构成。一是突然发生。通常情况下，突发事件形成过程中存在一个由量变到质变的过程，在量变过程中往往没有引起人们的注意，到质变爆发时让人们感到震惊和突然。二是较难预料。突发事件的发生往往存在很大的不确定性，其发生的时间、地点、场合、形式、影响程度都是人们难以预料的，因此，很难做出准确的推测和判断。三是事出有因。虽然突发事件多以偶然形式表现出来，但反映出的是一种必然结果。突发事件的产生有其内在的原因和诱发因素，只要原因存在，诱发条件成熟，突发事件就会发生。四是后果严重。突发事件造成的结果往往会给国家或社会造成政治、经济或者其他方面的重大损失或破坏。五是需要紧急处理。突发事件发生突然，情况紧急，事关国家稳定或人民生命和财产安全，必须采取有力、有效措施紧急妥善处理，否则任其迅速发展，就会造成更大的损失或损害。

（三）突发事件的分类

根据突发公共事件的发生过程、性质和机理，我国将突发公共事件主要分为以下 4 种类型：

1. 自然灾害事件

主要包括水旱灾害、气象灾害、地震灾害、地质灾害、海洋灾害、生物灾害和森林草原火灾等。

2. 事故灾难事件

主要包括工矿商贸等企业的各类安全事故、交通运输事故、公共设施和设备事故、环境污染和生态破坏事件等。

3. 公共卫生事件

主要包括传染病疫情、群体性不明原因疾病、食品安全、职业危害、动物疫情以及其他严重影响公众健康和生命安全的事件。

4. 社会安全事件

主要包括恐怖袭击事件，经济安全事件和涉外突发事件等。

各类突发公共事件按照其性质、严重程度、可控性和影响范围等因素一般可以分为 4 级，即特别重大级（Ⅰ级）、重大级（Ⅱ级）、较大级（Ⅲ级）、一般级（Ⅳ级）；预警颜色依次为红色预警、橙色预警、黄色预警和蓝色预警。

二、应急管理

（一）突发事件的应急管理

应急管理是研究突发事件的现象、本质以及发展变化规律的一门学科，属于管理学范畴，所涉及的领域包括自然灾害、事故灾难、公共卫生、社会安全四大门类，并且各类突发事件往往又存在着相互交叉和相互关联，存在同时发生的可能，还可能引发次生和衍生事件。因此，突发事件的应急管理，是从应急准备、应急响应、应急恢复过程中所实施的全过程管理。具体说，就是以应急处置预案为核心，从机构设置、队伍建设、物资储备、资源配置、人员培训、预案演练、预防预警、应急处置、恢复重建、预案改进等方面所进行的全过程管理。

（二）建立健全应急管理机制的必要性和迫切性

改革开放以来，各地经济和社会等各项事业均呈现出快速发展之势，各项建设的快节奏和高效率，尤其是片面地追求经济效益，导致经济社会发展的协调性、全面性出现了不平衡现象，各类深层次社会矛盾大量涌现。虽然当前全社会的抗灾、防范、救助能力在不断提高，但一些自然灾害以及恶性传染疫情的破坏力仍然十分强大，往往会措手不及地给广大人民群众生命财产安全带来很大的损害，严重影响社会正常的生产生活秩序。从近些年来突发事件应急处置实践来看，我国公共突发事件应急管理机制建设仍显滞后，存在应急处置资源配置不合理，缺乏统一协调的应急体系等问题。

应急处置工作必须统筹实施、多部门参与、行动一致、迅速到位、系统推进，绝非是一个或少数几个职能部门所能有效解决和应对的。必须自上而下建立健全一整套职责明晰、分工明确、快速反应、整体作战的应急反应机制，最大程度地减少灾害造成的损失，这正是应急处置工作的出发点和落脚点。因此，建立健全公共安全与突发事件应急机制，既是构建社会主义和谐社会的需要，也是提高执政能力和推进经济社会稳步发展的需要，不但紧迫，而且必要。

三、应急处置预案分类综述

（一）国家突发公共事件总体应急预案

《国家突发公共事件总体应急预案》是全国应急处置预案的总纲领，是国务院应对特别重大级突发公共事件的规范性文件，是指导全国各级政府和各类专项突发公共事件应对工作的总体框架。其宗旨是提高政府保障公共安全和处置突发公共事件的能力，最大程度地预防和减少突发公共事件及其造成的损害，保障公众的生命财产安全，维护国家安全和社会稳定，促进经济社会全面、协调、可持续发展。

（二）国家突发公共事件专项应急预案

由国务院及其有关部门为应对某一类或某几类突发公共事件而制定的应急预案。按自然灾害类、事故灾难类、公共卫生事件、社会安全事件类四大类进行划分。如《国家处置重、特大森林火灾应急预案》、《国家地震应急预案》、《国家重大食品安全事故应急预案》等。

（三）国家突发公共事件部门应急预案

部门预案是国务院有关部门根据国家总体应急预案、专项应急预案和部门职责，为应对突发公共事件而制定的预案。由于部门内部的职责较多，需要根据相应的职责制定单项预案。因此，部门预案往往以预案体系的形式表现，如国家林业局制定的《重大外来林业有害生物灾害应急预案》、《重大林业生态破坏事故应急预案》、《重大沙尘暴灾害应急预案》等。

（四）各级地方人民政府制定的突发公共事件应急预案

公共突发事件地方应急预案包括：省级人民政府突发公共事件总体应急预案、专项应急预案和部门应急预案。

省级以下人民政府制定的公共突发事件应急预案，在省级人民政府的组织领导下，按照分类管理、分级负责的原则，由地方人民政府及其有关部门分别制定。

（五）企业、事业单位根据有关法律法规制定的应急预案

企业和事业单位根据本单位的应急管理需要，根据相关法律法规，适合自身工作特点，按照有关程序编制的应急预案。

四、编制应急处置预案的目的和意义

人类和自然界的万物都不可避免地在不同程度上面临各种突发事件的困扰，要做到居安思危，就必须思则有备，只有这样才能有备无患。应急预案是应对突发公共事件的原则性方案，它提供了突发公共事件应急处置的基本程序和规则，是突发公共事件应急响应的指南和依据。在应对突发公共事件的准备工作中，制定出一套科学、规范、可操作性强的高质量应急预案，是应急管理机制中的基础性工作和首要任务。我国突发公共事件应急预案体系分类及关系如图 3-1 所示。

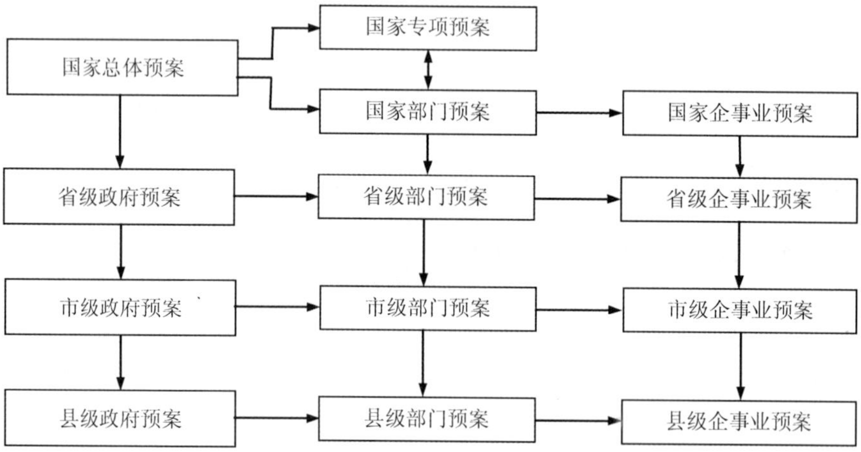

图 3-1　我国突发公共事件应急预案体系分类及关系示意

应急预案体系的建立，可以大大提高突发公共事件的应对效率。相关研究结果显示，当一起突发事件发生时，如果一级请示上一级并等待上一级下达指示后再行动和每一级按照预案自行启动实施应急处置，其效率要相差百倍以上。而在第一时间对突发事件处置的质量和速度，往往决定了突发事件损失的大小和处置成本的高低。为此，我国建立了突发公共事件应急管理体系，制定了各种突发事件应急处置预案，以突发事件为令，事件发生后，预案自行启动，做到最大限度地提高应急处置效率。

第二节　林业有害生物灾害应急管理理论基础

林业有害生物灾害应急管理是研究林业有害生物灾害本质规律、防灾减灾技术以及相应业务管理的一门学科，除了需要借鉴突发公共事件应急管理所涉及的部分理论知识及技术外，根据林业行业的特点和林业有害生物灾害应急处置的实际需求，还需要社会学、经济学和生态学方面的相关理论支撑。

一、林业有害生物灾害应急管理的社会学理论基础

社会学是关于社会良性运行和协调发展的一门综合性学科，任何学科都与社会学有着广泛而密切的联系。同样，林业有害生物灾害的应急管理也同样离不开社会学理论基础的支撑。

（一）林业有害生物灾害应急管理组织体系的社会性

我国林业有害生物灾害应急管理的组织体系主要包括两大方面：一是政府行政管理组织序列，从国务院到地方各级人民政府，这也是我国应对突发公共事件的最根本的行政综合管理体制；二是林业行政管理体系，各级林业主管部门是相应级别政府应急管理行政组织体系的分支，代表政府从事本行业所涉及的应急管理工作。

林业部门的应急管理内容是多方面的，包括森林防火、林区社会治安、野生动植物保护、林业有害生物防治等，形成林业应急管理体系，林业有害生物灾害的应急管理只是林业应急管理体系中的一个方面。

林业有害生物灾害的应急管理还涉及其他如农业、水利、交通、城建、草原等有林部门。除了上述部门直接参与之外，为了有效整合应急管理的各种资源，还需要政府各相关职能部门如财政、发改、农业、牧业、科技、气象、宣传、公安、电信、铁路、民航等部门的大力协作。

（二）林业有害生物应急管理响应体系的社会性

在林业有害生物灾害应急管理技术支撑上，还需要林业有害生物防治检疫机构、林业科研单位、设计院、规划院以及相关的大专院校等的大力支持；在应急管理的响应上，需要林业部门内部财务、计划、森林资源管理、造林绿化、野生动物保护、宣传教育、林业工作站等处室的密切配合，更需要众多森林经营管理单位的积极响应。特别是在集体林权制度改革之后，广大林农成为林业有害生物灾害应急管理的参与者和受益者。因此，林业有害生物灾害应急管理响应体系具有十分广泛的社会性。

（三）林业有害生物灾害应急管理服务体系的社会性

在林业有害生物灾害应急预案实施过程中，需要各种应急物资保障，如防治药剂、药械、生物天敌制品、调查监测仪器、除害处理设备、交通运输工具、通讯工具等等。上述应急物资的生产、运输、销售等环节涉及各行各业，并在市场经济调节和作用下，为林业有害生物灾害防治、检疫及应急处置提供多种物资。因此，林业有害生物应急管理服务体系具有社会性。

（四）防治检疫相关法律法规对社会具有普遍约束性

虽然林业有害生物灾害是一类以生物为主导因素的自然灾害，但其在发生发展和传播蔓延过程中包含着许多人为因素，这种人为因素就存在于社会的各行各业。林业有害生物灾害的防治检疫工作必须认真宣传贯彻执行《森林法》、《森林病虫害条例》和《植物检疫条例》。在法律法规宣传上要面向社会，使社会众多森林及林产品经营者认识到林业有害生物危害的严重性和防治检疫工作的必要性，让社会各界爱护森林，关心林业，支持森林保护工作，理解保护森林就是保护环境、就是保护人类自己，做到知法、懂法，从而达到守法。在法律法规执行上，要依法开展好林业有害生物防治检疫工作，通过法律法规来规范和约束人们的依法防治和依法检疫行为。

综上所述，林业有害生物应急管理组织结构体系既有政府方面的纵向行政控制，又有横向间林业部门和其他行业部门的密切协作，还有社会各界的广泛参与。林业有害生物灾害应急管理目标一旦确定之后，所有的运行机制都将围绕实现这一目标而运转，充分发挥各自的功能，充分整合各种可利用的资源，由此来保证林业有害生物灾害应急处置工作的良性运行和协调发展，从而才能顺利实现林业有害生物灾害应急管理所确定的目标。

二、林业有害生物灾害应急管理的经济学理论基础

经济学作为人文关怀科学，它告诉人们如何能够利用稀缺资源最大限度地满足人的需求，如何为人们的生活提供充实的物质基础。资源的稀缺性是人类社会面临的永恒问题，人类的需求和资源的稀缺性构成一对矛盾，要解决这对矛盾，就要充分利用稀缺的经济资源最大限度地满足人的各种需求。

（一）经济社会发展对森林资源发展及保护的迫切需要

第七次全国森林资源清查结果显示：我国森林面积1.95亿公顷，森林覆盖率20.36%，森林蓄积量137.21亿立方米。最突出问题是森林资源总量不足。我国森林覆盖率只有全球平均水平的2/3，人均森林面积0.145公顷，不足世界人均占有量的1/4；人均森林立木蓄积量10.15立方米，只有世界人均占有量的1/7，我国现有森林资源远远不能满足社会对林业的多样化需求。一个时期以来，我国每年林业有害生物发生面积都在800万公顷以上，因林业有害生物灾害的严重发生和危害造成的直接和间接损失平均每年高达880亿元，因此，我国的森林资源迫切需求保护和发展。

（二）林业有害生物灾害防治的经济阈值

林业有害生物种群数量低到一定程度时，是不会造成经济损失的，可以容忍它们存在。所以林业有害生物灾害防治工作不要求全部灭除林业有害生物，只要求降低有害生物种群密度，使其达不到造成经济危害的水平，即容忍一部分有害生物存在而不要求消灭它们。

从生物多样性角度考虑，将有害生物物种保留下来，随着科学技术的发展，将来可能会找到对人类有用的基因，如果将有害生物全部消灭，依附它们生存的生物天敌也会因为失去食物资源而面临死亡。因此，林业有害生物灾害防治的目的就是将林业有害生物危害程度降低到经济允许水平之下。林业有害生物种群密度如果超过了经济允许水平，就需要对其进行防治，由此引出林业有害生物防治经济阈值（Economic Threshold）的概念，其定义为：造成等于防治代价的产值损失的有害生物种群密度。因此，防治后挽回的损失必须大于防治费用的投入是经济阈值的基本内涵。林业有害生物种群密度与防治经济阈值关系如图3-2所示。

随着人们对森林生态服务功能认识的不断提高和需求的不断加大，人们对林业有害生物危害所造成的经济损失估算上，不是像过去那样只简单地核算林木木材损失方面的直接经济价值，还要估算森林在生态效益和社会效益方面的间接经济损失，将防治后可能挽回的直接和间接的损失之和与防治费用投入之比大于1作为采取防治措施的判断标准。因此，在防治之前应当对可能挽回的损失进行估算，预测防治后的效益是否增大，如果防治后所增加的效益小于防治成本，则没有必要对有害生物进行防治。

（三）林业有害生物灾害防治投入最优化原则

林业有害生物灾害所造成的总损失包括3个方面的费用：一是灾前预防投入费用，二

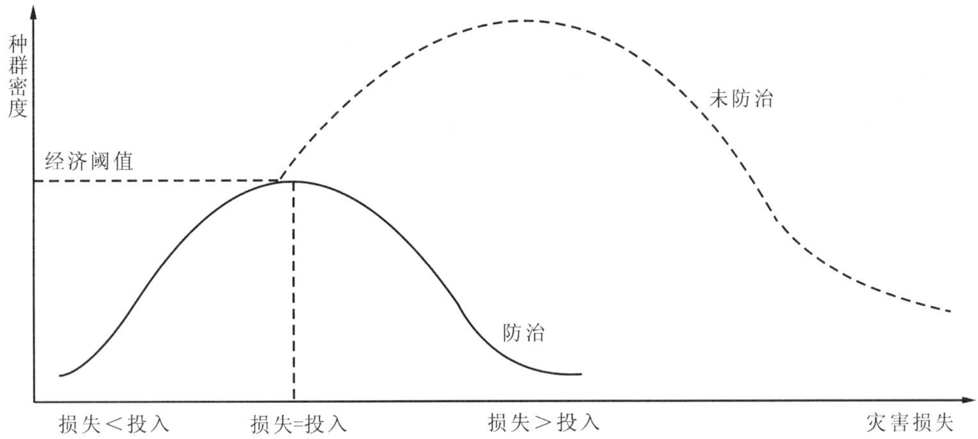

图 3-2　林业有害生物种群密度与防治经济阈值关系示意

是灾中的防治投入的费用，三是灾后造成林木直接和间接损失的费用。根据上述林业有害生物灾害损失构成，可以建立灾害损失模型，通过灾前预防投入、灾中防治投入和灾后造成的损失额度与灾害发生风险之间的关系，找出灾害防控的最佳时机，使灾害造成的损失降低到最低点。设定 4 个变量：灾前预防投入费用、灾中防治投入费用、灾后总损失额度和灾害发生风险程度，分别用 *PC*、*SC*、*TC* 和 *P* 表示。灾前预防费用投入越大，灾害发生的风险越小，两者为负相关关系；灾中防治投入则与灾害发生的风险性呈正相关关系，灾害发生的风险性越大，灾害防治投入费用就越高。林业有害生物灾害防治投入与灾害损失之间的最优化关系如图 3-3 所示。

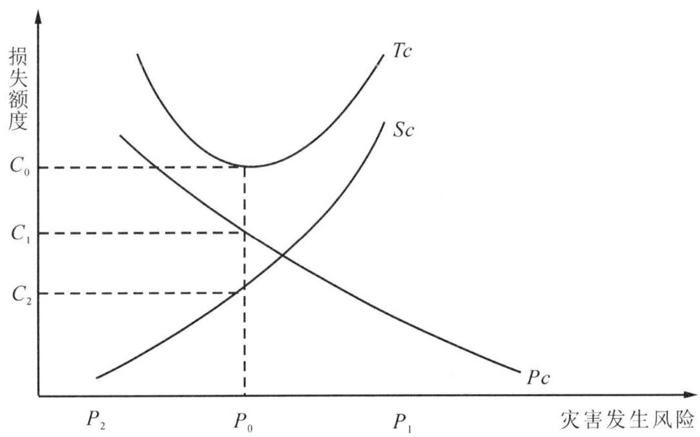

图 3-3　林业有害生物灾害防治投入与损失最优化示意

从图 3-3 中可以看出，*PC* 表示灾前预防投入与灾害发生风险曲线，*SC* 表示灾中防治投入与灾害发生风险曲线，*TC* 则表示灾害过程总损失曲线，*P* 为灾害发生风险程度。假设风险完全被控制时为 0，风险完全失控时为 1，则 *TC* 曲线一定存在一个最低点 *A*，在该点 *TC* 关于 *P* 的一阶导数为 0，*A* 点所对应的 C_0 为费用投入最低，P_0 为灾害投入费用最低情况下的灾害发生风险的可能性。通过边际分析方法可知，*PC* 与 *SC* 关于 *P* 的一阶导数的绝对值相等，即为降低一个百分比的灾害风险性所需要增加的预防成本与有着一个百分比灾害风险性所造成的损失相等时，停止增加灾前预防费用，此时灾害总损失最小，即灾前预防投入费用与灾害损失达到最小，这就是林业有害生物投入最优化原则。在该水平下进行灾前预防投入可以实现灾害损失最小化，此时灾害发生的风险为 $P_0(0<P_0<1)$。当灾害发生风险高于或低于 P_0，灾害总损失额度将都会上升。从图 3-3 中可以看出，SC 曲线斜率较大，这是因为灾后总损失包括灾害损失和防治投入，灾害发生所导致的损失可能是及其巨大的。因此，灾害风险稍微增加一点，将导致灾害造成损失的快速增加。由此说明，要把林业有害生物灾害控制在一个比较低的风险之内，必须提高灾前预防成本，否则，灾害一旦发生，灾后损失会更加巨大。

（四）加大林业有害生物灾害防控及应急管理的经济支撑

林业有害生物防治工作的主要作用就是保护森林健康生长、维护国土生态安全、最大限度发挥森林的多重效益，该项工作属于一项利国利民的公益事业。长期以来，我国林业有害生物灾害的防治工作一直实行"谁经营、谁防治"这样一种责任制度。一般情况下，对以经济效益为主要目的的商品林和经济林的林业有害生物灾害，是由经营者出资进行防治，实行的是市场经济约束；对于以生态效益为主的公益林有害生物灾害，则防治工作不能走市场经济道路，因为森林发挥出来的巨大效益为全社会共同拥有，人类每时每刻都在享用，具有公共产品属性，因此，公益林的林业有害生物灾害的防治费用应该由各级政府财政进行支持，采取地方财政投入为主、国家财政补助为辅的原则。森林作为国土环境资源，森林经营者经营森林，获取的只是林木生长量方面的直接经济效益，生态和社会效益的受益者具有典型的社会性，这种社会性造成了森林经营者经营成本的社会化。因此，在市场经济条件下，林业有害生物灾害的防治资金应建立市场经济和公共财政协调互补的投入机制。国家对重大林业有害生物灾害防控提供专项救助补助；各级地方财政要进行预算投入；按照规定，林业部门还可以从育林基金和生态效益补偿金中按规定比例提取经费用于林业有害生物防治；有经济收入的森林经营者也要进行防治投入。

作为林业有害生物灾害应急管理这种特定形式，则所需应急处置资金必须纳入各级财政预算储备金中，随时需要，随时拨付。因为需要进行应急管理的林业有害生物灾害具有重大风险性、危害性和造成损失的严重性，如果不采取应急措施，则可能造成更为巨大的损失，资金投入的及时与否是应急管理能否取得决定性胜利的最大制约因素。因此，必须进行应急资金预先储备，只有这样，才能保证应急管理的实际需求。

（五）全面加强林业有害生物灾害应急处置能力建设

林业有害生物灾害应急管理体系建设主要包括灾害监测预警体系和应急减灾体系两个方面。要不断加强和完善各级森防机构、中心测报点、林场和乡镇林业工作站等基层测报单位的基础设施建设，形成以各级森防检疫机构为主导，以国家级和省级中心测报点为依托、以乡镇林场森保员为骨干的三级监测预警网络。做好应急处置专业队伍的组建，加强应急处置专业知识和技术技能的培训，造就一支专业知识丰富、技术技能全面、作风硬朗、敢打硬仗的林业有害生物灾害应急处置专业队伍。

目前，国家林业主管部门在林业有害生物防治体系建设方面给予了一定的项目投资，但是距应急管理工作要求还有一定的距离，各级林业主管部门应当多渠道筹集体系建设资金，全面加强建设，必须建立起适应林业有害生物灾害应急处置实际需要、布局合理、管理高效的林业有害生物监测预警体系和应急减灾体系。

针对当前应对大面积突发性灾情防控能力不足这一现状，应抓紧配备以施药飞机、车载高射程喷雾器、背负式机动喷雾喷粉机、树干打孔注药机、灭虫粉炮、杀虫黑光灯为主要内容的设施设备，提高对林业有害生物灾情的紧急应对能力，提升应急处置工作的现代化水平。

（六）强化林业有害生物灾害应急资金使用管理

林业有害生物灾害应急管理需要针对应急处置的灾害种类做出详细和具体的实施方案，方案中应当包括采取的不同应急处置技术措施，不同技术措施应用的范围、规模，单位面积应用的具体数量及单价，应急管理物资需求种类及总体数量，利用上述应急处置所需的范围、规模、单价、数量等参数，详细核算资金使用量，列出资金使用明细，由专家组进行充分论证，提出意见和建议，经完善后报应急指挥机构审核批准，最后报财政部门申请应急资金投入。

林业有害生物灾害应急管理需要用最短的时间、最快的速度、最大的力量对林业有害生物灾害进行及时平息，防止灾害扩散蔓延造成更大损失或危及生态安全，需要的人、财、物力投入大，因此，在应急管理资金使用过程中必须加强管理，严格进行资金使用审计监管，严禁将应急资金挪作他用，一定要把应急资金用在刀刃上，只有这样，才能确保应急处置目标的实现。

三、林业有害生物灾害应急管理的生态学理论基础

迄今为止，人类在地球上共发现了大约 237.7 万种生物，其中：动物 200 万种，植物 34 万种，微生物 3.7 万种。在所有生物中，只有绿色植物和极少数的微生物能够通过光合作用从太阳辐射中摄取和储存能量，而其他生物所需的能量，均是直接或间接地取之于植物。地球上植物的生物量约占地球上全部生物总量的 99%，并以森林的生物现存量为最大，约占地球植物生物总量的 90%。因此说，森林是陆地生态系统的主体。

（一）森林生态系统

森林是以树木和其他木本植物为主体的一类生物群落，森林生态学把森林看作一个生物群落，研究构成这个生物群落的各种树木与其他生物之间的相互关系，并研究这些生物和它们所处的环境之间的相互关系。一个森林生态系统的组成包括林木自身、森林植被、森林动物、森林微生物以及支持该森林生态系统的各种有关环境条件，如岩石、土壤、水文、气候、地形地势等等，其中生物群落中的各种动植物、微生物之间以及无机物之间，时刻都在进行着能量流动、物质循环和信息传递，维持着一个相对的动态平衡，即生态平衡。

（二）森林生态系统的结构

森林生态系统由环境系统和生命系统组成。其中：环境系统包括太阳辐射、水分、湿度、空气等气候因子以及各种无机元素和有机化合物。生命系统则由生产者、消费者和分解者组成。

生产者主要指绿色植物，是生态系统能量流动的始发点，它们利用太阳能，吸收大气中的 CO_2 并释放 O_2，从土壤中吸收营养、水分及矿物质，经过光合作用，把环境中的无机物转化为碳水化合物、蛋白质和脂肪类等有机物，以化学能形式储存起来，为其他生命提供能量来源，成为所有生命赖以生存的基础。

消费者主要指人和动物，通过生产者制造的有机物质进行物质生产和能量转换，既是物质和能量的转换者，也是物质的生产者。消费者一般分为两级，一级消费者为植食性动物，二级消费者为肉食动物。

分解者主要是指各种微生物，它们能分解动、植物有机残体和动物排泄物，将其分解成 H_2O、CO_2和无机元素并还原到环境中，供生产者再利用。

（三）森林生态系统的物质与能量转换

生态系统中所需的大部分能量都直接或间接来源于太阳能。从太阳辐射到被生产者固定，再经植食性动物到肉食动物，能量流是逐级减少的。生态系统中的能量流是借助于食物链和食物网来实现的，因此食物链和食物网便是生态系统中能量流动的渠道。

物质在生态系统中可以被反复循环利用，它在生态系统中起着双重作用，既是维持生命活动的物质基础，又是能量的载体。

生态系统中生物与环境、生物与生物之间通过一系列信息取得联系，生物在信息的影响下做出相应的反应及变化。生态系统各要素在信息影响下，各居其位，各司其职，使生态系统有条不紊，维持着生态平衡。

生物通过扩展扩大了自身的分布区域，也扩大了资源的利用范围，改变了营养结构，促进了种群间基因的交流，经过扩散和选择把最适的个体保留下来，而一个多样化的基因库更有利于物种的发展。种子、昆虫、微生物等可以借气流、风暴等自然因素或人为作用，进入新的生态系统，在气候适宜、食物营养供应丰富和缺乏天敌抑制的条件下迅速增殖，在新的生境中代代繁衍，形成对本地生物种的生存威胁。

在自然生态系统中，不同种的有机体协调共生、互惠互利、和谐高效地利用系统的能量是普遍现象。系统中的所有生物都占领着一切可利用的生态位，摄取一切可利用的能量，从而形成最佳的物流与能流利用状态，使整个系统表现出高效和谐的持续发展。在另外一个方面，生物种内、种间充满着竞争和相克的激烈关系，这种关系表现为种间的竞争和排斥、捕食者和猎物、寄主和寄生物、植物通过释放化学物质而实现的自可生及他可生作用等等。基于这些关系，物种经受自然选择，达到优胜劣汰、适者生存，生态系统得以保持暂时的平衡，达到物种间的协同进化。因此，自然森林生态系统中各种组成形成的各级结构具有自我协调、自我组织、自我维持的稳生机制，这种机制构造了系统的自我调节功能。自然生态系统在时间上有一个演替过程，这是一个系统内生物的和非生物的各组成成分相互作用、影响，使系统结构趋于优化而达到平衡的顶极状态的过程。

然而，人工林、次生林的生态系统是人工参与了的森林生态系统，除了生态效益之外，社会效益和经济效益成了系统功能的主要目标。特别在是追求优质、速生、高产的目标下，像自然生态系统那样经历多年变化，自发地趋于动态平衡顶极状态稳定性的演化过程已不复可能。而当某些自然或人为因素导致这种有序和稳定状态发生紊乱，平衡状态被打破，就会产生连锁反应，甚至会出现意想不到的灾难性生态后果。

（四）预防林业有害生物灾害严重发生的生态学对策

林业有害生物灾害问题，在很大程度上说是生态问题造成的，而生态问题的产生，往往又是由人类造成的。近几十年来，随着人口剧增和工业化进程的不断加快，碳排放量加大，形成的温室效应十分显著，气候不断变暖；天然林过度采伐致使森林生态环境恶化，人工林虽有增加，但生态系统单调、脆弱。上述种种因素造成了森林生态失衡，加上外来有害生物入侵，引发林业有害生物灾害严重发生并形成持续加重趋势。要扭转这一趋势，必须根据生态学原理在治本上下工夫。

一是继续实施天然林资源保护工程，使天然林得以休养生息，使森林自然生态系统得到有效恢复，促使其达到平衡状态，通过森林生态系统内部自身调节机制来防止林业有害生物的严重发生和危害，是林业有害生物灾害防治工作的最佳选择。

二是在人工造林工作中，必须牢固坚持适地适树造林、营造混交林、封山育林这三项基本原则，才能保证造林后林分可持续健康生长，促使森林生态系统尽可能趋于平衡，只有这样，林业有害生物的发生和危害才能得到自然控制。

三是在森林经营工作中，要适时对林分进行抚育管理，及时清除林分中的被压木、衰弱木和病虫害木，不断改善林分卫生环境条件，始终保持合理的林分密度，增加林分对光照和营养的吸收。同时要不断丰富林分的树种结构，在林间空地、天窗处栽植一些不同种类的珍贵树种，促使林分向混交林和复层林方向发展。

四是加强对林业有害生物的风险性分析，制定相应的检疫对策和措施，加强对森林植物及其产品的调运检疫及复检工作，严格防范外来林业有害生物入侵，有效减少外来入侵物种对本地森林生态系统的破坏和造成的巨大经济损失。

五是全面加强对林业有害生物的调查、监测、预报体系建设，不断提高调查监测能力和水平，为防治工作提供科学依据。对林业有害生物灾害要做到早发现、早除治，切实实现林业有害生物防治工作的“四个转变”，既实现由重除治向重预防转变，由化学防治为主向生物防治为主转变，由一般防治向工程治理乃至应急管理转变，由治标向标本兼治、以治本为主转变。

六是对一批重大林业有害生物灾害有计划、有目的、有重点、有目标地实施应急管理或工程治理，集中人、财、物力打歼灭战，切实有效降低林业有害生物灾害高发势头。在应急控灾过程中，要根据森林生态学原理，不断地调节森林生态系统结构，使之恢复平衡状态，增强系统自身的抗灾能力，确保森林的各种功能和效益得到全面发挥。

第三节　林业有害生物灾害及应急管理机理

所谓“机理”指的是事物所遵循的内在逻辑规律。对于林业有害生物灾害来说，从其发生原因、危害状况、发展态势全过程中，都有其发生、发展规律，如果找出灾害发生、发展的内在因素和规律，就可以帮助我们分析灾害在不同时期的发生、发展方向；在应急管理过程中，需要掌握相关应急处置方面的规律，帮助我们理清思路，抓住重点，在时间有限、技术有限的情况下，迅速制定相应的对策及措施，以便形成全面、有针对性的灾害应急管理最优方案。因此，剖析清楚林业有害生物灾害的发生、发展机理和林业有害生物应急管理机理，对于林业有害生物灾害应急管理工作具有重要的指导意义。

一、林业有害生物灾害发生发展机理

林业有害生物灾害的形成、发生、发展过程都有其内在的规律性。林业有害生物的生存、繁衍、种群增长都离不开寄主和所处的环境条件，当寄主足够丰富，环境条件适宜，森林生态系统自控能力差时，有害生物种群自然就会繁衍增殖，种群扩大，当有害生物种

群数量超过寄主承受极限，则灾害必将发生。

（一）林业有害生物灾害发生、发展机理

大量的实践经验证实，林业有害生物灾害的发生、发展过程，一般情况下包括以下5个阶段，即物种潜伏期、种群积累期、灾害形成期、灾害暴发期、种群衰退期。林业有害生物灾害发生、发展机理如图3-4所示。

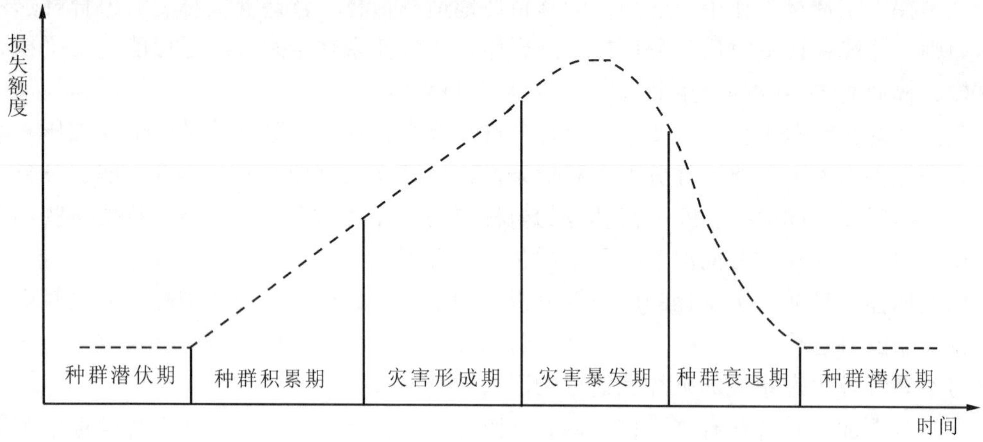

图3-4　林业有害生物灾害发生发展机理示意

1. *种群潜伏期*

林业有害生物物种和其他生物物种一样，虽然以林木为寄主赖以生存，但在其种群数量很低时，不对森林和林木造成明显的危害，它们都是森林生态系统的生物多样性组成成员，在从林木上获得营养、完成自身发育和繁衍的同时，又成为上一级食物链的能量生产者。它们年复一年、日复一日地在森林生态系统食物链中默默地承担着自身的角色，维持着森林生态系统的平衡。

2. *种群积累期*

平衡状态下的森林生态系统是一种理想模式和追求的目标。现实中，森林生态系统很难实现完全平衡的状态，如大面积人工造林、粗放的经营管理、违背科学的林业生产活动、不良气候因素的干扰等等，都会导致森林生态系统失衡状态发生。这种情况下，某些林业有害生物种类就会失去自然控制，种群开始积累，密度上升，所需的食物量增大，对森林和林木产生较轻微的危害，但对树木生长尚不能造成明显影响，基本上不造成大的生物量和经济损失。

3. *灾害形成期*

林业有害生物种群积累需要过程，在积累过程中还会受到各种生物天敌和环境条件的控制，致使其种群数量波动，维持在一定数量水平，但总体上呈上升趋势。但当寄主足够丰富，环境条件适宜，生态系统失调等有利于有害生物种群积累的因素耦合在一起，有害生物就会凭借自身强大的生殖潜力，很快地完成种群积累，并在林分局部地块形成点状的发生地，此时林分受害情况开始显现，林木生长受到明显抑制，并且有害生物种群从各个点状发生地迅速向外扩散，森林被害征兆明显，灾害开始形成。

4. *灾害暴发期*

林业有害生物种群密度极度增加，并由点到面急剧向外扩张，导致灾害迅速扩散蔓延直至全面暴发。此时，林业有害生物种群数量发展到顶点，林木的某些组织和器官被有害生物大量取食，林木生长受到严重损害，生长量降低，生长衰弱，甚至导致林木枯黄、枯死，能够在较大范围内造成森林的经济、生态、社会效益严重损失。

5. 种群衰退期

林业有害生物的暴发成灾和猖獗危害，造成其食物严重不足，导致种群个体营养不良，生长发育受到抑制。此时有害生物疾病开始流行，各种生物天敌也接踵而至，种群雌性比例减少，繁殖率降低，有害生物种群数量明显下降，种群转向衰退。

（二）林业有害生物灾害的发生特征

以上对林业有害生物种群发生、发展过程有了一个明确的了解，但这个过程的表现形式，即灾害的发生特征也是有明显差别的。根据大量的实践经验，林业有害生物灾害发生特征一般可归纳为突发性、偶发性和常发性3种类型。

1. 突发性林业有害生物灾害

一般情况下是指发生时间较短，出乎人们预料，往往在没有准备的情况下突然发生的林业有害生物灾害。对有害生物种类、生物学和生态学特性没有全面掌握，灾害发生后能够造成什么样的后果，需要采取什么样的防控对策和措施等方面不清楚，需要借助资料进行鉴定或请专家进行指导。

2. 偶发性林业有害生物灾害

这类灾害虽然过去有过发生，对其具有一定的感性认识，但由于其发生频次较低，相对来说较为陌生，并不能完全掌握灾害的发生、发展过程及内在规律，灾害发生后朝着什么方向发展具有不确定性，应对灾害的防控技术还不够全面，还需要在实践中进一步探索、挖掘和完善。

3. 常发性林业有害生物灾害

由于已经较为准确地掌握了这类灾害的发生原因和灾害发展的内在规律，采取的对策和措施有章可循，能够抓住灾害发生、发展过程中的主要矛盾，正确拟定防控对策，规避各种风险因素的积累，有效防范灾害扩大。同时，由于是经常发生的灾害种类，平时接触较多，对其生物学、生态学方面的特性及规律有所掌握，防控人员队伍对于防控技术能够熟练掌握，从而较为容易有效遏制灾害的发生和发展。

二、林业有害生物灾害应急管理机理

分析林业有害生物灾害与应急管理机理体系具有一定的实际意义，它从多个角度刻画了林业有害生物灾害发生、发展过程和每一环节的防控对策及措施，总结了林业有害生物灾害应急处置过程的一般规律，为林业有害生物灾害全过程应急管理提供了理论依据。针对林业有害生物种群发生、发展过程和灾害发生特征的不同，灾害的应急管理也会有相应的机制与之对应。

（一）林业有害生物种群发生、发展过程的应急管理机理

林业有害生物种群在森林中潜伏和缓慢积累是正常现象，有害生物没有给森林造成危害，森林生态系统表现正常。此时，不应进行人为干预，也根本用不着采取任何措施去进行控制。

1. 灾害形成期的防控机理

在灾害形成期，由于林业有害生物种群已经显现出一定的危害性，应当引起警觉，及时把那些已经明显显现出种群积累迹象的有害生物种类纳入调查、监测视野，制定切实可行的调查、监测方案，定期进行调查，分析种群积累的各方面因素，有针对性地制定预防方案，并采取适当的预防性措施对森林生态系统进行维护，对林业有害生物种群进行人为干预和调整，如通过封山育林、加强林分抚育管理，对形成点状的有害生物发生地，施加一些生物天敌或其他无公害技术措施加以控制，防止其种群过度积累，完全可以避免林业有害生物种群的进一步扩大，有效控制灾害形成，此时的防控工作能够起到事半功倍的效果。

在防治上，按照"谁经营、谁受益、谁防治"的责任制度，由森林经营者准备防治物资和人力资源进行有效防控，避免灾害进一步扩大。这种情况下，需要储备防控对策和治理技术措施，以便形成更大灾害时迅速采取有力措施进行防控。

2. 灾害暴发期的应急管理机理

由于受多种主、客观因素限制，在灾害形成期防控工作没有起到应有的作用，致使灾害进一步扩大进入暴发期，林业有害生物种群迅速扩散、蔓延直至全面暴发成灾，造成森林区域性的经济、生态及社会效益严重损失，森林经营者的防控工作已经力不从心。此时则要迅速启动、实施应急处置预案，成立防控工作指挥机构，加强组织领导，加大防控资金投入，加大防控药剂、药械的购置力度，组织专业防控人员队伍，借助政府、行业乃至社会力量参与防控，实施应急管理，实现迅速有效防控。

3. 种群衰退期的应急管理机理

种群衰退期，林业有害生物种群已经明显下降。种群衰弱原因既有人为控制因素，包括各项综合治理技术措施的应用和防控力度的加大，迫使林业有害生物种群快速下降；同时也伴随着自然控制因素，主要是有害生物食物不足或森林生态系统自然天敌跟进控制。但是，有害生物对森林造成的破坏依然存在，一部分林木被害后枯死，一部分林木被害后生长衰弱，由于受害林木的生长势普遍下降，可能还会衍生其他次期性林业有害生物灾害的发生。因此，要高度重视灾后森林的生态恢复，对没有保留价值的病虫害木要及时伐除并进行除害处理，并通过及时补植造林、调整森林生态结构进行生态恢复；同时，还要对其他次期性林业有害生物进行监测，防止其他衍生灾害趁机而起。

（二）基于林业有害生物灾害发生特征的应急管理机理

针对于突发性、偶发性和常发性林业有害生物灾害，在应急管理上存在着相应的机理。

1. 突发性林业有害生物灾害的应急管理机理

对于突发性林业有害生物灾害，为了最大限度降低突发性林业有害生物灾害造成的损失，控制其扩散、蔓延，要求我们必须迅速做出反应，快速制定防控对策和落实各项防控技术措施，迅速启动应急处置预案，在组织机构、人员队伍、防控资金、防控物质等诸多方面快速准备。由于对突发性林业有害生物灾害内在规律认识不清，灾害发生后能够造成什么样的后果，需要采取什么样的防控对策和措施等方面并不十分明确，并且时间仓促，可能会在应急处置对策和技术措施上存在较大的偏差，各项准备也难免有疏漏，这些都需要在预案启动、实施过程中不断弥补、调整、更正和完善，在应急管理过程中存在着实践探索性。

2. 偶发性林业有害生物灾害的应急管理机理

对于偶发性林业有害生物灾害，虽然过去有过发生，人们对此具有一定的感性认识，在防控对策和措施上有一定的经验可以遵循和借鉴，但由于是偶发性灾害，其发生次数一般不多，我们并不能十分清楚地掌握灾害的发生、发展过程及内在规律，在灾害偶然发生的情况下，朝着什么方向发展，依然具有不确定性。因此，在应急管理方面，我们必须根据实际情况的变化，不断调整应对策略。灾害的发展和对应的措施之间相互影响、相互制约，在应急管理过程中存在着相应的动态博弈性。

3. 常发性林业有害生物灾害的应急管理机理

对于常发性灾害，由于人们已经较为准确地掌握灾害发生原因和灾害发展的内在规律，采取的对策和措施有据可循，能够抓住灾害发生、发展过程中的主要矛盾，正确拟定防控对策，规避各种风险因素的积累，有效防范灾害扩大。同时，由于是经常发生的灾害种类，平时接触较多，对其生物学、生态学方面的特性及规律有所掌握，防控人员队伍对于防控技术能够熟练掌握，从而较为容易达到有效遏制灾害的发生和发展目的，因此，灾害的应急管理存在着有效遏制的必然性特征。

林业有害生物灾害的发生、发展有其内在的规律性特征，对于灾害的应急管理也有其自身的规律性。例如对于上述林业有害生物灾害所总结出的突发性、偶发性、常发性的原则性机理，就对应着灾害应急管理的实践探索性、动态博弈性、有效遏制性的原则性机理，需要在灾害的应急管理过程中参考和借鉴。

第四节　林业有害生物灾害的应急管理机制

所谓“机制”原本的意思是指有机体的构造、功能和相互关系。用在工作方面时，泛指一个工作系统的组织或部分之间相互作用的过程与方式。林业有害生物灾害的应急管理机制指的是在林业有害生物灾害应急管理体制运行过程中需要遵循的规则和规律。分析我国近年来突发事件应急管理一些实际案例，我们认为应急管理过程中通用的运行机制应当包括以下五个方面：一是灾害监控与预案启动机制。该机制处于应急处置预案启动之前，根据对林业有害生物灾害的调查监测结果，提交监测预警报告，对照监测预警信息预案的启动阈值，判定对所监测的林业有害生物灾害是否需要启动应急处置预案的运行程序。二是灾害处置与协调机制。灾害的应急处置需要各方面资源(包括资金、物资、技术、行政等)支撑，如何能够及时、有效地获得上述资源支撑，协调机制起关键作用。三是预案运行与评价机制。它是指怎样更加科学、合理地运行应急处置预案以实现应急处置工作目标，同时还要对预案运行的合理性与应急处置成效进行必要的评价。四是运行监督与奖惩机制。它是指在预案运行过程中，要评价预案的执行人员是否按预案或技术方案等方面的有关规定及要求去做，若按要求去做并取得好的效果，组织领导机构将给予表彰和奖励，否则，将给予惩处。五是生态恢复与预案终止机制。林业有害生物灾害通过及时的应急处置，灾害得到遏制、有害生物种群数量得到有效控制之后，需要进行生态恢复，灾后生态恢复情况得到专家评估认可后，根据专家组评估报告，才可以适时终止预案。但预案终止后仍需要进行后期评估和善后处理工作。林业有害生物灾害应急管理流程如图 3-5 所示。

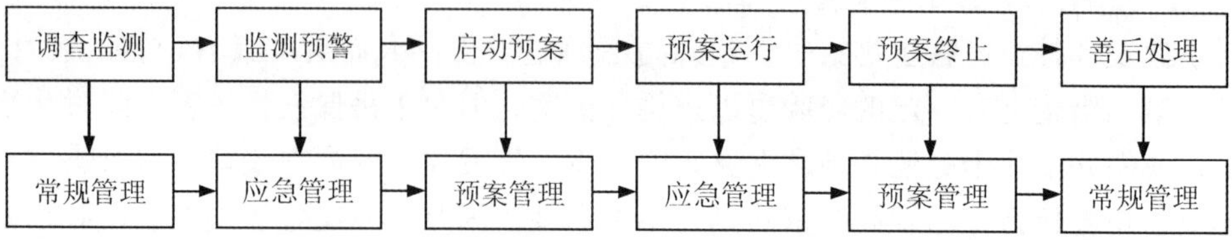

图 3-5　林业有害生物灾害应急管理流程示意

一、监测预警与预案启动机制

监测预警与预案启动机制发生在林业有害生物灾害应急处置预案正式实施之前，通过大量的灾害监测调查、发生发展态势预测、损失评价等方面的翔实数据，为决策层是否需要启动应急处置预案提供参考依据。

（一）灾害监测预警机制

监测预警机制发生在林业有害生物灾害应急处置预案启动之前。在这个过程中，应该对林业有害生物从种群积累到灾害形成这两个过程进行情况调查、灾情监测、并采取各种措施进行防治，防止林业有害生物灾害形成，多数情况下能够收到预期的防治效果，林业有害生物种群数量得到有效控制，恢复到有虫有病不成灾的理想状态。但是，在某些特殊情况下，森林生态系统在某些因素的作用下，稳定性遭到破坏，造成防治失败，林业有害生物种群持续上升，特别是进入灾害形成期，监测预警工作就显得十分重要。这时，通过林业有害生物调查监测网络体系，即各级森防检疫机构、各级中心测报点、林场乡镇森保员对林业有害生物实施的实地调查提供的监测资料和相关数据，包括发生区域、发生面积、种群密度、危害程度等，为下一步工作提供监测资料和相关数据。之后，组织专家组对灾害进行风险分析，对灾害发生、发展趋势进行预测，提供调查监测预警报告，来确定是否需要启动应急处置预案。此外，监测预警机制还贯穿于应急处置预案的启动及实施全过程之中，并根据需要随时对灾害的应急处置情况进行分析判断和评价。林业有害生物灾害调查及监测预警流程如图 3-6 所示。

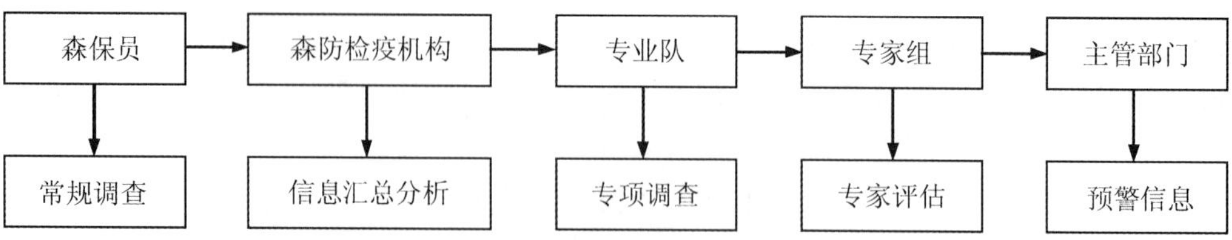

图 3-6　林业有害生物灾害调查及监测预警流程示意

（二）应急处置预案启动机制

就预案启动机制而言，其启动时间一般发生在林业有害生物灾害即将暴发或暴发之后，需要对监测预警过程中所得到的各种信息进行汇总和分析，根据林业有害生物灾害应急处置预案规定的预警级别发布预警信息，将预警信息与预案启动限制条件进行比照，由专家组进行认证，并通过专家组向决策层建议是否启动相应的林业有害生物灾害应急处置预案，决策层此时要及时、准确地做出是否启动应急机制的决策。

在决策层决定启动实施林业有害生物灾害应急处置预案之后，立即成立应急处置指挥机构，组织专家组制定应急处置实施方案和技术方案，划定应急处置区域与范围，拟定应急处置对策，确定响应层次及响应单位，进行应急处置人、财、物力核算，同时，迅速做好其他各方面准备工作。最后，由应急处置指挥机构召开应急处置预案启动仪式，印发实施工作方案和技术方案，宣布应急处置预案正式启动实施。林业有害生物灾害应急处置预案启动流程如图 3-7 所示。

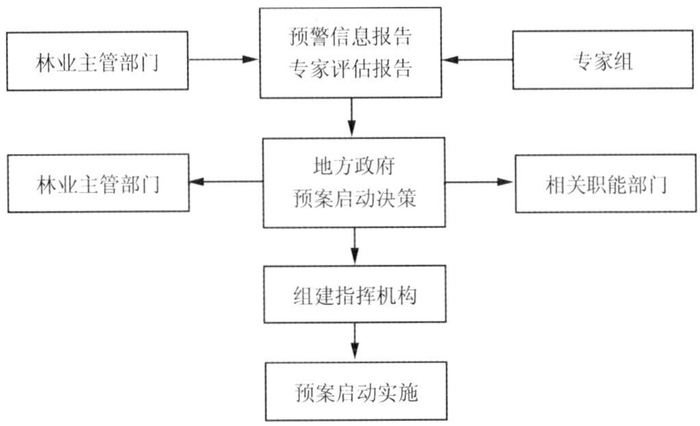

图 3-7 林业有害生物灾害应急处置预案启动流程示意

二、灾害应急处置与协调机制

林业有害生物灾害应急处置机制与协调机制相互联系、密不可分，协调机制始终围绕着应急处置机制发挥作用，因此，随着应急处置机制启动，协调机制也必须相继启动。

（一）灾害应急处置机制

在林业有害生物灾害应急处置实施过程中，需要遵循应急管理方面的一些原则性规定，如在指导思想方面，要坚持全面、协调、可持续的科学发展观，遵循预防为主、常备不懈的方针，按照统一领导、分级负责，反应及时、措施果断、依靠科学、加强合作的原则，全面提高应对林业有害生物灾害的能力。在工作原则方面，要坚持以人为本，加强安全防护；坚持分级管理、分级响应、条块结合、属地管理，落实岗位责任制；坚持资源整合，有效降低行政成本等方面内容。

（二）灾害应急协调机制

林业有害生物灾害应急处置预案一旦启动，需要对多部门和对象进行协调，灾害预警等级越高、灾害发生危害越严重，协调机制应对越多。一般情况有以下几个方面需要进行协调：本级政府及下级政府、本级政府相关职能部门与下级政府相关职能部门、上级主管部门、受灾的森林经营者、媒体、本部门及社会各界等。协调的内容主要包括应急资金的筹集投入，应急处置队伍建设，应急资源的整合获取，舆论宣传报道等方面内容。林业有害生物灾害应急管理协调机制如图 3-8 所示。

三、预案运行与评价机制

林业有害生物灾害应急处置预案是按照预先制定的实施方案、技术方案以及年度或季

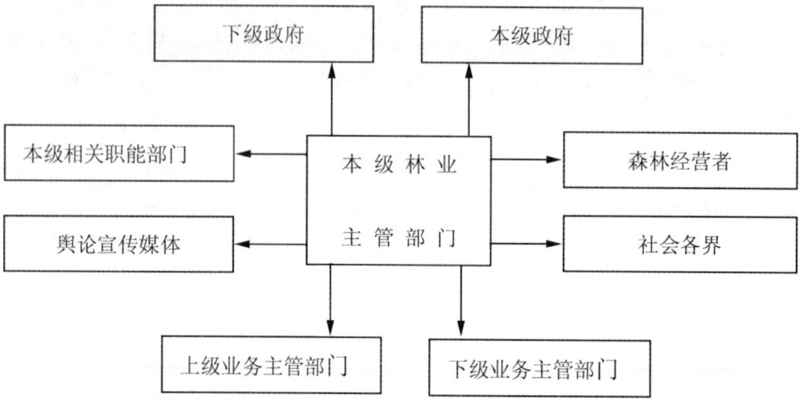

图 3-8　林业有害生物灾害应急管理协调机制示意

度甚至月份实施方案进行的，各种方案的执行过程实际上也就是应急预案的运行过程。在运行过程中还要依据林业有害生物灾害的发生发展态势随时对方案不足之处进行修改或调整，并且对应急处置效果进行及时的评价，以确保应急处置对策更加明确，措施更加具体有效。

(一) 预案运行机制

在应急管理机制运行过程中，要始终坚持统一指挥、分工协作的原则，根据林业有害生物灾害的发生与危害特点，有针对性地实施应急处置措施。在降低林业有害生物种群密度措施上，要针对有害生物的生活史中最薄弱的环节来进行；在疫木采伐除害措施应用上，要在有害生物集中在疫木上时进行；在生态恢复补植造林时，要在春季造林时节进行。因此，在林业有害生物灾害应急处置措施的具体应用上，应当不断有针对性地适时切换，由一个应急状态切换到另一个应急状态，由比较紧急的状态切换到相对较轻的状态，或者由较轻的状态切换到比较紧急的状态。

(二) 预案评价机制

预案评价机制既要对林业有害生物灾害的发生、发展、演化趋势进行评价，又要对灾害造成的各种损失进行评价，还要对应急处置措施的效率、效果、效益方面进行评价；也包括对应急处置过程中灾害的“可挽救性”、灾害的“可减缓性”以及生态环境的“可恢复性”进行及时评价。对于上述各种评价，要制定或参考相应的评价指标体系和评价方法，指标体系必须贴近实际，才能反映出真实的评价结果，否则，评价将会失去应有的作用。林业有害生物灾害应急管理评价机制如图 3-9 所示。

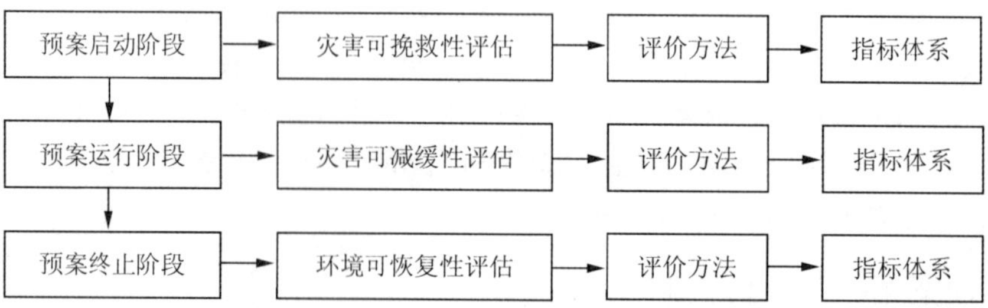

图 3-9　林业有害生物灾害应急管理评价机制示意

四、运行监督与奖惩机制

林业有害生物灾害应急管理全过程都应该处于监督机制的管辖范围之内，奖惩机制一般在整个应急管理过程完全结束之后进行。

（一）应急管理中的监督机制

应急管理的监督机制贯穿于应急处置全过程中，一般包括以下内容：应急处置是否违背了应急管理的基本原则，应急处置过程是否恰当，协调机制是否发挥了应有的作用，应急运行机制是否符合实际情况，运行中所需要的各种资源是否整合及获得，评价的方法和时机是否正确和恰当，以及评价结果是否有利于灾害的最终解决等等。灾害应急管理的过程监督主要是指依靠舆论、法律、技术等方式，通过各种适当的方法和措施来进行。其监督主体既可以是各级政府、行业行政主管部门、专家组成员，还可以是公众、媒体或其他组织。

过程监督是一项技术性、理论性、科学性很强的工作，其目的是确保灾害的应急处置工作按照既定的对策和措施有效实施。实现事后监督向过程监督的转变，对应急处置目标的尽快实现具有重要的意义。监督内容主要包括应急物资监督、协调管理监督、应急技术监督、法律法规监督、舆论向导监督等方面。过程监督的程序主要包括预备监督、响应监督、处置恢复监督、事后处理监督。

（二）应急管理中的奖惩机制

奖励与问责机制可以起到调动应急处置人员队伍积极性和创造性的作用，它是一项集思想性、科学性于一体的艺术性很强的工作。心理学家研究发现，一个人在经过充分激励后所发挥的作用相当于激励前的 3 ~4 倍；当一个人受到惩处的时候也会对自己的过失进行认真的反省，从思想深处得到触动，会产生将功补过的想法。真正做到有功必奖、有过必罚，在应急管理工作乃至社会经济发展的各项工作中将发挥着至关重要的作用，设置一个完善的奖惩机制并正确有效地实施，在应急处置工作中具有十分重要的意义。

五、预案终止与善后处理机制

应急处置工作即将完成或达到终止阶段，即表示灾害大部分或全部解除，可以对应急处置预案进行终止。但是应急处置预案的终止不代表灾害被完全控制，还需要进行一系列的后续控制措施即善后处理，只有善后处理结束后，才标志灾害彻底平息，森林进入正常状态。

（一）应急预案终止机制

当应急状态终止时，当前的灾害发展态势已经基本被遏制，或者被限制在一定的范围内，并有望在比较短的时间内消除危害。此时，一般性的应对措施就足以完成对灾害的控制，从而进入全面恢复阶段。因此，终止机制要求终止预案必须有明显的终止标志。终止机制作为应急状态的终点，主要目的在于规范应急状态的终止活动，包括释放或回收应急资源，撤出或重新安排防控人员，撤销临时机构等，使应急状态转变为平时状态，从而确保应急管理的效果。

应急终止程序的实施需要多方参与者完成各自的任务，大体上可归纳为应急指挥机构、专家组和森林经营者及公众三个方面。通过专家组从专业角度对应急处置效果和有害生物灾害控制程度以及发生发展态势进行全面分析，提出应急处置终止的专业性建议，为应急指挥机构作出终止决策提供相应的技术支持。专家组可以针对林业有害生物灾害制定相应的终止指标，进行实时评估，并将评估结果上交给应急指挥机构进行是否终止预案的决策。在保证应急管理效果的前提下，根据专家组评估结果以及森林经营者乃至公众的反应，应急指挥机构应及时做出应急处置终止决策，并参与整个终止活动。

一旦确定终止后，即可开始执行终止程序。首先由应急指挥机构发布应急预案终止通知，规定终止活动的执行程序并通知各级相关机构，撤销应急处置措施而转变为善后防控措施。林业有害生物灾害应急管理终止机制如图 3-10 所示。

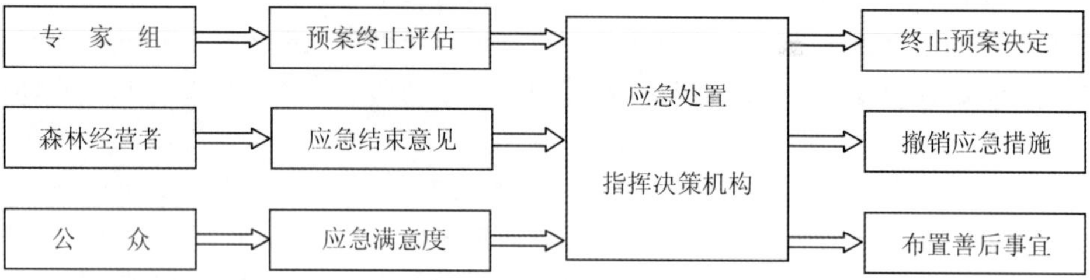

图 3-10　林业有害生物灾害应急管理终止机制示意

（二）善后处理机制

善后处理机制是灾情解除后对灾害造成的创伤进行的修补和恢复，是常态下的一项缓慢且有持续性的工作。不要认为善后处理是一个安全、轻松的阶段，如果麻痹大意，善后处理不当，也将存在着相当大的风险隐患，会引发诸如灾情反复、资源浪费、新灾情发生等许多本不应发生的问题，并严重影响应急处置效果。

善后处理过程指的是在终止预案快速恢复的基础上所进行的全面性恢复。一般包括灾后重建、生态恢复、撰写总结报告、召开总结表彰会议以及奖惩评估等多方面内容。因此，应急状态的终止是进行善后处理的必要条件，善后处理阶段也有多方面的工作需要开展和进行。从一定意义上讲，善后处理是应急管理不可或缺的重要组成内容。

参考文献

[1] 国家林业局森林病虫害防治总站编著．森林病虫害防治工作组织与管理［M］．哈尔滨：东北林业大学出版社，2002.

[2] 王剑波．我国林业灾害的生态经济问题初析［J］．上海林业科技，2010(1)：1－3.

[3] 陈安，陈宁著．现代应急管理理论与方法［M］．北京：科学出版社，2009.

[4] 秦启文著．突发事件的预防与应对［M］．北京：新华出版社，2008.

[5] 张丽莎，陈宝珍主编．突发事件来临，你准备好了吗？［M］．北京：科学出版社，2009.

[6]《应急救援系列丛书》编委会编．应急救援［M］．北京：中国石化出版社，2008.

第四章　林业有害生物灾害应急管理保障体系

林业有害生物灾害应急管理保障体系涉及许多方面，包括体制保障、组织保障、队伍保障、资金保障、物资保障、法制保障及宣传保障等等。如何充分、科学地做好上述各方面保障工作，既是应急管理工作的基础，也是实现林业有害生物灾害应急处置目标的重要保证。本章将就林业有害生物灾害应急管理保障体系进行阐述。

第一节　应急管理的体制保障

体制泛指国家机关、企事业单位在机构设置、领导隶属关系和管理权限划分等方面的体系和制度的总称。任何一种体制都有其相应的结构，结构决定功能，功能决定效率和效果。林业有害生物灾害应急管理体制由横向机构和纵向机构、政府机构与社会组织相结合的组织体系构成。主要由各级政府的组织领导指挥机构、部门应急指挥机构、日常办事机构、专家组、政府各相关职能部门以及相关社会团体、单位及民众等不同层次组成。

一、灾害应急管理指挥系统的结构与作用

林业有害生物灾害应急管理的指挥系统分为两个层面，一是政府组织成立的应急指挥机构，二是林业部门成立的应急指挥机构。

政府组织成立的应急指挥机构的总指挥由政府主管林业工作的主要领导担任，如副省长、副市长、副县长等；副总指挥一般由政府主管林业工作的副秘书长担任；成员为能够在林业有害生物灾害应急处置工作中发挥相应作用的政府相关职能部门的主要负责人。其中，林业部门是林业有害生物灾害应急处置的主体部门，因此，林业部门的一把手和分管林业有害生物防治工作的副手均为政府序列应急指挥机构的主要成员。

林业有害生物灾害应急处置指挥部下设应急处置办公室，负责日常应急处置工作管理，办公室一般设在林业部门，也即林业部门成立的应急处置指挥机构。

林业部门组织成立的应急指挥机构，总指挥应为本部门的一把手，常务副总指挥应为本部门分管林业有害生物防治工作的副手，成员为本部门森防、财务、计划、资源、营林、绿化、动物保护、宣传教育、林业工作站、办公室等内部职能部门负责人。

林业部门的应急指挥机构下设办公室，负责应急处置日常工作的协调和调度工作。办公室一般情况下设在森林检疫机构，主任由森防检疫机构负责人担任。

指挥机构的主要作用是对本级林业有害生物灾害应急处置预案启动实施工作进行决策和指挥；响应上级启动实施的应急处置预案；落实指挥机构各参加部门的责任和任务；协调、整合应急处置资源；对预案运行全过程监督和管理实施有效的组织保障，确保预案的有效运行和应急处置目标的顺利实现。

指挥机构下设办公室的主要作用是负责应急处置日常管理工作；调度、收集、统计、发布应急处置相关信息；督导应急处置工作有序开展；向指挥机构汇报应急处置工作进展情况；筹备指挥机构需要召开的相关会议；完成指挥机构交办的其他工作事宜。

二、灾害应急管理部门协作系统的结构及作用

林业有害生物灾害应急管理的主体部门是林业部门，协作部门一般包括财政、发改、农业、牧业、民政、交通、公安、邮政、外检、气象、科技、通信、民航、铁路、森林警察部队等部门及单位。根据林业有害生物灾害应急管理主体和协作部门的分工，其各部门的职责和作用具体如下。

林业部门作为应急指挥部主要成员单位和林业有害生物灾害应急处置的主体，要保证应急处置工作的顺利开展，发挥组织、协调、监督、检查和技术指导作用，要及时向上级主管部门、本级政府报告相关情况，实施灾害调查监测、发布预报、制订实施方案、组织预案实施、开展灾后生态恢复等工作。

财政部门负责专项应急处置资金的筹集、拨付及使用监督；发展与改革部门负责应急处置项目的立项保障和发展规划；农业部门负责应急处置工作中涉及与农业、农村及农民相关政策的宣传和教育；牧业部门协调和处理灾害应急处置过程中牧业、牧区及牧民发生的放牧难等一系列问题；民政部门负责接受社会捐赠资金、物资的监督和管理，协助灾后重建工作；交通部门负责保证公路畅通，同时负责协调各地区公路、水路应急运输组织保障；公安部门协助查处非法调运携带疫情传播的森林植物及其产品违法违规行为，堵截违规运载工具，维持灾害现场治安，维护交通秩序，确保救灾物资、设备、药剂药械的运输顺畅；出入境动植物检疫检验部门加强与森林病虫防治检疫机构的配合与合作，协助查处违禁调运进境寄主植物及其产品的单位和个人，并提供境外有害生物来源情况；气象部门负责为同级指挥部提供灾害应急处置工作方面的气象服务，并协助林业部门开展相关的灾害监测预报工作；科技部门负责应急处置科研立项攻关研究和成果转化推广等方面科技支撑；宣传部门负责应急处置舆论宣传、报道和信息发布工作，促进政府、林业主管部门与社会公众之间的信息沟通和传递；通信管理部门负责组织、协调有关部门提供救灾所需有线、无线通讯设备和通讯保障，确保指挥通信线路的畅通；民航管理部门负责组织、协调有关部门开展航空救灾所需飞行作业器材；铁路、邮政部门根据救灾工作的需要，负责组织、协调救灾物资、设备以及药剂药械的运输和输送，确保及时到位；森警部队负责执行灾害应急处置过程中一些具有重大危险性的艰巨任务，维护应急处置现场的安全保护工作。

三、灾害应急管理技术支撑系统的结构与作用

该系统主要涉及林业有害生物灾害防控技术方面的业务管理、科研及教学单位，包括森防检疫机构、林业科研院所、相关大专院校。由上述单位中在林业有害生物防治、森林

生态、森林经营、森林资源效益估算等方面的资深专家组成林业有害生物灾害应急管理专家组，对应急管理给予技术保障。

林业有害生物灾害应急管理专家组在具体业务支撑方面主要发挥的作用包括：根据林业有害生物灾害的监测预警信息，提出应急处置对策建议，为指挥机构决策提供参考依据；拟定林业有害生物灾害应急处置预案、应急处置实施方案及防控技术方案，并根据情况提出对预案和方案的调整意见；应急处置预案启动实施后，专家组要经常性地深入现场，调查、指导并解决应急处置工作中的技术难题，并对监测、除治及生态恢复等方面提出科学可行的技术指导建议或意见；对林业有害生物灾害进行风险分析，对灾害造成的损失进行评估，对灾害的可控制性、可减缓性和生态的可恢复性进行相应的评价，向指挥机构提供各项评价、评估报告；对应急处置专业队伍进行技术培训，对应急处置技术工作进行现场指导，组织应急处置新技术的实验、示范和推广；针对应急处置工作全过程，根据实际情况，随时向指挥机构提出应急处置对策及措施方面的意见和建议；对林业有害生物灾害应急处置预案实施过程中的相关技术总结和技术报告进行审核论证，提出相应意见。

四、灾害应急处置实际操作系统的结构与功能

该系统包括林业有害生物灾害应急处置区域之内需要采取应急处置措施的森林经营管理者，如林场、乡镇林业工作站、林农等。在当地政府和林业主管部门的组织和领导下，以林场和乡镇林业工作站为基本单元，组建林业有害生物灾害应急处置专业队，接受应急处置技术培训，配合演练，采取以专业队带动当地群众的形式积极参加应急处置的每一项具体工作，为应急处置工作提供人力资源保障。

以上所述的行政指挥系统、部门协作系统、技术支撑系统和实际操作系统是林业有害生物灾害应急管理的根本体制保障。这种体制可以充分发挥人的主观能动性，在充分依靠各级领导、专家和充分认识社会力量作用的基础上，在明确林业部门职责和权限的同时，按照资源整合，降低行政成本的要求，能够充分利用政府其他各职能部门现有资源，实现部门间相互配合与协作，避免重复建设，充分发挥我国社会主义制度集中力量办大事的优越性。

第二节　应急管理队伍的人力资源保障

人力资源是林业有害生物灾害应急处置工作的必要力量，从各级组织领导机构、专家组、森防检疫机构工作人员，到森保员和林业技术人员、林业职工、林农和当地群众，都是林业有害生物灾害应急处置工作的人力资源组成部分，成为林业有害生物灾害应急处置工作的最根本保障。

一、各级应急处置指挥机构的组织领导者

在林业有害生物灾害应急管理中，各级指挥机构的领导与成员均处于领导者和指挥者的位置，需要对林业有害生物灾害的性质做出准确判断，对启动实施应急处置预案做出决策，提出灾害应急处置目标，明确相关部门的职责任务，下达应急处置工作任务，组织领导应急处置工作的正常开展，承担着繁重的指挥和管理工作。他们的素质如何，直接关系应急处置工作的成败。政治合格，知识渊博，经验丰富，工作能力强，心理素质优，是组

织领导者必备的品质，组织领导者应当在上述方面加强修养，真正提高自身的综合素质。

二、应急处置专家组

林业有害生物灾害应急处置需要各级指挥机构的组织与领导者，更需要专业知识和技术做支撑。在应急管理中，专家队伍的作用必须得到充分发挥，应急处置技术应用的准确与否和效果如何，可以说直接关系到应急处置的成败。因此，必须形成重视知识、尊重人才的良好氛围，才能充分发挥专家组成员的主观能动性。

林业部门要针对大专院校、科研院所、森防检疫机构的相关知名专家、学者以及知名专业技术人员，加强人才信息的收集工作，建立、健全林业有害生物灾害应急处置专家库，包括林业有害生物灾害及应急处置可能涉及的各个专业领域，根据他们的专业特长，能够帮助解决的相关业务难题等，分门别类存档备案，充分实现人才资源的共享。

三、森防检疫专业队伍

（一）森防检疫机构队伍

森防检疫机构是依据法律法规授权、具有林业生物灾害业务管理、行政执法和技术指导职能的法定事业单位。机构人员具有多年从事林业有害生物防治工作的专业技术人员，在林业有害生物灾害应急管理中是一支专业骨干队伍，负责林业有害生物灾害的监测预警、应急防控、检疫执法工作。近些年来，随着国家对森防检疫工作重视力度不断加大，森防检疫体系建设项目资金投入不断增加，在各级林业主管部门的高度重视和大力支持下，以各级森防检疫机构为主体，以防治、测报、检疫网络和中心测报点为重点的森防体系建设不断向标准化、规范化迈进。

（二）森保员和技术员队伍

由于森防检疫机构受到人员编制方面的限制，为了完成辖区内的森防业务工作，县级林业主管部门需要在每个林场和乡镇聘任1～2名森保员协助森防检疫机构从事一些林业有害生物调查监测、防治设计、产地检疫方面具体业务工作，在业务上由森防机构专职业务人员进行具体指导。林业技术员一般都是经过林业专业学校培养的，对林业有害生物防治检疫工作也比较熟悉。因此，林场、乡镇林业工作站的森保员和林业技术员队伍是一支在业务上仅次于森防检疫机构专业队伍的有生力量，也是林业有害生物灾害应急处置的主力军。

四、林场职工、林农和当地群众队伍

随着林权制度的改革，众多林农、林业职工成为森林经营者，肩负着防控林业有害生物灾害的职责，应当充分发挥这支队伍防控林业有害生物灾害的主动性，他们多年从事林业具体工作，长期生活在林区，对林业有害生物防治检疫工作虽然不一定精通，但对林业工作并不陌生，如能认真地加以培训，加强指导，做到专、群结合，无论从专业知识和技能方面，还是从人力资源方面都能达到可靠的保障。因此，林业主管部门要多创造条件开展培训和宣传教育，普及林业有害生物灾害应急处置知识，使他们了解、熟悉、掌握林业有害生物灾害应对技术，并通过演练提高其技术技能，使应急处置工作得到人力资源保障。

五、充分发挥当地驻军、森警部队的突击队作用

人民军队和森警部队除了分别履行国防保卫和森林防火职责外，在保护人民生命财产的抢险抗灾工作中一直是一支十分重要的骨干力量。他们有严明的纪律、优良的装备和充沛的体能，具有“一不怕苦、二不怕死”和“越是艰险越向前”的英雄品质。在林业有害生物灾害应急处置工作中，对一些危险性大、工作难度大的工作，可求助当地驻军和森警部队组成突击队，参与林业有害生物灾害的应急处置工作。

林业有害生物灾害的严重发生与危害，不但能造成森林资源和财产损失，还能导致人们居住的生态环境受到破坏。因此，林业有害生物灾害应急处置不仅是政府和林业部门的重要工作，同时也是事关民众生活和财产的一件大事。为了保护当地群众生活和生产正常秩序，保卫家园安全，要动员民众志愿参与救灾，这部分力量不可忽视，要充分发挥其作用，得到全社会的理解和支持，使应急处置工作按照预定的目标顺利实施。

第三节　资金及物资保障

对于重大灾害的应急处置，除人力资源保障外，还必须具备相应的物质条件，应急处置物质条件涉及两个方面的内容，一是应急资金的保障，二是应急物资的保障。

一、应急资金保障

根据国家对突发事件应急管理的资金投入要求和林业有害生物灾害应急处置实际需要，应急资金的来源主要有以下几个方面的渠道。一是各级财政部门的应急储备资金。这是财政在每年预算中必须安排的预留资金，是各级政府应对各种突发事件的储备资金。二是财政部门转移支付的防治补助费。目前国家财政和省级财政均有该项资金安排，对县级林业有害生物防治工作予以补助。三是林业部门的自筹资金。主要包括育林基金按3%～4%提取部分，天然林保护资金提取部分，林业有害生物灾害防控体系建设项目资金，森防检疫机构收取的检疫费等方面资金。四是森林经营者在林业有害生物灾害防治工作中的自筹资金。五是社会各界对林业有害生物灾害防控工作的捐助资金。上述资金用于林业有害生物应急处置的主要为财政投入和林业部门自筹资金，其他资金只起到辅助作用。财政部门和林业部门的林业有害生物灾害防治资金是根据林业生态建设需求和产业发展需要，按照林业生物灾害发生规律和防治工作的性质以及实际需要而统一规定其来源渠道和使用范围的特用资金，具有来源固定，使用专一的特点，必须做到专款专用，严禁挤占和挪用。

林业主管部门要根据林业有害生物灾害应急处置工作实际情况，向财政部门提出资金需求计划，经审查批准后，从年度财政应急储备金或从林业有害生物防治补助费中拨付。林业部门自筹资金则按照规定自行筹集。林业有害生物灾害应急资金使用要清楚明确，要有资金使用明细，尽可能节约资金开支，提高资金的使用效益，好钢要用到刀刃上，以此来保证应急处置工作的开展。各级财政和审计部门要对应急处置资金加强监管，保证资金合理、有效使用，同时还要对资金的使用和效果进行评估。

二、应急物资储备

林业有害生物灾害应急管理中物资储备是应急处置工作必要保障，如何保证及时有效地供给充足物资并进行合理分配是林业有害生物灾害应急管理的关键。物资储备一般采取平战结合的方式进行。

（一）平时储备

林业部门根据林业有害生物灾害发生情况预报，对可能发生的灾害每年都应当进行一些防控物资储备，资金来源主要为林业有害生物防控体系建设项目资金和部门内部的自筹资金，主要储备的物资包括，如无公害药剂、机械化高射程施药器械、黑光灯等物理杀虫器械、林业有害生物野外调查仪（PDA）、网络传输通讯设备、交通工具等方面。

（二）预案启动战时储备

在启动林业有害生物灾害应急处置预案时，应当根据林业有害生物灾害的特性和防治特点，在充分盘点平时防控物资储备的基础上，根据应急处置工作实际需要，拟定所需物资清单，提出物资购置计划，申请应急处置资金进行应急采购储备。

（三）应急物资的科学调度

要根据林业有害生物灾害应急处置工作实际需求，确定各种物资配置与灾害应急需求的比例关系，进行储备物资的科学、合理分配。物资投放布局要合理，确保应急物资的及时调入、补充和及时更新。

在应急物资储备和配置方面应当做到科学、合理，要做到恰当储备物资，既不能储备量过大，造成资源浪费，又不能储备不足，不能满足需求。同时还要对应急处置资源进行科学配置，确保发挥应有作用和取得实效。

第四节　林业有害生物灾害应急处置的法制与宣传保障

国家制定颁布法律法规，通过法律法规普及和行政机关依法行政来依法治国。林业有害生物灾害应急处置工作具有相应的法律法规，如何全面贯彻执行，除了靠林业部门和森防检疫机构依法行政外，更主要的是要面向社会对相关法律法规进行大力宣传和普及，教育、引导公众树立法制观念，培养法律意识，在全社会形成知法、懂法、守法的良好氛围，才能形成更加有效的法制保障。

一、法制保障

国家的经济建设和法治建设是相伴而行的，市场经济是一定意义上的法治经济，经济和社会的全面发展，必须有完备的法律、法规来保障。

（一）林业有害生物灾害应急管理法律法规体系

目前，我国应急管理法律体系已基本形成，应对突发公共事件的法律、行政法规、部门规章，规范性文件等逐步健全，这些法律、法规、规章及规范性文件的内容涉及也比较全面，既有综合管理和指导性规定，又有针对地方政府的硬性要求。如 2007 年 11 月 1 日起正式施行的《中华人民共和国突发事件应对法》，是我国应急管理领域的一部基本法，成为我国突发事件应急管理法制化的重要标志。

在林业有害生物灾害防控和应急处置方面应用的法律法规包括《中华人民共和国森林法》、《中华人民共和国森林法实施条例》、《森林病虫害防治条例》、《植物检疫条例》。林业有害生物灾害应急处置方面的规范性文件包括2006年国家林业局印发的《重大外来林业有害生物灾害应急预案》和《外来有害生物应急处置实施办法》以及各省(自治区、直辖市)2006年以来陆续制定的《林业有害生物灾害应急处置预案》。

林业生物灾害应急处置工作就是依据上述法律、法规和规范性文件来进行预防和除治的。通过依法行政，加强生态环境建设，避免林业生物灾害的发生和危害，保护森林资源，维护国土生态安全，保障和促进林业以及社会各项事业协调健康发展。因此，牢固树立防治检疫法治观念，充分认识林业生物灾害防控工作法制化建设的重要性，是做好林业生物灾害应急处置工作的基础。

(二)树立法治观念

培育、树立和增强各级领导干部、防治检疫行政执法人员和全体公民的法治观念，要做到以下四点。首先，要进一步强化领导干部对法律法规的学习，全面提高领导干部自身的法律素质，不断提高依法决策、依法行政、依法管理的能力与水平，要探索和建立领导干部执法实绩考评制度，将领导干部学法、用法、执法、守法情况作为任用干部的重要内容和条件，进行严格考核，全面提高领导干部的法律素质。其次，要深入开展普法活动，加强突发灾害应对、《森林法》以及防治检疫法规方面的法制宣传教育，结合开展普法宣传活动的同时，还要对《国家赔偿法》、《行政诉讼法》、《行政复议法》、《行政许可法》等与林业生物灾害防治检疫法治工作密切相关的法律进行深入广泛的宣传和普及，使公民真正做到知法、懂法、守法，努力实现公民由法律意识向法律素质方面转变和提高，营造良好的法治氛围，创造良好的法制环境。第三，要建立、健全保证严格执法、公正执法的制度和措施，强化依法行政，不断创新法治环境，重点实行防治检疫执法责任制、评议考核制、错案追究制和执法公示制等制度，规范执法行为，做到执法主体明确，责任目标到位，保证措施落实，切实提高防治检疫执法能力和水平。第四，要完善执法监督机制，不断加大对防治检疫执法工作的监督力度，要严肃纠正和查处执法不严、执法违法行为，优化执法环境，对防治检疫审批权、许可权、处罚权等进行有效监督，确保防治检疫法规的正确有效实施。

(三)培养法律意识

法律意识作为社会意识的一种特殊形式，是指人们在一定的历史条件下，对现行的法律和法律现象的感知、理解、心理体验和价值评价等各种意识现象的总称，包括人们对法的本质和功能的看法、对现行法律的要求和态度、对法律适用的评价、对各种法律行为的理解、对自己权利和义务的认知等等，是公民理解、尊重、执行和维护社会主义法律规范的重要保障。公民遵纪守法行为的产生，是在一定的法制观念、法律意识的指导下实现的，具备了法律素质，就会做到不仅不违法，而且能够积极维护法律尊严。要通过法律意识的培养使林业工作者乃至社会各界都清醒意识到林业有害生物防控工作即是森林经营者的责任，也是各级政府的职责。法律意识的培养，首先，要培养依法办事的思想观念，不仅要遵纪守法，而且要监督国家法律、法规的遵守和执行，坚决同一切违法行为作斗争，使社会主义法制真正得以实现。其次，要培养法律具有最高权威性的观念，任何公民、机关和组织都不具有超越法律之上的权力，都必须依法办事，在法律面前人人平等，坚决反对“权大于法”、“情大于法”的法律虚无主义观念，使公民认识到自己在生活中所处的地位，无条件地服从和遵守宪法和法律。第三，要培养公民权利和义务相一致的观念，正确对待权利和义务的关系，既要依法行使法律赋予公民的权利，也要履行法律赋予公民的义务，树立正确的公民意识，以社会主义法律为武器，捍卫自己的正当权利，在享有个人所拥有的权利时，不忘记尊重和承认他人的合法权益，不忘记履行对国家、对社会、对他人的义务。第四，要培养公民法律与自由相统一的观念，我国宪法和法律从各个方面规定了公民的权利和义务，人们在法律规定的范围内有着极其广阔的自由活动天地，同时，公民在行使自己的权力时要慎重考虑自己的言论、行为和社会效果，不得损害国家、集体和其他公民的合法权益，任何公民在法律面前一律平等，不允许任何人在法律面前享有特权，平等原则是社会主义民主和法制的精髓。

二、宣传保障

林业生物灾害防治工作是一项比较复杂的系统工程，涉及社会的各个方面，单靠森防检疫部门而没有各级政府和全社会的广泛支持和参与是很难完成的，因此要广泛宣传林业生物灾害防治方面有关法律法规和防治工作的重要性、迫切性以及长期性和艰巨性，充分发挥各级政府在林业生物灾害应急处置工作中的重要地位和组织领导作用，不断提高全社会重视林业生物灾害防治工作的积极性和参与意识，教育广大森防检疫从业人员和全体森林经营者严格按照法律法规办事；要进行多种形式、多种层次、多种内容的宣传和培训，不断提高综合业务能力和管理水平，努力形成各级政府高度重视、主管部门大力支持、森防部门认真负责、社会力量积极参与的林业生物灾害应急管理新格局。

（一）建立宣传教育机制，不断推进宣传工作规范化

做好林业生物灾害应急管理宣传教育工作，是实现保护森林资源、维护国土生态安全的重要保障措施之一。虽然目前政府引导、部门联动、社会参与的防治检疫宣传教育格局初步形成，有力地推动了林业生物灾害防治检疫事业的发展。但是我们必须看到，随着林业由木材生产为主向生态建设为主的历史性重大转变，我们的宣传教育工作与林业新形势和新任务的要求还不相适应。因此，建立新的宣传教育机制，推进宣传教育工作进一步规范化势在必行。

各级林业主管部门和森防检疫机构要切实加强对新形势下林业生物灾害防治检疫宣传教育工作的组织和领导，对宣传教育的目标和任务进行总体规划，确定宣传教育方案，把宣传教育工作作为一项硬任务进行统一部署、统一实施，用规划、方案来组织、指导、协调林业有害生物防治检疫宣传教育工作的全面开展。要建立健全目标责任制，加大对宣传教育工作的组织领导力度，制定宣传教育效绩评估标准和考核管理办法，创新奖惩机制，落实宣传教育任务，责任落实到人，完善政府引导、多部门合作、全社会参与的防治检疫宣传教育格局，为宣传教育工作提供有效的组织保障，全面推进防治检疫宣传教育工作走上规范化、科学化的轨道。

各级森防检疫机构对日常工作中发生的具有宣传报道价值的各类相关信息，除了自身要进行宣传报道之外，要及时把信息上报给上一级森防检疫机构，以备上级宣传报道时选用和参考；建立防治检疫信息发布制度，对能够公开发布的防治检疫信息，要及时、准确地进行发布，提高公众的知情权、举报权和监督权；建立宣传教育工作保障制度，保证必

要的宣传教育工作经费，实施防治检疫宣传教育标准化建设，实现教育培训电子化和宣教手段多样化；建立林业生物灾害应急管理快速反应机制，完善新闻发言人制度，组织好林业生物灾害突发事件的报道，加大典型事例的正面宣传力度，形成良好的舆论氛围；要根据不同群体的不同需求与接受能力，采取针对性强、效果好的宣传教育方式。各项宣传教育工作除在森防检疫专业媒体进行外，还要在其他主要传媒，如报社、期刊社、通讯社、广播电台、电视台以及重要门户网站等开设森防检疫专题栏目，在栏目确定、版面设置、节目制作、播发播放等方面制定科学、详细的宣传教育计划，及时进行宣传报道，使森防检疫宣传教育工作不断走向制度化轨道。

各级森防检疫机构要不断补充和扩大宣传教育队伍，森防检疫机构的干部和职工，特别是森防检疫通讯员队伍，要深入学习党和国家的方针和政策，增强政治敏锐性，提高对形势和政策的分析、把握能力，要深入实际，深入生活，深入群众，努力钻研业务，积极引导社会各界有序开展宣传教育。要把握宣传教育工作的特点和规律，开阔宣传教育思路，提高宣传教育工作的组织策划能力，深入研究宣传教育的内容，把握要点，突出重点，注重实效，不断提升林业有害生物防治检疫宣传教育工作水平。各级森防检疫机构还要充分吸收社会各界致力于林业生物灾害防治检疫工作的专家、学者以及宣传教育工作者，为防治检疫事业的发展出谋划策，及时总结宣传教育工作经验，不断探讨防治检疫宣传教育工作的特点和规律，积极开展宣传教育理论研究与创新，以此指导防治检疫宣传教育工作实践。

（二）创新宣传教育载体，提高工作实效性

根据林业生态建设和社会林业发展需要，充分利用现有林业宣传教育资源和森防检疫人才资源以及社会各界资源，通过学校教育、社区培训、媒体宣传、出版书籍（教材）等多种途径，采用广播、电视、网络、展览、社会活动等多种形式和手段，面向全社会开展以普及林业生物灾害防治检疫法规，传播防治检疫技术技能，开展以环境保护思想、生态文明建设为主要内容的教育、培训和宣传活动。

要以宣传教育信息化扩大防治检疫教育培训的覆盖面，利用现代信息网络技术为共享森防检疫知识资源、提高人力资源的素质提供便利的条件。围绕群众普遍关心的热点、难点问题，如退耕还林工程的林业生物灾害调查和防治问题，集体林权制度改革、森林经营权流转后林分生物灾害的调查和防治问题，林木种苗生产繁育单位和个人如何加强产地检疫、建立无检疫对象种苗基地问题，集体和个人林业生物灾害防治费用补助问题，在森林经营过程中如何做到依法防治、依法接受检疫问题等诸多方面，都要进行宣传教育。要充分体现出防治检疫工作宣传教育的目的性和层次性。加强防治检疫工作的沟通、交流与信息共享，建立并完善林业生物灾害情况、信息报送制度，加强灾害发生发展态势分析与预测，开展防治检疫宣传教育基础调查，建立防治检疫宣传教育基础数据库，整合宣传教育资源，充分运用现代信息技术逐步实现防治检疫信息资源共享。

（三）正确把握宣传导向，促进社会和谐发展

森防检疫宣传教育工作要切实反映时代的主旋律，要以科学发展观为指导，大力宣传和报道国家林业生物灾害防治检疫方面的政策和措施、森防检疫工作的新进展、新经验，努力营造生态建设、生态安全、生态文明的舆论氛围，加强舆论引导和舆论监督，着重提高依法决策、依法管理、依法办事的能力，牢固把握宣传教育的主动权。要突出正面宣传报道，要重点宣传防治检疫工作中的好人好事、先进事迹、典型事例，起到榜样作用，带动社会公众共同进步；对严重违反防治检疫法规的，要依法惩处，要及时给予曝光，及时引起社会及公众警惕。

林业生物灾害防治检疫工作贯穿于采种、苗木培育、造林、抚育、采伐、运输、加工等林业生产全过程，因此，防治检疫宣传教育工作也应贯穿于林业生产全过程。要紧紧围绕无检疫对象林木种苗繁育基地建设、适地适树造林、营造混交林、封山育林等生态建设环节，重点宣传保护生物多样性、维护森林生态平衡、促进森林健康等理念；在抚育、采伐、林产品加工运输等林业生产环节重点宣传如何加强检疫和除害处理，牢牢把住林业生物灾害发生源头，有效防止危险性林业有害生物人为传播、扩散和蔓延；对调入的森林植物及其产品，要加强复检工作，重点宣传外来入侵林业生物灾害的生态占领性和潜在危害性，有效防范外来林业生物灾害入侵；对已经发生的林业生物灾害，要大力宣传其危害严重性和做好防治工作的重要性及迫切性，普及防治检疫基本知识，推广无公害综合治理技术。通过大力宣传，使社会公众逐步了解林业生物灾害防治和检疫工作，树立林业生物灾害防治理念，掌握林业生物灾害防治技术，按照“预防为主、科学防控、依法治理、促进健康”防治方针，确保每一片森林都能够健康生长，切实“让山河披上锦绣，把国土绘上丹青”，使森林和林木发挥更多的生态效益和经济效益，使森林生态产品惠及更多的公众，使人民生活在健康、和谐、文明的生态环境之中，享受生态文明带来的福祉，从而产生更加巨大的社会效益。

参考文献

[1] 中国可持续发展林业战略研究项目组．中国可持续发展林业战略研究(总论)[M]．北京：中国林业出版社，2002.

[2] 中国可持续发展林业战略研究项目组．中国可持续发展林业战略研究(保障卷)[M]．北京：中国林业出版社，2003.

[3] 林火亮主编．植物检疫与行政诉讼[M]．北京：中国广播电视出版社，1992.

[4] 环保总局，中宣部，教育部．关于印发《关于做好“十一五”时期环境宣传教育工作的意见》(环发[2006]203号)，2006. 12. 19.

[5] 郑长春．公民法律意识的培养[OL]. Www. lzsfi. com. cn 2007-6-4.

[6] 佚名．浅谈如何加强农村社会法制化建设[OL]. Www. popitblog. com 2007-3-19.

第五章　林业有害生物灾害应急处置预案

林业有害生物灾害能够造成林木生长衰弱、生长量下降，严重发生时能够导致树木枯黄、枯萎甚至成片死亡，不仅造成林木生长量下降和降低木材工艺价值等方面的直接经济财产损失，破坏人们的居住环境，还能造成更加巨大森林资源以及生态服务功能损失，更为严重的是，一些重大、特大和外来林业有害生物灾害直接危及国土生态安全。因此，对一些重大、突发性林业有害生物灾害种类及时实施应急处置十分必要。

第一节　林业有害生物灾害应急处置预案的分类地位及编制

林业有害生物灾害应急处置预案是针对可能或已经发生的重大突发性林业有害生物灾害，为保证迅速、有序、有效地开展应急处置行动，降低灾害损失而预先制定的有关计划或行动方案。它需要明确回答在林业有害生物灾害发生之前、发生过程中以及结束之后，应急处置工作利用什么样的资源，采取什么样的应对策略，由谁来实施应急处置，何时实施应急处置，如何实施应急处置等问题。

一、林业有害生物灾害应急处置预案的分类地位

从我国对突发事件分类中可以看出，林业有害生物灾害属于自然灾害类中的生物灾害范畴。从突发公共事件应急预案体系分类可以看出，林业有害生物灾害应急处置预案属于林业部门应急预案。由于林业部门的职责较多，需要根据相应的职责制定单项预案，如野生动物保护、森林公安、林业生态事故、沙尘暴预防、森林防火、林业有害生物防治等，林业部门预案往往以预案体系的形式表现。因此，林业有害生物灾害应急处置预案属于林业部门应急预案体系的组成部分，如国家林业局制定发布的《突发林业有害生物事件处置办法》和《重大外来有害生物灾害应急预案》，均属于国家林业局部门预案体系的组成部分；省级以下林业有害生物灾害应急预案属于相应级别林业部门应急预案体系的组成部分，如各省制定的《重大突发性林业有害生物灾害应急处置预案》，则属于省级林业部门应急预案体系的组成部分。

二、林业有害生物灾害应急处置预案的编制情况

2004 年，国务院组织编制了《省(自治区、直辖市)人民政府突发公共事件总体应急预案框架指南》，并附说明，对应急处置预案的编制进行了较为具体的规范和界定，成为省(自治区、直辖市)人民政府组织管理、指挥协调相关应急资源及应急行动的整体计划的程

序规范，是编制突发公共事件应急预案的最主要依据。

2005 年，各省（自治区、直辖市）人民政府分别制定并发布了各自的突发公共事件总体应急预案，同时要求省属各委、办、厅、局和地、市、州、盟分别编制各自的突发事件应急预案。在这种背景下，各省（自治区、直辖市）林业部门的应急预案编制全面纳入了工作日程。

2005 年，国家林业局在林业行业率先发布《重大外来林业有害生物灾害应急预案》和《突发性林业有害生物灾害应急处置办法》，为各省（自治区、直辖市）制定林业有害生物灾害应急处置预案提供了更加详细和具体的借鉴依据，各省（自治区、直辖市）的林业有害生物灾害应急处置预案也在紧锣密鼓地组织制定之中。

2006 年，各省级、市级、县级林业主管部门纷纷制定并发布各自的林业有害生物应急处置预案。自此，我国各级林业有害生物灾害应急处置预案制定和发布工作基本进入常态化。

三、林业有害生物灾害应急处置预案的指导思想和原则

国务院办公厅关于印发《省（自治区、直辖市）人民政府突发公共事件总体应急预案框架指南》的函中明确提出了应对突发公共事件的总体指导思想和所坚持的原则；《国家突发公共事件总体应急预案》在总则中明确了预案编制的目的和应对突发公共事件的工作原则。通过对上述文件的认真解读和学习领会，对林业有害生物灾害应急处置工作的指导思想和工作原则进行如下分析归纳。

（一）指导思想

要紧紧围绕全面建设小康社会的总体目标，坚持全面协调可持续的科学发展观，遵循预防为主、常备不懈、科学防控、依法治理的方针，按照统一领导、分级负责，反应迅速、措施果断、依靠科学、加强合作的原则，全面提高各级政府和林业主管部门应对林业有害生物灾害发生及抗风险能力，最大限度地预防和减少林业有害生物灾害对森林资源和生态环境造成损害，保障林业生产安全和森林资源效益的全面发挥，维护国土生态安全和林区社会稳定，为促进国民经济又好又快发展保驾护航。

（二）坚持的原则

全面坚持以人为本、减少危害；居安思危、预防为主；统一领导、分级负责；依法规范、加强管理；快速反应、协同应对；依靠科技、提高素质这六项基本原则。

1. 以人为本、减少危害

以人为本就是要把保障人民群众的生命安全和身体健康作为应急工作的出发点和落脚点，切实加强安全防护，最大限度地减少林业有害生物灾害造成的人员伤害。

减少危害就是在林业有害生物应急处置工作中，全面提高科学指挥能力和水平，依靠各级领导，发挥专家特长，发挥社会力量的基础性作用，发挥人的主观能动性和创造性，建立健全组织和动员人民群众参与应对的长效机制，迅速及时有效地控制林业有害生物灾害的猖獗危害和扩散蔓延，最大限度地减少灾害造成的各种损失。

2. 居安思危、预防为主

就是要贯彻预防为主的思想，树立常备不懈的观念，经常性地做好应对林业有害生物灾害的思想准备、预案准备、机制准备和工作准备。要建立健全林业有害生物灾害调查监测体系、信息报告体系、科学决策体系、防灾救灾体系和生态恢复体系；要建立健全应急

处置专业队伍，加强专业队伍和群众队伍的培训，做好对广大人民群众的宣传教育工作，并定期进行灾害应急处置演练；要加强林业有害生物防控技术方面的科学研究，为调查监测、灾害预防、灾害预警和应急处置等方面提供先进技术支撑，提高预防和应对林业有害生物灾害的科技水平。

3. 统一领导、分级负责

统一领导即在各级政府的统一领导下，坚持分级管理、分级响应、条块结合、属地管理的原则，根据林业有害生物灾害严重性、可控性、影响范围及所需动用的资源等因素，分级设定和启动实施林业有害生物灾害应急处置预案，落实岗位责任制，明确责任人及其指挥权限，充分利用现有林业有害生物灾害防控资源，避免重复建设，降低行政成本，充分发挥我国社会主义制度集中力量办大事的优越性。

4. 依法规范、加强管理

林业有害生物灾害应急处置预案的制定和实施，必须符合有关法律、法规、规章，与相关政策相衔接，与完善林业社会管理和公共服务职能、深化行业行政管理体制改革相结合，加强对林业有害生物灾害应急管理；要依法行政，依法实施应急管理，但不能以牺牲精神文明、不能以牺牲生态环境、不能以牺牲人的生命为代价，切实维护公众的合法权益；要按照有关程序制定和修订以及不断完善应急预案，不断促进林业有害生物灾害应急管理工作的规范化、科学化和法制化。

5. 快速反应、协同应对

加强以属地管理为主的林业有害生物灾害应急处置队伍建设，建立联动协调机制，充分发挥森防检疫机构人员队伍以及森保员和林业技术员队伍的专业骨干和主力军作用，充分发挥军队和森警部队的突击队作用，充分发挥林场职工、林农和林区社会群众的基础性人力资源作用，依靠上述力量，形成统一指挥、反应迅速、功能齐全、协调有序、运转高效的应急管理机制。

6. 依靠科技、提高素质

各级林业部门要对危险性林业有害生物灾害组织开展调查监测、检疫除害、综合治理等方面的科研立项和研究工作，不断提高防控林业有害生物灾害技术的科技含量，要经常性地组织森防检疫机构、林业科研院所以及相关大专院校的有关专家，对危险性林业有害生物形成灾害的风险进行识别和分析，不断提高对灾害风险管理的能力和水平。要加强对林业有害生物灾害防控工作的宣传教育，推广普及林业有害生物防控知识，加强应急处置队伍的技术培训和过程演练，使队员熟练掌握各项林业有害生物防控知识和技术，不断提高应急处置技能。

第二节 林业有害生物灾害应急处置预案文本编制框架

对于林业有害生物灾害的应急管理需要编制应急处置预案；对一些重大、突发性林业有害生物灾害，需要及时启动应急处置预案；针对于启动实施应急处置预案的林业有害生物灾害种类，要制定防控技术方案，对应急处置预案给予技术支撑，还要制定总体实施方案，对预案的实施范围、响应层次、应急对策、任务落实、资源配置、资金核算等方面提出明确具体要求。

一、林业有害生物灾害应急处置预案的编制框架

根据国务院印发的《省(自治区、直辖市)人民政府突发公共事件总体应急预案框架指南》，结合林业有害生物灾害发生规律和应急处置工作特点，制定林业有害生物灾害应急处置预案编制框架如下。

林业有害生物灾害应急处置预案编制框架

1. 总则

1.1 预案编制的目的

1.2 应急处置工作原则

1.3 预案编制的依据

1.4 预案适用范围

1.5 预案适用范围内林业有害生物灾害现状和发生趋势

2. 组织机构及职责

2.1 应急组织机构与职责　明确应急处置组织领导指挥机构、日常工作机构、专家组及其职责与权限。

2.2 组织体系框架描述　以应急处置全过程为主线，明确林业有害生物灾害监测预警、预案启动、联动机制、应急处置、预案终止、善后处理和灾后生态恢复等环节的牵头部门、协作部门、参与单位及其职责。

3. 监测预警

3.1 调查监测信息的汇总与报告　明确调查监测体系，及时调查报送灾害发生信息，确定信息传输报送的渠道、时限、程序、监管等要求，建立常规数据监测、风险分析与分级等预警制度。

3.2 监测预警　由林业有害生物调查监测信息系统接收平台对收到的信息进行汇总，进行危险性分析，确定灾害预警等级，将分析结果和预警报告紧急报送至应急指挥系统，供决策是否发布预警信息。

3.3 预警级别及信息通报　按照灾害发生的严重性和紧急程度，灾害预警等级分为一般(Ⅳ级)、较重(Ⅲ级)、严重(Ⅱ级)和特别严重(Ⅰ级)四级预警，颜色依次为蓝色、黄色、橙色和红色。并明确预警信息通报的部门、程序和时限。如果灾害涉及或影响到省级管辖行政区域以外的，要明确通报相关省(自治区、直辖市)的程序和时限。

4. 应急响应

4.1 分级响应　明确林业有害生物灾害发生等级标准、预案启动级别及条件、相应级别指挥机构的工作职责和权限。按灾害的可控性、严重程度和影响范围，按四级预警级别启动相应预案。对于重大或特别重大林业有害生物灾害，可针对实际情况制定相应的分级响应程序和措施，避免可能造成的次生、衍生和耦合灾害。

4.2 基本响应程序　明确预警信息研判、应急预案启动、应急处置、现场监控、安全防护、社会动员、损失评估、现场应急结束等程序和要求，明确基本应急程序中各相关机构、责任人、组织方式、队伍调遣、物资保障等要求。应急、恢复与减灾行动能同时进行的，应同时进行。

4.3 扩大应急 当林业有害生物灾害有扩大发展趋势，本级难以控制，需要扩大应急，则应明确扩大应急行动程序及要求。

4.4 指挥和协调 建立林业有害生物灾害发生地政府为主、林业部门牵头、其他相关部门协调配合的领导指挥机构。明确各有关部门、单位的职责及相互关系。明确专家咨询和辅助决策机制。

4.5 新闻报道 明确新闻发布的机构、原则、内容、程序和规范性格式等。

4.6 应急结束 以专家组评估报告认为可以结束应急处置为依据，执行终止程序，发布终止通知。

5. 后期处置

5.1 善后处置 明确物资征用和劳务补偿、灾后生态恢复、现场清理等程序和要求。

5.2 社会救助 明确政府救济的程序和方案；组织协调社会、个人或境外机构救助的程序和要求；明确捐赠资金和物资的监督与管理等事项。

5.3 调查和总结 总结灾害发生原因、评估灾害损失、撰写总结报告等。

6. 保障措施

6.1 通信与信息保障 建立通信系统维护以及信息采集等制度。明确参与部门的通讯方式，分级联系方式，并提供备用方案和通讯录。

6.2 装备保障 建立应急处置装备信息数据库，并明确其类型、数量、性能和存放位置，建立相应的维护、保养和调用等制度。

6.3 应急队伍保障 明确建立健全应急处置专业队伍的保障措施；发挥军队、武警部队等突击队作用；充分发挥社会力量的基础作用。

6.4 交通运输保障 建立动态数据库，明确各类交通运输工具数量、分布、功能、使用状态等。

6.5 物资保障 包括物资调拨和组织生产方案；明确具体的物资生产及加工能力以及生产流程的技术储备。

6.6 经费保障 明确应急经费来源、使用范围、数量和监管等保障措施。

6.7 社会动员保障 明确社会动员条件、范围、程序和必要的保障制度。

6.8 技术储备与保障 依托科研机构，建立专家组联系方式，建立应急技术信息系统。组织开展灾害调查监测、预防预警、应急处置技术等方面的科学研究。

7. 宣传、培训和演习

7.1 信息交流 公布灾害应急预案、灾害举报电话等，广泛宣传林业有害生物应急法律法规和专业知识，开展防灾减灾教育。

7.2 培训和演习 明确灾害应急处置培训要求和培训内容以及演练的场所、次数、范围、内容等要求。

8. 附则

8.1 名词术语 说明灾害等级以及对应的指标定义，统一信息技术、行动方案和相关术语等编码标准。

8.2 预案管理　明确应急预案修订、完善、备案、评审与更新制度。明确其方式、方法和承办机构。

8.3 监督检查与奖惩　明确监督主体和奖惩办法，对预案实施过程监督检查。

8.4 制定与解释　明确预案制定与解释机构，并注明预案发布实施时间。

二、林业有害生物防控技术方案的编制框架

林业有害生物灾害种类繁多，不同的有害生物种类有其不同的防控技术，在启动实施某种灾害应急处置预案之前，必须掌握该种林业有害生物的生活史、生物学特性、调查监测技术以及各项防治技术，为应急处置预案提供技术支撑。林业有害生物防控技术方案的编制框架一般如下。

林业有害生物防控技术方案编制框架

1. 分布及危害

1.1 分布　该种林业有害生物在国内、外的分布情况。

1.2 危害的寄主　该种林业有害生物危害哪些树种，能够造成什么样的损失。

1.3 形态特征　对该种林业有害生物形态特征进行必要的描述或提供相关形态特征图片。

2. 生活史及生物学特征

2.1 生活史　一年发生几代，每代不同发育期的具体时间，危害寄主树木部位及化蛹、越冬场所。最好用生活史图例表达。

2.2 生物学特性　不同发育阶段与环境条件的关系，繁殖潜力，发生危害的特点，实施防治的最薄弱环节。

3. 调查监测

3.1 调查监测林分　应施调查的寄主林分，在哪些林龄段进行调查监测。

3.2 调查监测时间　在什么时间段内进行调查监测。

3.3 调查监测方法

3.3.1 踏查与标准地调查相结合的方法　主要在明显危害期内进行。

3.3.2 诱捕法　包括可能应用的生物、化学、物理等各种方法。如性诱法、气味诱集法、光诱法、聚集信息素诱集法和病原孢子捕捉法等。

3.3.3 发生程度分级标准的划分　划分为轻度发生、中度发生、重度发生以及成灾标准。

4. 检疫技术

4.1 产地检疫　对林产品在原产地生产、经营期间所进行的检疫检验措施和方法。

4.2 调运检疫　对林产品在调运之前所进行的检疫检验措施和方法。

4.3 复检　核查调入的林产品查验植物检疫证书，并对林产品实施复检。

4.4 除害处理　对携带疫情的林产品在特定条件下所进行的药剂或其他具体的除害处理技术措施。

5. 防治技术

5.1 营林防治　包括对林分进行抚育间伐，对林分进行虫害木卫生伐，对失去防治价值的林分进行综合改造等营林措施。

5.2 物理防治　包括黑光灯诱杀、剪虫瘿、人工诱集、人工捕杀、人工清理等项防治措施的运用。

5.3 生物防治　生物天敌的批量生产及林间释放应用。

5.4 仿生防治　性外激素或聚集信息素诱捕。

5.5 化学防治　地面喷药、飞机喷药、打孔注药、毒绳、毒笔等无公害化学防治措施的应用以及适用于防治的药剂和使用浓度。

6. 综合治理

6.1 综合预防措施　防止林业有害生物灾害发生的各项检疫及防治技术措施的配套应用。

6.2 综合治理措施　对林业有害生物灾害所进行的各项检疫和防治技术措施的配套应用。

7. 附表

7.1 调查监测表

7.2 防治设计表

7.3 防治效果验收表

三、林业有害生物灾害应急处置实施方案的编制框架

对启动应急处置预案的林业有害生物灾害种类，除了需要有相关的技术支撑之外，还需要有实施方案，主要包括应急处置总体思路、对策及日标，对灾害应急处置如何进行区划，在不同的区划区域内的应急处置具体对策及措施，在同一区划区域内不同发生危害程度的寄主林分施用哪些综合配套防控技术，施用的面积，应当达到的效果等，应急处置人员队伍、资金、物资投入等，都要以任务的形式进行落实等。实施方案的编制一般按以下框架进行。

林业有害生物灾害应急处置实施方案编制框架

前言：主要叙述前期防治情况，当前灾害传播蔓延及危害情况，监测预警信息，根据应急处置预案有关规定，制定以下实施方案。

1. 灾害应急处置总体思路

1.1 应急处置方针　起到指导应急处置工作的总体宏观运行方向的作用。

1.2 应急处置对策　对应急处置的主要措施如何运用、运用过程中的次序以及达到最快控灾的路径。

1.3 应急处置坚持的原则　在灾害应急处置工作全过程中必须坚持的几方面最主要的做法。

1.4 应急处置目标　应急处置最终要达到的目的，包括灾害发生面积的压缩率、林业有害生物种群下降幅度、林木受害率的降低以及挽回的各种损失的指标等。

2. 组织领导机构

2.1 政府指挥机构　主要明确参与灾害应急处置的具体相关政府职能部门。

2.2 林业部门指挥机构　主要明确林业部门内部参与应急处置的具体业务部门。

2.3 专家组　将专家组成员落实到具体单位，包括姓名、联系方式以及专业特长等。

2.4 责任制落实　明确落实的应急处置参与单位，应急处置任务和目标以及所承担的相应责任，对完成情况如何考核，如何奖惩。

3. 应急处置区划

根据有害生物灾害危害情况及与发生区是否相邻等进行合理区划。一般做以下区划。

3.1 灾害封锁扑灭区　灾害严重发生、需要投入较多的应急处置资源迅速进行减灾的区域。

3.2 灾害综合防控区　灾害发生尚不太严重、但有明显加重趋势、需要加以有效控制的区域。

3.3 灾害重点监测区　灾害尚未发生，但一旦发生会对其造成严重影响和损失、需要重点防范的区域。

4. 调查监测

4.1 调查监测区域及任务　分述各区划的调查监测任务及重点。

4.2 调查监测方法　林业有害生物不同发育历期的调查监测及发生危害情况调查。

4.3 疫情及调查监测结果的上报　逐级上报制度和上报时间要求。

5. 应急处置措施及任务的落实

5.1 灾害封锁扑灭区的应急处置措施及任务　包括应急处置单位、应急处置综合技术措施、施用面积、达到的效果。

5.2 灾害综合防控区的防控措施及任务　包括防控单位、综合防控措施、防控面积、要求达到的效果等。

5.3 灾害重点监测区的调查监测措施及任务　包括调查监测单位、调查监测区域、调查监测任务以及灾害传入后的综合防控措施等。

5.4 应急处置各年度任务的分解　不同区划、不同响应单位、不同的技术措施，不同年度的计划任务等。

6. 防控体系建设

6.1 防控体系基础状况　包括森防检疫机构、中心测报点、防控专业队伍建设、封锁除治药剂药械储备等。

6.2 防控体系需要建设的具体内容

6.3 防控体系需要建设的具体任务

7. 保障措施

7.1 经费保障

7.1.1 各级财政应急处置资金保障。

7.1.2 各级林业部门应急处置资金保障。

7.1.3 社会投入的应急处置资金。

7.2 人员队伍保障

7.2.1 森防检疫机构专业骨干队伍。

7.2.2 林场乡镇林业站的森保员和林业技术员专业队伍。

7.2.3 林场职工和林农及林区群众人力资源队伍。

7.2.4 军队、森警部队组成的突击队等。

7.3 规章制度保障

7.3.1 岗位职责制度。

7.3.2 档案管理制度。

7.3.3 监督、检查、考核、奖惩制度。

7.4 科技支撑保障

7.4.1 现有技术的组装配套。

7.4.2 科研成果示范转化推广。

7.4.3 技术难题科研立项攻关。

7.5 宣传教育保障

7.5.1 宣传的内容和形式。

7.5.2 宣传的层次和载体。

8. 附图附表

8.1 应急处置区划图

8.2 应急处置进度分解表

8.3 应急处置任务分解表

四、应急处置响应单位年度实施计划的编制框架

为了保证林业有害生物灾害的应急处置目标的实现，应急处置任务必须要层层进行分解落实，应急处置具体实施单位应落实好每个年度、每个季度应该做什么工作，甚至每月每旬需要做哪些具体工作，都应该有详细的实施计划，只有这样，才能确保应急处置的每一项措施落实到灾害发生的林分之中。因此，根据灾害应急处置总体实施方案的年度任务及措施的分解情况，具体实施单位应当制定详细年度实施计划，按照时间的顺序，进行任务和措施的分解与落实，把应急处置任务落实到人头，把应急处置措施落实到具体林分。

应急处置响应单位年度实施计划的编制框架

1. 应急处置培训及演练

1.1 应急处置技术培训(培训时间、对象、内容)

1.2 应急处置演练(参加人员、演练时间、演练内容)

2. 应施调查监测任务

2.1 调查监测责任区划分

2.2 调查监测队伍及责任人

2.3 调查监测具体时间

2.4 调查结果上报要求

3. 应急处置任务

3.1 任务分解及具体的应急处置措施

3.2 每一项任务的工作量及质量要求

3.3 每一项任务完成的具体时间段

4. 应急处置任务落实

4.1 分项任务完成负责人

4.2 分项任务完成队员名单

5. 应急处置物资投入

5.1 应急物资名称

5.2 应急物资投入数量

6. 应急资金投入

6.1 应急资金投入项目及单价

6.2 应急资金需要投入总额度

7. 应急处置监督检查

7.1 应急处置作业质量监督

7.2 应急处置效果调查

7.3 应急处置业务专项及年度总结

参考文献

[1] 国务院办公厅关于印发《省(自治区、直辖市)人民政府突发公共事件总体应急预案框架指南》的函(国办函[2004]39号)

[2]《国家突发公共事件总体应急预案》(国务院授权新华网于2006年1月8日发布实施)

[3] 张丽莎，陈宝珍主编. 突发事件来临，你准备好了吗? [M]. 北京：科学出版社，2009.

第六章　林业有害生物灾害应急处置全过程管理

林业有害生物灾害应急处置全过程管理包括：如何进行监测预警，如何启动应急处置预案，如何实施、运行应急处置预案，如何终止应急处置预案，如何进行善后处理和生态恢复，如何进行总结表彰和责任追究等多个环节，并且每一环节都有其内在的程序和规定。了解及掌握这些程序和规定，可以使林业有害生物灾害应急管理工作的思路更加清晰，方向更加明确，执行更加科学，以确保应急处置预案运行过程更加科学和规范。

第一节　林业有害生物灾害的调查监测预警

林业有害生物灾害调查一般分为日常调查、专项调查和普查3种形式。从林业有害生物灾害应急管理角度，所应用的调查一般是在日常调查发现情况的基础上，为了掌握更加详细的信息，再组织进行专项调查；在专项调查的基础上，对灾害进行必要的评估，以此取得更加确切的灾害发生、危害情况，为预警和预案的启动提供充分依据。

一、日常调查

日常调查是以林场和乡镇林业站为基本调查单元，由本单位森保员组织护林员（兼病虫鼠情调查员）进行的常规性调查。

首先，确定应施调查的林业有害生物种类，按应施调查的林业有害生物种类确定应施调查的寄主林分，将应施调查的寄主林分划定若干个调查责任区，将调查工作落实到相应的护林员头上。

其次，由护林员在规定的时间内，对所负责的调查责任区应施调查的林业有害生物种类进行线路踏查，填写踏查记录表，及时报给森保员，由森保员对踏查记录进行汇总，对达到发生统计起点以上的林分，以小班为单位进行标准地调查，填写标准地调查记录表，确定发生危害程度。对标准地调查表进行汇总，填写具体调查月份标准地调查汇总表，累计该种类的发生面积和危害程度。最后由森保员填写具体调查月份发生情况报告表，按规定时间和要求上报到县级森防检疫机构，录入到该县级森防检疫机构的发生情况统计报表系统，逐级上报至国家级森防检疫机构。通过这种调查、汇总和信息上报程序，现有每级森防检疫机构都能够掌握每种类林业有害生物在所管辖区域内的发生面积和危害程度。

但由于应施调查的林业有害生物种类较多，线路踏查和标准地调查工作量较大，再加上护林员的责任心和能力水平差别较大，因此，日常调查往往会存在一定的误差。

二、专项调查

（一）专项调查的含义

专项调查是指当发现某种林业有害生物在一定范围内有扩散、蔓延和加重危害的趋势时，为了全面查清该种林业有害生物的发生范围、发生面积、危害程度、成灾面积和灾害损失等，根据该种林业有害生物危害的寄主树种分布范围，在一定时间和一定区域内有针对性地开展调查工作。专项调查往往是为某项拟开展的重要工作服务的，调查是以某种林业有害生物灾害为对象进行的，目的性较强，内容较多，由于受重视程度高，其结果也较为准确，能够反映出林业有害生物发生及危害的真实情况，能够为拟开展的重要工作提供更加翔实的依据。

（二）专项调查的基本步骤

专项调查首先要制定专项调查方案，包括确定调查种类、划定调查范围、确定调查单位，拟定调查方法，明确调查要求，核算调查所需资金；其次要统一调查标准和方法，培训调查人员队伍，分配调查任务，组织进行外业调查；第三需要对外业调查结果进行统计汇总并按规定上报调查资料；最后对调查结果进行汇总，撰写专项调查报告。

专项调查与日常调查形式基本相同，也是采取踏查和标准地调查相结合的方式进行。线路踏查登记表、标准地调查登记表和发生危害程度汇总表以及发生危害情况报告表等与日常调查的表格基本一致，但可能会根据调查的目的，在某些调查内容方面有特殊要求和调整。

（三）专项调查人员队伍培训

专项调查方案制订后，需要对专项调查技术进行培训，使参加专项调查的有关人员都能明确本次专项调查的基本方法、步骤和各项要求，把各项工作标准统一到专项调查方案上来，以保障专项调查的工作质量。培训的形式一般有两种。一是由组织单位对参加专项调查的全体人员统一进行培训，这种方法一般在专项调查区域较小、参加人员较少的情况下应用。二是分层次逐级培训。大规模、大范围的专项调查一般采用此种方法培训，如省级培训市级，市级培训县级，县级再培训林场和乡镇参加专项调查人员。因此，专项调查一般由经过培训过的专业队进行。

（四）专项调查报告的撰写

林业有害生物灾害专项调查报告要求主题鲜明，针对性强，数据和资料具有说服力，观点明确，结论准确。林业有害生物灾害专项调查报告一般由以下几部分组成。

1. 专项调查的具体情况

专项调查的林业有害生物灾害种类，调查的目的，调查起始时间，调查范围，调查单位，调查寄主林分，调查技术方法，专项调查人员队伍组成等情况。

2. 专项调查结果

主要写明报告专项调查得到的各个方面的结果。如应施调查的寄主林分总面积，专项调查代表的寄主林分面积，专项调查区植被覆盖率；某种林业有害生物灾害的发生范围，发生总面积，轻度、中度、重度危害面积所占比例，成灾面积占发生面积的比例等等。

3. 专项调查结果分析

对灾害的发生原因进行分析，对灾害发生发展趋势进行预测，对灾害造成的损失进行评估等。

4. 提出防控对策及措施建议

针对专项调查结果和情况，分析应该采取哪些对策和措施进行防控（必要时组织专家进行论证），站在专业角度上，从宏观到微观，逐项、逐条地向主管部门提出相应的对策及措施建议，供领导层面决策时参考。

专项调查报告完成后，应尽快递交到主管部门，请领导阅批。如果灾情十分重大和紧急，则应组织相关专家与政府领导面对面地进行更为全面的汇报，为领导决策提供更加详细的参考。如果领导决策需要立即启动灾害应急处置预案，则应进入预案启动程序。

第二节　监测预警信息发布及预案启动

一、发布灾害监测预警信息

根据林业有害生物发生危害的严重程度、影响范围和灾情预警级别，征求专家组意见后，由林业有害生物灾害应急处置指挥部发布监测预警信息，启动应急预案，采取相应的应急处置措施。林业有害生物灾害预警级别从低至高分为四级，分别为一般级灾害（Ⅳ级 蓝色标志）、较大级灾害（Ⅲ级 黄色标志）、重大级灾害（Ⅱ级 橙色标志）、特大级灾害（Ⅰ级 红色标志），每级均设定相应的预警阈值。对于一般和较大级灾害的预警信息发布，可由林业部门的林业有害生物灾害应急处置指挥部直接发布，报同级政府林业有害生物灾害应急处置指挥部备案；对于重大和特大级灾害的预警信息发布，则应由政府林业有害生物灾害应急处置指挥部直接发布，以引起相关职能部门的高度重视和密切协作。

二、预警信息发布的主要内容

信息发布的标题中要明确发布林业有害生物灾害预警信息的应急处置指挥机构和林业有害生物灾害的种类。

林业部门林业有害生物应急处置指挥部发布的预警信息主送指挥部各成员单位和灾害发生区的各级林业主管部门及相关森林经营单位；政府林业有害生物灾害应急处置指挥部发布的预警信息主送同级林业主管部门和其他相关职能部门。

林业有害生物灾害预警信息正文应包含如下内容：一是明确灾害发生区域、范围，受害的寄主林分、灾害的具体面积和被害程度，成灾情况、造成的损失情况以及发展态势情况；二是根据林业有害生物灾害应急处置预案中对林业有害生物灾害监测预警级别的有关规定，确定目前灾害预警级别，要求各地要进一步加强监测和防范工作；三是林业主管部门要迅速、全面地做好启动相应级别应急处置预案的各项准备工作，其他相关职能部门做好配合和支持工作。

三、充分做好预案启动前的各项准备工作

（一）做好灾害应急处置预案方案的制订工作

方案主要包括灾害防控技术方案和灾害应急处置总体实施方案以及灾害年度应急处置实施计划方案。上述方案的制订应由森防检疫机构具体负责。总体要求是，要拟定科学合理的防控对策，拟定经济、适用、可操作性强、防控效果显著、对生态环境影响最小的应急处置技术措施，明确应急处置物资需求以及详细的资金核算。上述方案的草案完成后，要组织有关专家进行充分论证，提出有针对性的改进建议或意见，经修改定稿，以林业有害生物灾害应急处置指挥部文件印发实施，并在正文中提出贯彻落实方案的具体相关要求。

（二）做好应急物资储备

要根据灾害应急处置工作的实际需要制定应急物资种类和数量需求明细，如交通、通讯工具、应急处置设备、药剂药械、调查监测仪器等。盘点现有可用的应急物资种类和数量；明确可借用其他部门现有的物资资源有哪些；弄清楚还差哪些种类物资需要购置以及购置数量。以上应逐一加以落实，并明确所需购置资金数量及来源。

（三）做好应急资金筹集工作

根据林业有害生物灾害应急处置总体实施方案和年度实施计划的资金核算额度，迅速筹集应急处置资金。首先通过应急处置指挥部向财政部门申请应急处置资金投入，然后根据林业部门对林业有害生物灾害防控资金投入的相关规定，筹集落实灾害应急处置资金，不足部分可以组织相关森林经营者进行必要的投入，确保应急处置资金及时、足额到位。

（四）做好应急处置队伍的组建和培训演练工作

森防检疫机构及所属专业人员队伍要做好应急预案启动前的各项方案拟订、培训演练、技术指导、业务管理以及行政执法工作，同时履行信息汇总和综合协调职责，为同级应急处置指挥机构当好参谋和顾问。

组建队伍是县级林业有害生物灾害应急处置指挥部的一项重要工作，必须落实林场场长、林业站站长组建专业队的工作责任制，按照其施业区内林业有害生物灾害应急处置工作的实际需要组建专业队伍。其中，林场和乡镇林业站的森保员及林业技术员是应急处置专业队伍中的骨干力量，也是森防检疫机构技术培训的主要对象，要充分发挥他们在应急处置工作中的主力军作用，由他们负责对林业职工、林农进行技术培训和演练。同时还要发动当地群众积极参与配合，形成专群结合的应急处置队伍。

四、应急处置预案启动

当各项准备工作完成之后，需要尽快启动实施应急处置预案。应急处置预案的启动一般以会议形式进行，由灾害应急处置指挥部组织召开应急处置预案启动会议。会上，一般要对林业有害生物灾情进行全面通报，包括灾害的发生危害情况，灾害造成的损失情况，应急处置工作的必要性和紧迫性等方面内容；主要领导要落实应急处置工作的任务和目标，明确各部门、各单位的职责，对应急处置工作提出明确的要求，宣布某种林业有害生物灾害应急处置预案正式启动实施；最后进行总结，提出具体的贯彻落实意见。

第三节　林业有害生物灾害应急处置预案运行实施

一、应急处置年度实施计划的落实

(一)制定应急处置年度实施计划

灾害应急处置实施方案是一个粗线条、原则性的指导方案，在应急处置工作的具体运行和实施过程中，只能起到宏观上的指导作用，而满足不了应急处置工作的具体实施需求。因此，应急处置技术的具体实施单位，如县级林业主管部门以及林场和乡镇林业站，必须根据当地林业有害生物实际发生、危害情况对总体实施方案中的任务进行分解，制定年度应急处置实施计划，将任务和责任紧密结合，最终把应急处置措施落实到林业有害生物灾害发生危害的山头、地块。

(二)进行年度应急处置任务设计

林业有害生物灾害防治任务设计书中的内容主要包括：林业有害生物种类、发育阶段、防治时间、计划防治林分分布范围及示意图；防治作业林分概况、受害林分损失概算、防治经费预算及来源、防治后预计的效果及效益；每个林班甚至小班内林业有害生物发生与危害情况及主要防治措施，包括林业有害生物的种群数量、危害程度、防治技术种类及施用次数。

林业有害生物灾害防治任务设计因林、因害而异，不同的受害林分可以进行不同的防治设计，相类似的受害林分也可作同一种防治设计。通过这种有针对性的科学设计，按设计实施防治作业，从而规范防治作业程序，确保防治质量，达到有效降低林业有害生物种群密度的目的。

应急处置任务设计一般在县级森防机构的指导下，由林场、乡镇林业站的森保员进行具体设计，设计完成后，报县级森防检疫机构审核批准后实施。应急处置技术措施必须按照防治任务设计书的设计实施。

(三)进行年度应急处置作业质量验收

应急处置作业完成之后，要按照防治任务设计书的设计按一定比例抽取防治地块进行作业质量验收，对防治作业质量和防治效果进行核查和验证。作业质量验收工作一般由当地森防检疫机构具体组织进行。防治作业质量验收书的内容包括：林业有害生物种类、发育阶段、防治面积和完成率、单位防治面积成本、经费支出情况、超节支原因；作业质量抽查记录，包括防治前、后有害生物种群密度的变化，防治效果或作业质量情况；对防治作业的评定意见及改进措施等。

(四)完成年度应急处置技术报告和工作总结

年度应急处置工作完成后，要根据应急处置年度实施计划和防治任务设计书及作业质量验收书及时撰写年度应急处置工作总结和技术报告。

技术报告一方面主要围绕应急处置技术应用后的效果对应急处置技术进行评价，哪项技术措施效果好，好到什么程度，能够达到多高的效果？哪项技术措施效果不好，差到什么程度，效果有多低？对效果好与不好的原因进行分析，提出技术改进的措施及办法。另一方面主要围绕年度应急处置面积有多大、平均效果达到多少、林业有害生物种群下降幅度有多大、是否达到应急处置技术要求，照此运行，应急处置总体目标能否在预案实施期间内得以实现等方面内容。

年度工作总结主要是对年度应急处置工作进行的较为全面的总结，包括一年时间内都做了哪些与应急处置相关的工作，如何进行组织领导，人、财、物力投入多大，应急处置工作是否完成了上级下达的任务，是否达到年度预期效果，如没有达到，则差距有多大，工作中取得哪些成功经验，还存在哪些不足，如何汲取教训，对下一步应急处置工作如何改进提出相应的建议或意见。

二、应急处置过程中的灾害调查监测

（一）调查监测工作的重要作用

林业有害生物灾害的调查监测工作是一项十分重要的情报工作，它除了为有害生物的监测预警、预案启动提供支持外，还必须贯穿于应急处置工作的全过程，只有通过持之以恒、定期详细地调查监测，才能掌握林业有害生物种群的变化动态，才能检验应急处置对策下所采取的各项防控措施是否奏效，才能知道林业有害生物灾害的可控性和可减缓性，才能预测预案的总体目标能否实现以及什么时间才能实现。因此，在应急处置预案运行过程中，林业有害生物的调查监测工作具有十分重要的作用。

（二）预案启动实施后如何进行调查监测

林业有害生物灾害的监测预警和预案实施过程中的调查监测工作有别于常规调查，因为常规调查受护林员责任心和能力水平的影响较大，调查监测结果可能会产生一定的误差。因此，在林业有害生物灾害应急处置过程中，为尽量减少上述误差，需要组织专业调查监测队伍进行专项调查，并配备先进的调查设备及工具，加大调查密度，单独建立调查监测档案，以提高监测调查的准确性。除此之外，专项调查在调查因子的选设方面要比常规调查更加全面，增加部分常规调查没有涉及的、应急处置工作确实需要的调查因子。一般情况下，应该通过单独制定调查监测方案的方法来确定各项调查因子、落实调查监测人员和调查监测责任区，规范调查时间、调查密度和调查程序。

此外，还可以应用航空遥感或卫星遥感的方法对林业有害生物灾害进行宏观上的探查，通过定期获取航空或卫星图片，进行判读对比，可以发现寄主林分对光谱吸收方面的变化。由此确定寄主林分受害程度的变化，再结合地面调查监测，与林业有害生物种群的变化进行定期对照，就可以得到更有说服力的调查监测数据，能够为应急处置工作提供更加科学准确的依据。

三、应急处置运行过程的监督检查与技术指导

（一）监督检查

林业有害生物灾害应急处置指挥机构应该对管辖区域内应急处置预案、总体实施方案以及年度实施计划的落实情况进行监督检查。检查的内容主要包括组织领导情况，岗位责任制落实情况，规章制度建立健全情况，各种方案分解制定情况，人、财、物力投入情况，预案运行开展情况，存在问题及协调解决情况等方面，将上述方面逐项与应急处置的各种规定和要求进行对照，及时发现问题，及时解决问题，取长补短，改正不足，确保预案的组织领导管理体系有序、有效运行。

（二）技术指导

技术指导的程序为应急处置专家组指导森防检疫机构；上级森防检疫机构指导下级森防检疫机构；县级森防检疫机构指导林场、乡镇森保员和林业技术员队伍；森保员和林业技术员带动林场职工、林农、当地群众完成应急处置各项技术操作。

指导的内容主要包括内业技术材料和外业作业现场。内业材料指导内容主要包括：应急处置技术对策是否正确，技术措施是否准确，年度实施计划是否详细和完善；调查监测资料、防治设计任务书及作业质量验收书等技术档案资料是否齐全、完备；存在的主要技术问题及提出的相应改进措施。外业现场指导内容主要包括：根据内业资料的记载，与现场实际情况进行核实，查看作业质量，核实防治效果；对现场正在进行的各项具体施用技术是否正确给予全面的技术指导。

四、应急处置过程中重大问题的协调与解决

林业有害生物灾害的应急处置工作是林业部门的一项本职工作，但是，在应急处置工作中，由于人财物力投入大，部门自身的力量难于满足需求，因此，需要在政府的组织支持下，面对相关职能部门、上级业务主管部门、遭受灾害的森林经营者、媒体及社会各界进行多方面、多层次、多角度地协调，以充分解决自身力量不足的问题。

与政府层面的协调：主要是及时向本级政府主要领导汇报应急处置工作开展情况，取得的效果和存在的问题，争取应急处置过程中所需相关政策和财政资金投入以及组织领导方面的保障。

与本级政府相关职能部门层面的协调：主要获取在应急处置资源方面的各种协作和帮助，如财政部门的应急处置资金投入及拨付，发改部门对防控体系的立项投资建设，科技部门对应急处置技术难题的立项攻关，气象部门对应急处置工作期间的气候预报及灾情预报等等。

与上级业务主管部门层面的协调：主要包括防控体系建设项目投资，防治补助费，病虫害木采伐指标，应急处置物资及资金等方面的申请等。

与受灾的森林经营者协调：应急处置物资购置、资金投入、应急处置人员安排落实以及从上述各相关职能部门协调争取来的应急处置资源的匹配、补助等相关问题。

与媒体层面协调：主要是在舆论宣传报道等方面如何把关、定向、引导以及宣传内容等方面的协调，目的是使公众充分了解林业有害生物灾害造成的经济及生态功能、效益方面的重大损失，对生态环境破坏的严重程度，应急处置工作的必要性以及需要社会各界参与救灾减灾的紧迫性。

五、林业有害生物灾害应急处置运行中的评价

灾害应急处置运行过程中的各种评价可以为林业有害生物灾害的应急管理提供重要决策支持，包括灾害可减缓性评价、灾害可挽救性评价、生态可恢复性评价。这些评价的基础均来自灾害应急处置的各项技术措施是否有效，而各项技术措施的具体效果只能在实际运用中才能得到验证。因此，随着林业有害生物灾害应急处置工作运行的不断深入，各种评价会对应急管理的决策产生重要的支撑作用。

（一）灾害可减缓性评价

在一般情况下，林业有害生物灾害的应急处置首先需要制定灾害防控技术方案，包括营林预防技术、物理防治技术、生物防治技术、仿生防治技术、无公害化学防治技术等；其次，为了控制和减轻灾害，需要制定灾害应急处置的总体目标，如有害生物种群密度下降到什么指标，林木受害率下降到什么指标；第三，林业有害生物灾害具有发生危害和防控工作长期性的特点，灾害的应急处置一般要设定时间方面的限制，需要设定应急处置预案实施的时间段，例如需要 3 年或 5 年时间完成应急处置工作。

从灾害的防控技术方面，在预案运行过程中的首要任务就是要尽快验证各项技术的实际施用效果，然后对综合技术施用效果做出客观的评价，总体上需要多长时间能够达到控制有害生物种群发展势头的效果，多长时间能够达到降低有害生物种群数量的作用，种群降低的速率有多快，在应急处置时间段之内能否将有害生物种群密度或林木被害率降低到预先设定的总体目标。如果能达到预定目标，说明林业有害生物灾害具有可减缓性；如果不能达到预定目标，说明防控技术还存在问题，应急处置工作不能按计划实现，需要调整防控技术，加以改进，提高防治效果。据此来评价林业有害生物灾害的可减缓性，为应急管理提供决策支持。

（二）灾害可挽救性评价

灾害可挽救性评价主要是指林业有害生物灾害对林木造成各项损失后，通过采取挽救措施，避免林木枯死，使林木恢复生长，重新发挥其经济和生态功能的可能性评价。林业有害生物灾害对林木造成的损失有的是不可挽回的，如食叶性害虫将树叶全部吃光后，造成当年林木生长量的损失和固碳放氧生态效益以及树木枯死等方面的损失是不可挽回的；但是有多少树木不至于因为此次受害而枯死，采取那些技术措施能够使受害林木第二年重新恢复生长，使其重新发挥其经济和生态功能的可能性有多大，都需要进行可挽救性评价。这方面的评价主要依靠现有的受害林木生理机能恢复技术及专家们多年积累的实际经验进行判断，从而做出灾害可挽救性的正确评价，并为是否需要采取挽救措施提供依据，避免灾害损失扩大，为灾害应急管理提供对策支持。

（三）生态可恢复性评价

一些森林、林木生长立地条件往往较差，如柞树多生长在山顶、岗脊，云、冷杉林常生长在高海拔的地方，所处立地条件通常是比较难于进行生态恢复的地方，如坡度较大、土层较薄、岩石裸露、土壤瘠薄、干旱，当这种立地条件下的森林、林木受到林业有害生物灾害的严重危害时，会导致森林、林木死亡或经济价值丧失，需要及时进行伐除更新，否则将会面临水土流失情况的发生。但由于受立地条件较差等因素的限制，哪些树种适合用于更新，更新后树木能否生存和生长，森林生态环境能否得到恢复，则需要进行生态可恢复性评价。

灾害可减缓性评价、灾害可挽救性评价、生态可恢复性评价是一项技术含量高、同时又比较复杂的工作，既需要理论方面的支撑，建立健全相应的评价指标体系，又要切合实际，需要评价者具有丰富的实际工作经验。只有这样，才能拿出令人信服的评价结果。评价结果的及时性、前瞻性、科学性将直接影响到应急管理决策的调整和改变。因此，评价工作是林业有害生物灾害应急处置工作中一项非常重要的工作。

六、应急处置过程中的舆论导向与宣传教育

(一)舆论导向

要做好林业有害生物灾害应急处置过程中的各种信息发布工作，通过媒体及时发布林业有害生物灾害监测预警信息，及时发布启动实施林业有害生物灾害应急处置预案信息，对预案运行情况和运行过程中取得的各种成效进行正面报道，抢占话语主导权，让森林经营者和社会各界及时得到相关的真实信息，使他们充分了解林业有害生物灾害对经济、生态、社会造成的多种巨大损失，了解政府、林业部门启动实施的林业有害生物灾害应急处置工作对有效保护森林资源、保护人民群众居住的生态环境、建设新林区所具有的重大意义。应通过主动引导，解疑释惑，最大限度地避免、缩小和消除各种负面影响，为林业有害生物应急处置工作营造良好的舆论环境。信息发布要坚持及时主动、准确把握，加强引导、注重效果，严格制度、明确职责的工作原则，要做到信息发布的真实性、公开性和及时性，并且要做到不泄露机密，不擅自对外发布具有保密性质的相关消息。

(二)宣传教育

采取多种形式和手段对林业有害生物灾害应急处置工作进行广泛宣传教育，充分利用林业现有宣传教育资源和人才资源以及社会各界资源，采用广播、电视、网络、展览、社会活动等多种形式和手段，充分整合宣传教育资源，加强防治检疫工作的沟通交流与信息共享，建立并完善林业生物灾害情况及信息报送制度，加强灾害发生发展态势分析与预测，普及林业生物灾害防治检疫法规，传播防治检疫技术技能，宣传环境保护思想，加强以生态文明建设为主要内容的教育、培训和宣传活动，增强国民生态忧患意识、参与意识和责任意识，树立国民的生态文明发展观、道德观和价值观，形成人与自然和谐、文明相处的生产方式和生活方式，运用现代信息技术逐步实现防治检疫信息资源共享。

宣传教育工作要以科学发展观为指导，大力宣传和报道国家林业生物灾害防治方面的政策和措施以及森防检疫工作的新进展、新经验，努力营造生态建设、生态安全、生态文明的环境友好型社会舆论氛围，加强舆论引导和舆论监督，着重提高依法决策、依法管理、依法防控的能力，牢固把握宣传教育的主动权。

第四节　林业有害生物灾害应急处置预案的终止及善后

一、应急预案的终止

当林业有害生物灾害应急处置达到预期目标时，当前的灾害发展态势已经基本被遏制或者被限制在一定的范围内，灾后的快速恢复工作大部分均已完成，此时，一般性的应对措施就足以控制灾害，并能在比较短的时间内消除危害，应急处置就可以进入善后处理的全面恢复阶段。通过专家组从专业角度对应急处置情况进行分析，针对所制订的相应终止指标，通过适时评估，提出应急处置预案终止的专业性建议和具有说服力的终止评估报告，并将评估报告的结果上报应急处置指挥机构，为作出预案终止决策提供相应的技术支持。当林业有害生物灾害应急处置指挥部确定预案终止时，即可开始执行终止程序。首先由应急处置指挥部发布终止通知，规定终止活动的执行程序，并通知各级相关机构，撤销

应急处置措施，回收应急资源，撤出专业防控人员，撤销临时机构等，由应急处置状态转为常规防控状态。

现实生活中，人们往往缺乏居安思危的意识，这样的问题在应急状态终止阶段同样存在。一般情况下，应急处置工作即将或已经达到终止阶段，即表示灾害大部分或全部消除，处于一个相对安全和轻松的阶段。此时，人们从心理上感觉灾害已经过去，认为已经进入常态，于是相关措施不了了之，应急过程没有明显的终止标志。这种没有明显终止标志或者异常终止的情况往往会引发诸如灾情反复、资源浪费、新灾情发生等许多本不应发生的问题，会严重影响已经取得的应急处置效果。

二、后期评估

应急处置预案终止后，还要及时组织专家组和有关人员对林业有害生物灾害造成的损失进行全面评估，分析灾害发生的原因和应汲取的经验教训，提出对现行的应急处置预案的改进措施和意见，形成全面的林业有害生物灾害应急处置后期评估报告，上报灾害应急处置指挥部，同时抄送灾害发生地人民政府，并将相关情况向有关部门进行通报。

三、善后处理

应急状态的终止是进行善后处理的必要条件。预案结束后，由应急处置指挥部办公室指导灾害发生地林业主管部门开展灾后生态恢复工作，重点实施专家组后期评估提出的改进措施，恢复受灾林分，妥善处理因应急措施而设立的临时设施。同时要做好灾情的监测工作，及时掌握灾情动态，防止灾情反复。因此，善后处理过程是针对灾情解除后，对灾害造成的创伤进行修补和生态恢复的过程，是常态下的一项缓慢、持续性的全面恢复工作。

第五节　林业有害生物灾害应急处置的全面总结

一、对应急处置预案的再审视

我国的林业有害生物灾害应急管理工作尚处于起步阶段，还没有积累多少应急管理经验，应急处置预案的制定主要是根据国家给定的框架并结合专业特点制定的，原则性的条款多，借鉴其他方面的做法多，而自身的实践经验少。因此，在经历过林业有害生物灾害应急处置预案全过程管理之后，必然会遇到与实际工作相脱节的问题。因此，有必要回过头来对预案进行认真、详细地审视和反思，逐项、逐条检查预案的可行性和可操作性。对实际工作中遇到但预案条款中没有规定的内容应当进行及时的补充；对可行性和可操作性不强的条款，应当及时修改，使之更加具有可行性和可操作性，使预案不断趋于完善。

二、对应急管理过程的全面总结

对应急处置预案的实施进行全面的总结是应急管理的一个重要环节。应急处置预案实施全过程的总结是对预案实施实践活动进行全面、系统地回顾、分析、研究与评价，从中找出经验和教训，得出规律性的认识，以指导今后更好地开展林业有害生物应急处置工作。由于林业有害生物灾害应急处置工作是一项重大工程，涉及方方面面的工作，既有行政管理方面的工作，也有技术方面的工作，还涉及多方面的协调工作，如果通通放在一起进行总结，既不容易理清思路，也不容易抓住重点，还可能导致总结篇幅过长。因此，应当将应急处置预案实施的总结分为工作总结和技术总结报告两个部分来完成。

（一）灾害应急处置工作总结

进行林业有害生物灾害应急处置工作总结，主要是通过对预案实施过程进行认真、仔细回顾，明确做了哪些具体工作，取得哪些成效，积累了什么经验，得到那些规律性的认识，存在哪些问题和不足，应当汲取什么教训，在今后类似的工作中应当怎么做更恰当、更符合实际。基本格式如下。

林业有害生物灾害应急处置工作总结

前言部分

主要是对应急处置工作全过程进行高度概述，包括灾害基本情况、预案启动背景、指导思想、预案实施取得的基本成效和对应急处置工作的总体评价。要求语言简练，简明扼要，整体轮廓清晰。

核心部分

1. 基本做法

通过对应急处置工作回顾，具体写明做了哪几方面工作，都是怎样做的。

2. 成绩与经验

对应急处置过程中的工作成绩逐项进行剖析，并将其上升到理论高度，从中总结出带有规律性的认识。

3. 问题与教训

在应急处置工作过程中，实事求是地找出错误做法、不足之处以及尚未解决的问题，以利于今后工作的改进。

4. 下一步工作展望

明确今后应急处置工作的奋斗目标和努力的方向。

（二）灾害应急处置技术总结报告

通过技术总结报告，可以对应急处置技术对策、技术措施以及技术效果进行全面回顾。在预案实施过程中，技术对策是否可行，技术措施是否有效，哪些措施效果显著，可以用于应急处置；哪些措施效果不明显，需要今后加以改进；哪些措施根本不能用于应急处置，这些问题都需要在技术总结报告中加以明确。

林业有害生物灾害应急处置技术总结报告

前言部分

主要是对应急处置技术对策和技术措施进行高度概述，包括技术背景、技术基础、技术运用方法、技术施用面积、取得的效果以及对技术的总体评价。要求语言简练，简明扼要，整体轮廓清晰。

主体部分

1. 技术方案基本情况

阐述林业有害生物灾害应急处置技术方案的形成背景，包括前期技术成果及技术应用推广情况，相关的研究情况，国内外同类技术比较情况。

2. 综合技术施用及总体效果

对应急处置过程中的技术路线及技术运用情况进行分析，运用了哪些综合性技术，对综合技术措施所产生的总体效果进行评价。

3. 专项技术对总体效果贡献

对专项技术进行逐项剖析，明确不同技术对总体效果贡献的大小；哪些技术组合效果显著，哪些技术组合效果差，哪些技术不能进行应用。

4. 最佳技术路线探讨

通过对各项应急处置技术及技术组合的剖析，去粗取精、去伪存真，形成效果更明显、更实用的相关灾害应急处置技术路线。

三、总结表彰与责任追究

林业有害生物灾害应急处置预案一个周期结束后，应当及时召开总结、表彰会议，对应急处置工作进行一次全面、客观、实事求是的总结，为以后进行类似的工作指明方向。同时还要表彰、奖励在应急处置工作中业绩突出、事迹感人的立功人员；惩处在应急处置工作中的不尽职责、存在过失、工作不作为或玩忽职守、徇私舞弊的相关责任人员。受奖人员一般由各部门、各单位按应急处置指挥部预先制定的标准进行选举产生；受到责任追究的一般是在应急处置工作监督检查过程中发现的并且其情节达到行政处分标准的相关人员，由于当时正处于应急处置工作期间，为了不影响其思想情绪，一般情况下，只当场给予口头批评指正，将其行为记录在案，待应急处置结束之后再进行相应的惩处。

总结表彰会议的参加人员为林业有害生物灾害应急处置指挥部全体成员、专家组全体成员、指挥部办公室全体人员、所有受到表彰和受到责任追究的人员；各级应急处置响应指挥机构、各相关职能部门、各协作单位以及受到表彰的单位派代表参加会议，邀请政府主要领导到会作重要指示。此外，还要邀请相关媒体对会议进行宣传报道。

会议由应急处置指挥部总指挥做工作总结；副总指挥代表应急处置指挥部宣读表彰决定，进行奖励；相关纪检监察部门领导宣布责任追究惩处决定。最后，由政府主要领导同志做关于林业有害生物灾害防控工作及责任制落实方面的重要指示。

通过最后的总结、表彰和责任追究，为应急处置预案的启动和实施画上一个圆满的句号。

参考文献

[1] 吉林省林业厅. 吉林省森林病虫害调查技术规程. 2004.

[2] 陈安，陈宁等著. 现代应急管理理论与方法[M]. 北京：科学出版社，2009.

[3] 秦启文，等著. 突发事件的预防与应对[M]. 北京：新华出版社，2008.

下篇

实 践 篇

第七章　吉林省林业有害生物灾害发生及防控情况

吉林省是我国重点林业省份之一，森林资源十分丰富，作为重要的木材生产基地，新中国成立以来为支援国家建设，累计提供了1.5亿立方米的商品材。由于一个时期以来对森林的过度开采，导致森林生态系统遭到不同程度的干扰和破坏，加上人工造林面积不断加大，林业有害生物灾害发生危害日趋严重，防治检疫工作压力不断加大。从20世纪80年代以来，吉林省林业有害生物防治工作按照国家有关要求，历经综合防治、综合治理、工程治理、应急管理几个阶段，在灾害防控方面做了大量艰苦细致的工作，对遏制林业有害生物灾害的严重发生、促进生态建设和产业协调发展发挥了应有的作用。

第一节　吉林省森林资源及林业有害生物发生危害概况

一、吉林省森林资源概况

吉林省土地富饶，森林资源丰富，全省林业用地面积928.6万公顷。现有林地面积820.9万公顷，全省森林覆盖率为43.4%，活立木总蓄积量9.14亿立方米，野生植物3 890余种。

东部长白山区素有“长白林海”之称，主要分布针叶树种和乔木阔叶树种80余种，森林覆盖率达65%以上，是松花江、鸭绿江、图们江三大水系的发源地，在蓄水保土、调节气候、改善环境等方面的作用越来越突出，成为松辽、松嫩和三江平原等重要农业商品粮基地稳产、高产的天然屏障，在整个东北乃至东北亚地区的生态系统中占有重要地位。

中部低山丘陵区多为次生阔叶林和针叶人工林，主要树种为蒙古栎、山杨、白桦、水曲柳、核桃楸，此外还有槭属、榆属、椴属等树种；人工林主要以长白落叶松为主，面积大、分布广。另外，红松、赤松、樟子松、水曲柳和杨树人工林数量较少，与次生林、农田交错分布。

西部平原草原区地处京哈铁路吉林省段附近及其以西地区，多为地带性森林草原和草甸草原植被。由于受长白山山脉走向的影响和蒙古高原冷寒气候东侵的作用，大陆性季风气候比较显著，蒸发量明显大于降水量，春季风大干旱，森林植被生长的自然条件较为严酷，森林资源较为匮乏，森林覆被率仅10%左右。天然林主要树种有蒙古黄榆、家榆、山杏等；人工造林树种单一，主要以杨树为主，此外还有部分柳树、柽柳、樟子松等，是我国“三北”防护林的重要组成部分。

吉林省森林资源分布具有以下特点：一是东部长白山区树种资源丰富。由于降水量较为充沛，气候适宜，林木种类丰富，其木本植物近30科250多种，既有耐寒湿的树种，如云杉、冷杉、落叶松，又有喜温的红松、沙松、椴树、春榆、核桃楸和各种槭树，还有耐干旱的蒙古栎、枫桦，又有喜湿的水曲柳、钻天柳。二是全省森林总体上分布不均匀。吉林省的森林覆盖率自东向西逐渐降低，森林主要分布于东部山区和半山区，中部地区多为农田防护林，西部地区多为防风固沙林，森林覆盖率较低。三是森林具有明显的过伐林特征。由于经过长期开发，绝大部分原生林经过不同程度的采伐，有的林分已经经过2~3轮的择伐，形成了目前的过伐林和次生林。过伐林与原生林相比，林分结构上具有较大改变，从前以红松为优势树种的针阔混交林绝大部分演替为阔叶林、萌生柞树林和杨桦林等。四是人工林面积大且树种单一。吉林省目前人工林保存面积高达204.9万公顷，占全省森林总面积的24.96%。在人工林中，落叶松人工林面积占人工林总面积的49.76%，杨树人工林面积占人工林总面积的40.60%，其余9.64%为其他树种人工林。由于人工造林树种单一，又多为纯林，存在病虫害发生危害严重、树木生长不良、林地土壤肥力降低等弊端。

吉林省林业产业体系经过50多年的建设，初步形成了生态与产业并举的格局。近一个时期，吉林省林业全面实施东、中、西三大区域发展战略，即：在东部长白山天然林区，建设高功能的森林生态体系和木材生产基地，坚持“严格保护、积极培育、保育结合、休养生息”的方针，优化林分结构，加快恢复长白山地带性森林植被，加速森林资源培育，不断增强其生态屏障功能；同时，实施森林资源综合开发，大力发展林地经济、培育接续产业，充分利用长白山林区特产资源、中药材资源、绿色食品资源、矿产资源、水利资源、生态旅游资源、生物多样性资源，拓展以森林经营为基础的第一产业，优化提升以林产品加工为主的第二产业，积极开展以森林旅游为主的第三产业，把该区域的资源优势转化为经济优势。在中部地区，充分利用气候条件优越、土地肥沃等适宜林木生长的有利条件，加快农田防护林建设，使农田防护林建设与农民增收致富充分结合，使防护林的防护功能和经济社会效益达到最佳结合。在不影响防护功能发挥、不造成水土流失的前提下，允许适度间作矮棵经济作物，实现以短养长，充分调动农民营造、管护防护林的积极性，以缓解和消除农林争地的矛盾。同时加大该区域小流域综合治理的水土保持林建设，搞好城市生态园林化和乡镇、村屯的绿化、美化，改善城乡生态环境。在西部地区，以荒漠化治理和湿地保护为重点，全面建设森林、草地、湿地有机结合的林业生态体系，实施农田牧场防护林建设工程和湿地自然保护区建设工程，提高植被覆盖率和防护林工程质量，改善该区域生态环境，实施生态草产业化建设工程，提高经济效益，增加经济总量，走生态建设产业化，产业建设生态化的发展之路。

目前，全省以营林生产为主的林地资源开发全面发展壮大，林木年均生长量达到2 323万立方米，年均木材净增长达700万立方米。以木材加工为主的林产品开发已经形成规模，林产工业门类较为齐全，已开发生产产品200多种，种植业、养殖业和采集业等发展迅速，营林生产、木材生产、林产工业、资源综合开发及生态草产业化等正日益成为林业产业的重要组成部分。2008年按照国家统计局、国家林业局新颁布的林业统计标准，全省林业产业总产值达到538亿元。

二、吉林省林业有害生物种类、分布、发生及危害情况

2003～2005年吉林省林业厅在全省范围内组织开展的普查结果表明：全省林业有害生物种类总计949种。其中：森林害虫756种，森林病害149种，害鼠12种，害草32种。

全省达到发生统计起点的林业有害生物种类共49种，其中包括森林害虫34种，森林病害10种，森林害鼠5种。

全省达到万亩(1亩=1/15公顷，下同)以上发生面积的林业有害生物种类共有26种，包括森林虫害19种：分别是栗山天牛、青杨天牛、云杉八齿小蠹、黄褐天幕毛虫、白杨透翅蛾、日本松干蚧、杨锦纹截尾吉丁、春尺蠖、杨毒蛾、柳毒蛾、松瘿小卷蛾、黑绒金龟子、黄刺蛾、落叶松毛虫、黄二星舟蛾、杨潜叶跳象、落叶松球蚜、烟扁角树蜂、榆紫叶甲；森林病害5种：分别是落叶松落叶病、杨树烂皮病、杨树溃疡病、落叶松枯梢病、松落针病；森林鼠害2种：分别是棕背䶄、东方田鼠。

2003～2005年普查统计结果表明：吉林省林业有害生物总发生面积36.58万hm^2，占全省有林地面积的4.46%。其中：轻度发生18.12万hm^2，中度发生9.60万hm^2，重度发生8.86万hm^2。

由于全省地形、地势和水热资源分布的差异，导致森林呈现区域性分布的特点，林业有害生物的发生危害也呈现出明显的规律和特点。

东部地区：主要生长着天然林、天然次生林和以落叶松为主的针叶人工林。主要病虫害为落叶松落叶病、落叶松枯梢病、红松疱锈病、红松烂皮流脂病、落叶松癌肿病、松落针病等。这6种病害发生面积大，危害严重，成为全省针叶树病害的重灾区。森林虫害多为耐高寒种类，主要为栗山天牛、云杉八齿小蠹、落叶松八齿小蠹、松纵坑切梢小蠹、松瘿小卷蛾、红松球蚜、落叶松毛虫、柳蝙蛾、分月扇舟蛾、森林害鼠等。

中部地区：以人工针叶林和天然次生林为主，森林病害主要为落叶松落叶病和落叶松枯梢病；森林虫害主要有松纵坑切梢小蠹、松瘿小卷蛾、杨干象、柳毒蛾、杨毒蛾、落叶松八齿小蠹、十六星直脊天牛、核桃扁叶甲、帕克阿扁叶蜂和森林害鼠等。

西部地区：新中国成立后营造了大面积以杨树人工纯林为主的防护林，病虫种类多，危害严重。森林病害主要有杨树烂皮病和杨树溃疡病。森林虫害主要有青杨天牛、青杨虎天牛、黄褐天幕毛虫、杨潜叶跳象、白杨透翅蛾、榆紫叶甲、黑绒金龟子等。

一个时期以来，随着森林资源结构变化，北方气候干旱变暖以及经济贸易往来的不断增加，吉林省的林业有害生物发生情况和发生规律也随之发生了明显的变化。一是本土重要的林业有害生物种类不断增多，达到发生统计起点的种类由20世纪80年代的35种上升到现在的49种，达到万亩以上发生面积的危害种类由18种上升到目前的26种；二是以往的次要害虫如栗山天牛、云杉八齿小蠹、落叶松八齿小蠹、松纵坑切梢小蠹以及红松种实害虫等逐渐成为主要害虫，危害日趋加剧；三是以落叶松毛虫、天幕毛虫、杨扇舟蛾等松树、杨树食叶害虫为主的常发性种类的发生面积居高不下；四是鼠害在中、东部林区局部猖獗危害，极大地威胁着森林后备资源和造林绿化成果；五是外来有害生物如日本松干蚧疫情入侵后扩散、蔓延趋势明显增强；六是杨干象、青杨天牛、白杨透翅蛾等危险性种类扩散、蔓延势头依然强劲，灾害损失巨大，严重影响着国土生态安全。

林业有害生物严重发生之后，首先导致森林和林木的生长量受到明显影响，甚至死

亡。如一般的食叶性虫害和叶部病害，大发生当年可造成30% ~40%左右的林木生长量损失；大发生两年可造成50% ~70%林木生长量损失，伴随部分林木死亡；如果连续3年持续大发生，基本上可以导致森林成片死亡。林木蛀干害虫和干部病害严重发生时，有的当年就可以造成大面积林木死亡，个别种类虽然不造成林木死亡，但却能造成木材失去利用价值。其次，林业有害生物的危害使森林经营者的经济收入大幅度降低甚至绝收。森林经营者经营森林，最主要的目的是追求直接经济收入，随着林业有害生物的发生和猖獗危害，林木生长量不断降低甚至导致树木死亡，预期的收益将会大幅度下降，前期的投入也会付之东流。第三，危害能导致森林生态效益巨大损失。森林具有固碳放氧、涵养水源、防风固沙、保持水土、调节气候、缓解环境污染、吸尘减噪、美化环境、防灾减灾等生态和社会功能，森林林木受害，除了材积生长受到直接影响之外，上述生态和社会功能也将随之受到不同程度的影响，导致森林生态和社会效益遭受损失。第四，林业有害生物灾害会导致生态平衡失调，对生物多样性造成威胁和破坏。林业有害生物在森林中严重发生，种群数量扩张，形成优势种群，对生态环境进行占领，使其他物种的生存受到排挤甚至抑制，导致森林生态系统的物种组成和结构发生变化，森林生物多样性缺失，物种趋于单一化，导致森林生态平衡受到破坏甚至退化。

根据2000 ~2005年数据测算，吉林省林业有害生物年均发生面积37.3万公顷，每年造成的直接经济损失和生态服务功能损失达到29亿元，远远超过森林火灾造成的损失。可见，林业有害生物对森林资源、造林绿化成果、森林生态平衡以及生物多样性的破坏，无论是现实的还是潜在的，都不容忽视。

第二节　吉林省林业有害生物防治检疫工作开展情况

随着吉林省林业建设的蓬勃发展，林业有害生物防治事业得到不断发展壮大，目前已经建成较为完善的省、市、县三级监测预警、防治减灾、检疫御灾、应急防控体系，同时正向着管理规范、决策科学、技术先进、信息快捷、行动迅速、效果显著的防治工作目标稳步迈进。

一、建立健全各项规章制度，实现森防工作规范化管理

随着《植物检疫条例》和《森林病虫害防治条例》的颁布和实施，吉林省政府结合本省林业工作实际情况，相继颁布《吉林省森林植物检疫实施办法》和《吉林省森林病虫害防治实施办法》等地方配套法规，各项规范性文件的陆续出台，使吉林省林业有害生物防治、检疫工作全面纳入法制化管理轨道。

1988年，吉林省在全国率先实施以“发生率”、“防治率”、“监测覆盖率”和“种苗产地检疫率”为主要内容的林业有害生物防治目标管理考核工作，并制定了一系列考核管理办法，经过4年的实践检验，证实了目标管理工作的可行性、可靠性和可操作性。

1992年，吉林省林业有害生物防治工作目标管理责任制被林业部采纳，在全国林业系统内部全面推广，直到2006年，国家林业局根据林业有害生物防治事业发展实际需要，重新修订林业有害生物防治目标管理“四率”指标，将“成灾率”、“无公害防治率”、“测报准确率”和“种苗产地检疫率”作为“十一五”期间林业有害生物防治工作目标管理新“四率”

指标。使林业有害生物防治工作成为各级政府和林业主管部门的一项硬指标和硬任务，被纳入工作日程。

吉林省林业厅根据全省林业有害生物防治工作实际需要，建立健全了一批部门规章和技术规程。如1984年印发了《吉林省森林病虫鼠害预测预报办法》、《吉林省森林植物检疫技术规程》、《吉林省森林植物检疫办法》；1988年印发了《吉林省森林病虫鼠害调查技术规程》；1992年再次印发了《吉林省森林病虫害防治检疫工作目标管理考核实施办法》；1994年与吉林省财政厅联合下发了《吉林省森林植物检疫收费办法》，1996年印发了《吉林省森林病虫鼠情监测点工作考核办法》，2001年印发了《吉林省森林病虫害中心测报点管理实施细则》；

1998年，吉林省人民政府印发了《关于进一步加强森林病虫害防治工作意见》，2005年省政府办公厅印发《吉林省政府办公厅关于贯彻落实美国白蛾查访工作的意见》，2009年省政府办公厅下发《吉林省人民政府办公厅关于做好美国白蛾防控工作的紧急通知》。

以上规章的制定，从制度建设上规范了吉林省林业有害生物防治工作，保证和促进了吉林省林业有害生物防治工作的有序开展。

二、积极开展基础设施建设，全面加大调查监测工作力度

1994年以来，按照林业部的要求，吉林省林业厅在全省森防检疫系统全面开展了"一站三网"建设工作。"一站"即森防检疫站，"三网"即预测预报网络、森林植物检疫网络和森林病虫害防治服务网络。目前，全省建有各级森防检疫机构90个，专职工作人员571人，省级和市(州)级林业有害生物中心测报点58个，一般测报点536个，兼职(监测、防治、检疫)人员1 449人。配备防治药械972台(套)，建设生物天敌繁育场4个，部分森防检疫机构配备了汽车、摩托车等交通工具。经过较长时间的努力，全省林业有害生物防治工作"一站三网"格局全面形成。

1999年以来，根据国家林业局总体部署，吉林省在"一站三网"建设格局的基础上，按照国家林业局颁发的《林业有害生物防治检疫标准站建设标准》，开展了标准站建设工作。截至2003年年底，全省有65个森防检疫机构达标，标准站达标率达到72.2%。通过标准站建设，森防检疫基础设施建设得到了进一步加强，森防检疫机构的工作能力和管理水平有了显著提高。在林业有害生物调查监测网络基础上，开展了国家级和省级中心测报点建设工作，先后有33个测报点被国家林业局批准为国家级中心测报点，10个地级测报点晋升为省级中心测报点，国家级和省级中心测报点总数达到43个，监测对象种类18种，形成了以国家级中心测报点为龙头、省级中心测报点为骨干、其他一般测报点为网络的林业有害生物监测网络体系，为及时开展林业有害生物预测预报工作奠定了基础，为林业有害生物防治工作提供了大量客观、实际的调查监测资料。

2005年以来，在国家林业局的大力支持下，实施了林业有害生物防控体系基础设施建设项目，全省森防检疫工作又开始了新一轮建设，通过基础设施建设项目投资，总投资金额达到8 886万元，其中国家投资6 548万元，各级林业部门配套2 338万元，大幅度提高了监测预警、防治减灾、检疫御灾和应急防控能力。

三、依法行政，全面开展森林植物及其产品检疫工作

一个时期以来，吉林省森林植物检疫工作取得了一定的成效，具体体现在：一是健全

了配套法规和管理制度，制定了森林植物检疫员岗位责任制度、产地检疫工作制度、植物检疫证书查验制度及调运检疫工作程序；二是强化了对专职森林植物检疫员的法律法规、技术规程和业务培训工作；三是全面实行产地检疫合格证制度，在乡镇、林场、苗圃、贮木场以及其他森林植物及其产品集散地聘任兼职森林植物检疫员，全面开展森林植物及其产品产地检疫工作；四是全面加强对检疫性林业有害生物的封锁、扑灭和除治工作，不断压缩检疫性林业有害生物灾害发生面积。五是全面强化森林植物检疫调运检疫工作，严防危险性林业有害生物人为传播蔓延和外来有害生物入侵；六是狠抓森林植物检疫行政执法工作，严肃查办各种检疫行政违规案件，全面加大了对逃避检疫、私调滥运森林植物及其产品违规行为的打击力度。

吉林省始终密切关注美国白蛾疫情扩散蔓延情况。从 1992 年开始，吉林省林业厅一直不间断地组织与辽宁省、朝鲜毗邻的县份及国有林业局森防检疫机构，对美国白蛾疫情采取持续查访工作制度，采用在幼虫网幕危害期查访和在成虫期利用性引诱剂诱捕的方法进行监测，但始终未发现美国白蛾疫情。直到 2009 年，四平市森防检疫站在其辖区内的叶赫林场和实验林场利用美国白蛾性外激素诱捕器和虫情测报灯首次捕获到 57 只美国白蛾成虫。

1988 年开始，吉林省全面开展无检疫对象苗圃竞赛活动，制定《吉林省无检疫对象苗圃考核验收标准》，对育苗面积 3 公顷以上的苗木生产繁育单位每年进行检查验收，从苗圃繁殖材料引进的检疫单证、苗圃育苗和病虫害防治档案、药剂药械、防治作业记录、育苗地和周边定植林病虫害发生情况、是否有检疫性林业有害生物发生和分布等进行检查验收，对连续 3 年均达到无检疫对象验收标准的苗圃，由省林业厅颁发《无检疫对象苗圃》牌匾，极大地促进了吉林省无检疫对象林木种苗基地的建设工作。1999 年国家林业局下发无检疫对象苗圃考核评比实施办法，吉林省向国家林业局报批了 34 个经验收合格的国家级无检疫对象苗圃，全面建立无检疫对象种苗基地建设工作在吉林省一直保持着健康发展势头。

1996 年，吉林省林业厅与省公安厅、省高检、省高法、省邮政管理局和沈阳铁路局联合下发《关于进一步加强森林植物调运检疫工作的通知》(吉林检字[127]号)，强化对森林植物及其产品的调运检疫管理，查堵各种调运检疫漏洞，查办各种检疫违规行政案件，对私调滥运森林植物及其产品的单位和个人起到了震慑作用。

2000 年以来，每到春季造林前，吉林省林业厅都要单独下发关于进一步加强对春季造林苗木检疫工作的紧急通知，重申和提醒造林苗木检疫工作的重要性。在此期间，各级森防检疫机构全力以赴，深入管辖区域内所有的育苗场所进行现场检疫，对检疫合格的当场发给《产地检疫合格证》；对检疫不合格的，签发《除害处理通知单》，除害处理合格后再签发《产地检疫合格证》；对有害生物发生严重、无法实施全面除害处理的苗木，动员育苗单位和个人及时进行销毁。对从外地购入的大批量苗木，当地林业主管部门一般情况下都责成森防检疫机构派员到苗木原产地进行验收；对零散调入的造林苗木，则全面实施复检。通过以上措施严格监管，确保了造林苗木无疫无害，有力地促进了全省造林绿化事业的健康发展。

2003 年，根据《国务院办公厅关于进一步加强松材线虫病预防和除治工作的通知》(国办发明电[2002]5 号)及 2002 年全国森防站长会议精神，吉林省林业厅印发了《吉林省松材线虫病预防除治方案》，要求全省各级林业主管部门每年10月都要进行松材线虫病的调查，对发现松科树种有发黄、枯萎、枯死和木材发生蓝变的疑似症状，森防机构要进行现场确认和鉴定。同时还要求各级森防检疫机构深入有关场所，各木材检查站和检疫检查站严格把关，对从其他省(自治区、直辖市)调入的松科植物活体及木质包装物和电缆盘等进行全面复检，发现疫情，迅速上报，严密防范松材线虫病等特大疫情入侵，确保国土生态安全。

四、统筹规划，突出重点，全面开展防治减灾工作

20世纪80年代以来，吉林省先后建立4个赤眼蜂繁育场，多年坚持利用赤眼蜂预防人工林中松毛虫和舟蛾等食叶性害虫，使上述主要害虫始终保持较低的林间种群密度，实现了大部分人工林有虫不成灾的防治工作目标。

1993年，吉林省西部地区杨树防护林发生了近7万公顷的分月扇舟蛾灾害，吉林省政府立即下达了《关于迅速做好森林病虫害防治工作的紧急通知》的明传电报，吉林省林业厅和灾害发生区各级政府及林业主管部门紧急行动，一方面组织飞机防治，另一方面组织人员和药剂药械开展地面防治，全面开展防控工作，连续2年飞防作业共计256架次，防治面积6.80万公顷；地面防治动用人力资源4.5万人次，通过喷洒药剂、释放赤眼蜂、树干涂抹毒笔、毒胶等措施防治面积达到4.53万公顷，一举控制了吉林省西部地区大面积发生的分月扇舟蛾灾情。

1999～2001年，国家林业局开展主要病虫害工程治理项目，吉林省在延边、吉林、通化、白山地区部分森林鼠害发生严重的24个县开展了国家级森林鼠害工程治理工作，通过采取营造林预防技术、P-1鼠害拒避剂、溴敌隆蜡块毒饵、害鼠天敌保护和招引等技术措施，3年间累计防治面积达到11.3万公顷，使吉林省一度严重发生的森林鼠害面积由工程治理前的6.40万公顷下降到治理后的1.50万公顷，及时有效地保护了森林后备资源和造林绿化成果。

2000年，根据严重发生的日本松干蚧疫情、栗山天牛灾害以及杨树枝干害虫，吉林省林业厅组织专家编制了《吉林省日本松干蚧、杨树枝干害虫、栗山天牛省级工程治理总体规划》，对上述三个种类虫害发生的县份下达了工程治理任务。计划从2001～2005年对上述三个种类虫害全面实施省级工程治理。省级工程任务下达后，灾害发生区各级林业主管部门组织人力资源、筹集资金、购置药剂药械、层层签订工程治理责任状，根据《规划》中拟定的防治技术方案，实施了为期4年的省级工程治理。省级工程治理工作在杨树枝干害虫取得了预期的工程治理成效。但是，对于日本松干蚧疫情和栗山天牛灾害，由于受防治技术、虫害木采伐指标等方面的局限，灾害持续扩大，危害日趋严重，省级工程治理工作并没有达到预期结果。

2003年，吉林省延边地区的和龙林业局和白河林业局天然落叶松林发生了1.70万公顷落叶松毛虫灾情，延边州政府和延边州林管局不等不靠，筹集防治资金100余万元，积极组织进行飞机防治，通过2003年和2004年连续飞防，累计飞防作业76架次，作业面积近2万公顷，一举平息了长白山脚下天然落叶松林中突发的松毛虫灾情。

2000年以来，由于北方气候长期干旱和持续暖冬及气温增高，风灾导致部分过熟云冷杉林木风折、风倒，引发了长白山腹地天然云、冷杉林分云杉八齿小蠹灾害区

域性发生。这一情况得到了延边州林管局的高度重视。2002 年开始，延边州林管局率先在吉林省内启动实施了《延边州天然针叶林云杉八齿小蠹州级工程治理项目》，通过风折风倒木收拣、虫害木采伐、林分卫生环境清理、饵木诱杀、聚集信息素诱捕器诱捕、健全云杉、冷杉林木采运贮工作体系等技术措施，使云杉八齿小蠹灾情得到了有效的控制。通过实施州级工程治理，对云杉八齿小蠹害虫的生物学和生态学特性有了进一步的了解和掌握，在此基础上，借鉴国内外云杉八齿小蠹先进防治技术，吉林省森防检疫总站组织专家制定了《吉林省云杉八齿小蠹防治技术方案》，使云杉八齿小蠹灾害防治技术水平得到了提高。2006 年 5 月下旬到 7 月下旬，吉林省林业厅在敦化市林业局云杉八齿小蠹虫发生危害的林分中，按照《技术方案》的有关规定，在林地卫生环境和风折、风倒木清理以及虫害木采伐的基础上，利用 6 000 套云杉八齿小蠹聚集信息素诱捕器共诱集到 4 000 余万头云杉八齿小蠹成虫。同年 10 月，国家林业局造林司在吉林省敦化市组织召开全国云杉八齿小蠹防治工作现场会，对敦化市林业局云杉八齿小蠹灾害防治效果进行了现场验证，并组织中国科学院、国家林业局森防总站、吉林省林业科学研究院等方面专家，对《吉林省云杉八齿小蠹防治技术方案》及实施效果进行了专家评议，一致认为《吉林省云杉八齿小蠹防治技术方案》完整，思路清晰，技术设计科学合理，措施得当，可操作性强，生产适用，充分体现了无公害防治、促进森林健康的指导思想。专家组一致认为该项技术已经成熟，应在国内全面推广。

2007 年，吉林省林业厅印发《吉林省林业厅关于实施云杉八齿小蠹省级工程治理的通知》(吉林检[2007]245 号)，准备利用 4 年时间，采取综合治理技术措施，对吉林省发生的云杉八齿小蠹实施省级工程治理，治理范围包括延边州和吉林市、白山市云杉八齿小蠹灾害发生的地方林业局和国有森工局。要求各有关单位严格按照《吉林省云杉八齿小蠹灾害省级工程治理总体实施方案》要求，站在加强生态建设、保护生态环境、维护生态安全的战略高度，统一思想认识，全面增强治理工作的责任感和紧迫感，务求将每一项治理技术措施落到实处，切实取得治理成效。经过两年时间的工程治理，目前已经呈现出明显和理想的治理成效。

五、吉林省森防检疫工作亟待解决的问题

一个时期以来，吉林省林业有害生物防治工作在省政府和省林业厅的正确领导下，在国家林业局的具体指导下，取得的成绩是有目共睹的。但是，从科学防控的要求上看，依然存在着一些亟待研究解决的问题，具体体现在：

一是全省的森防检疫体系建设还有待于加强。目前，有 80% 的森防检疫机构还没有交通工具，无法承担日趋繁重的测报指导、现场检疫、防治督导以及行政执法工作；有 95% 的乡镇林业站和林场的森保员没有机动摩托车，还依靠自行车或徒步从事日常的森防调查监测工作，很难提高工作效率。

二是约有 30% 的森防检疫机构没有财政拨款，靠自收自支和育林基金维持工作运转，存在着没有固定经费来源这一关乎生存的严重问题，导致队伍不稳定，人员素质低，测报、检疫、防治技术手段相对落后等问题，长期下去，将会对森防检疫事业的发展产生不利的影响。

三是个别地方政府和林业主管部门的领导对森防检疫工作认识程度不高，工作措施不得力，资金投入不到位，“说起来重要、做起来次要、忙起来不要”的现象还时有发生。

四是“谁经营、谁收益、谁防治”的责任制度没有得到充分落实。特别是国有森林经营单位，防治工作“等、靠、要”的思想依然存在，十分不利于林业有害生物防治工作的正常开展。

第三节 重大林业有害生物灾害——日本松干蚧和栗山天牛的发生与防控

一、日本松干蚧疫情的传入、除治及工程治理情况

（一）疫情的传入及封锁除治情况

吉林省的日本松干蚧疫情是从辽宁省靠自然传播传入的，对于吉林省来说属于典型的外来入侵林业有害生物，在吉林省主要危害赤松、油松和黑松，对寄主松林具有较强的侵害能力，能够造成寄主松林生长势严重衰弱，引发次期性病虫合并危害，最终导致寄主松林成片死亡。吉林省梅河口市、东丰县、东辽县森防检疫机构于1994年春季首次发现疫情传入，吉林省林业厅立即将这一情况向吉林省政府进行了报告，省政府当即指示，对疫林实行全面伐除和除害处理，尽快扑灭传入的日本松干蚧疫情。对此，吉林省林业厅组织疫情发生区的林业主管部门对感染日本松干蚧疫情的256.7公顷松林进行了全面砍伐和除害处理，以期根除日本松干蚧疫情。然而1996年春季调查发现，日本松干蚧疫情在上述3个县（市）突然大面积暴发成灾，疫情分布面积达到1 930公顷，对此，吉林省林业厅立即请示省政府，对梅河口市、东丰县和东辽县日本松干蚧疫林实行为期3年的砍伐和扑灭疫情“战役”。至1998年，先后砍伐日本松干蚧疫林3 300公顷，日本松干蚧疫情非但没有控制住，扩散蔓延态势反而更加强劲，疫情分布面积达到4 790公顷，疫情扩散至通化、辽源和四平地区的10个县（市、区），靠砍伐疫林扑灭日本松干蚧疫情没有达到有效遏制的预期目的。

从1998年开始，吉林省借鉴辽宁省的“清”、“封”、“补”、“治”、“改”综合治理经验，并于1998～2002年对日本松干蚧疫林实施综合治理，同时采取省级工程治理模式，使日本松干蚧疫情的严重危害在部分县（市）有所减缓，但疫情的扩散、蔓延趋势仍未得到明显遏制。

（二）对日本松干蚧疫情防控进行立项研究

面对日本松干蚧疫情的肆虐，2000年开始，吉林省林业厅在全面借鉴国内外日本松干蚧防治技术的基础上，对吉林省日本松干蚧疫情的预防治理对策及技术措施进行立项研究，经过3年的试验、研究、探索，完成了《吉林省日本松干蚧疫情预防、封锁及综合治理技术的研究》科研项目，从日本松干蚧疫情的预防、检疫管理、除害处理、营林防治、生物防治、化学防治等防控技术环节入手，在防控技术上取得了突破性的进展。经2003～2005年在疫情发生区部分县份推广应用，使日本松干蚧疫情严重危害状况得到明显缓解，部分松林恢复了绿色生机，取得了较为显著的治理效果。

(三)疫情向吉林省东部林区呈现快速扩散蔓延态势

2005 年 8 月，距日本松干蚧疫情发生区 120 千米之外的吉林地区桦甸市在林业有害生物普查过程中突然发现辖区内的 163.9 公顷赤松人工林感染了日本松干蚧疫情，吉林省林业厅立即下发了《关于在全省范围内全面调查日本松干蚧疫情的紧急通知》，要求各地对日本松干蚧疫情进行了一次全面的专项调查，结果显示，新发现日本松干蚧疫情的县份还包括吉林地区的磐石市、永吉县及长春地区的双阳区和净月开发区。日本松干蚧疫情在吉林省呈现出快速扩散蔓延的态势，不仅对省政府 2001 年划定的长春市日本松干蚧疫情保护区寄主树木，还对吉林省天佛指山国家级自然保护区、吉林省长白山国家级自然保护区和吉林省长白山美人松自然保护区的天然赤松林及其他寄主松林的生存与安全构成严重威胁。

(四)日本松干蚧快速扩散蔓延的原因

日本松干蚧疫情侵入吉林省后，一直是各级林业部门防控的重点对象，其疫情久灭不绝的原因是多种因素造成的。一是日本松干蚧在寄主树木上除当年生枝梢和根部以外，树干、粗枝、细枝均能寄生，特别是在树干翘皮下寄生隐蔽性最大，防治上往往无法彻底杀灭。二是日本松干蚧自身的繁殖潜能十分巨大，1 对雌雄成虫一年可繁殖 2 万 ~3 万头后代，可使其种群在防治后快速增殖积累，继续形成危害。三是日本松干蚧的初孵若虫虫体微小，能在空气中短时间飘浮，可随风和上升气流传播扩散，自然传播速度平均为 10 ~20 千米/年。日本松干蚧的这种自然传播特性，人们难以阻止。另外，日本松干蚧疫情还能通过人为调运带疫的寄主植物及其产品进行远距离传播。四是吉林省气候和寄主条件适合其定殖、繁衍和侵害。再加上日本松干蚧虫体小，显露期短，刚侵入时虫口密度低，树木不表现出明显的受害症状，因此常常不被人们发现，当寄主树木表现出明显症状时，灾害已经形成。五是目前日本松干蚧疫情在吉林省的分布面积大，行政区域广，涉及的部门多(包括林业、园林、交通、水利等)，单靠林业部门孤军奋战，很难实现区域性联防联治，也很难全面完成疫情防控任务和取得预期的防控效果。

(五)吉林省林业厅组织进行专项调查

2005 年，面对迅速扩大的日本松干蚧疫情，吉林省林业厅下发文件，要求迅速组织开展专项调查，全面掌握日本松干蚧疫情的发生范围、发生林分、发生面积、危害程度、灾害造成的损失以及潜在的危险。疫情发生区各级林业主管部门纷纷组建专业队、层层进行培训，统一调查标准，购置调查仪器及劳动保护用品，出动车辆，在 3 个月时间里，全面完成了日本松干蚧疫情的专项调查工作。

日本松干蚧疫情专项调查结果表明：全省日本松干蚧寄主松林面积 92.24 万亩，日本松干蚧疫情分布面积 1.44 万公顷，发生面积 0.90 万公顷，其中轻度发生 0.37 万公顷，中度发生 0.30 万公顷，重度发生 0.23 万公顷，造成 0.5 万公顷染疫松林枯黄、枯死，累计造成的直接经济损失达到 3.6 亿元。并且疫情呈现出快速扩散蔓延的态势，对省会长春市市区绿化，对吉林天佛指山国家级保护区、吉林长白山国家级自然保护区、吉林省长白山美人松保护区的寄主松林的生存与安全构成严重威胁。

二、栗山天牛灾害的发生、除治及工程治理情况

(一)栗山天牛灾害的发生及扩展情况

吉林省 1993 年首次在集安市大路镇发现栗山天牛造成的小面积灾害，当地林业部门

感到这种害虫的危险性极大，因此对其生物学和生态学特性进行了深入的观测和研究。1993～1995 年，栗山天牛灾害在通化市被陆续发现。为了查清栗山天牛灾害发生的实际情况，通化市林业局 1996 年组织所辖各县（市、区）林业局对栗山天牛灾害进行了一次全面普查，结果为：通化市栗山天牛灾害发生面积 1.17 万公顷，成灾面积 0.5 万公顷，受害立木蓄积量 40 余万立方米。通化市政府就栗山天牛封锁除治有关问题向省政府进行了请示，吉林省人民政府以《关于对柞树天牛封锁除治有关问题的批复》（吉政函[1996]111 号）文件进行了批复，要求通化市政府加强领导，周密部署，动员全社会力量尽快控制灾情；同时，省林业厅也下达了《吉林省林业厅关于栗山天牛防治方案的批复》（吉林函[1996]102 号），要求通化市林业局在 3～4 年之内全面控制灾情，并在虫害木采伐指标和治理资金方面给予了支持。但由于受防治技术和虫害木采伐指标的双重限制，栗山天牛灾害防控工作一直没有取得理想效果。

（二）栗山天牛灾害的省级工程治理

2000 年，根据通化、吉林、辽源地区 8 个县（市、局）上报的调查结果，全省栗山天牛灾害总发生面积已达 2.21 万公顷，成灾面积 0.87 万公顷，对栗山天牛灾害治理已十分迫切。

为了指导各地栗山天牛灾害治理工作，吉林省林业厅制订了《吉林省栗山天牛省级工程治理总体规划和实施方案》，并以吉林省林业厅文件下发实施。治理措施主要包括：虫害木采伐及除害处理；成虫羽化高峰年进行灯诱并结合人工捕杀成虫；成虫期利用微胶囊杀虫剂进行树干喷药触杀成虫等；初孵幼虫期利用氧化乐果树干打孔注药防治以及利用林丹、敌敌畏烟剂熏杀初孵幼虫。省林业厅在这段时间里累计批复 20.36 万立方米蓄积的采伐指标进行虫害木伐除治理，但终因防治技术和资金投入的局限，栗山天牛灾害的治理仍然没有达到预期效果，灾害进一步扩大。

（三）栗山天牛灾害科研工作开展情况

1996～1997 年，省林业厅主要领导多次率专家组到通化地区视察灾情，指导栗山天牛防治工作。1998～2000 年，通化市和集安市林业局联合立项，对管氏肿腿蜂生物防治栗山天牛进行了立项研究，积极寻求和探索栗山天牛灾害高效防治技术措施。

2002 年开始，吉林省林业厅与中国林业科学研究院合作对栗山天牛防治技术进行更深层次研究。一是对在吉林省发现的栗山天牛自然天敌——花绒寄甲进行了生物学和生态学测试及人工批量生产繁育技术研究。目前可室内工厂化大批量繁育花绒寄甲并采用林间释放进行生物防治；通过林间的大量调查，还发现栗山天牛另一种自然天敌——栗山天牛跳小蜂，该小蜂寄生栗山天牛幼虫，具有极大的开发应用价值，中国林业科学研究院正在对栗山天牛跳小蜂的人工繁育技术进行攻关研究。二是逐步实行受害寄主林木采伐更新。2001～2002 年，省林业厅在蛟河市林业局太平山林场进行了 35.5 公顷重度受害林分的采伐更新试验，对虫害木实施了全面伐除，通过采伐后林地人工更新造林、柞树伐根萌生等手段进行生态恢复。目前，更新后的林分长势喜人，生态恢复已经取得显著效果，证实在吉林省通过虫害木伐除进行生态恢复是完全可行的。三是利用黑光灯诱杀成虫。2005 年，中国林业科学研究院森林生态环境与保护研究所利用黑光灯诱杀栗山天牛防治试验取得突破性进展，通过对不同波长的黑光灯筛选，发现了有一种波长的黑光灯对栗山天牛有十分强烈的诱集作用，每盏灯在成虫羽化盛期每晚可诱集 500 头以上的栗山天牛，可大面积推广应用。

（四）吉林省林业厅组织进行栗山天牛灾害专项调查

2005年，面对迅速扩大的栗山天牛灾害，吉林省林业厅下发文件，要求各地迅速组织开展专项调查，全面掌握栗山天牛灾害的发生范围、发生林分、发生面积、危害程度、灾害造成的损失以及潜在的危险。灾害发生区各级林业主管部门纷纷组建专业队、层层进行培训，统一调查标准，购置调查仪器及劳动保护用品，出动车辆，在3个月时间里，全面完成了栗山天牛灾害的专项调查工作。

栗山天牛灾害专项结果表明：全省以柞树为主的林分面积169.7万公顷，栗山天牛分布面积30.67万公顷，发生面积13.27万公顷，成灾面积8.13万公顷，其中：轻度发生面积5.07万公顷，中度发生面积3.72万公顷，重度发生面积4.48万公顷，有220万立方米柞树立木蓄积严重受害。初步核算，累计造成的直接经济损失高达17.24亿元。灾害主要发生在通化地区、吉林地区、辽源地区各县以及四平地区的伊通县和白山地区的靖宇县。

（五）栗山天牛灾害引起各界强烈反响

栗山天牛灾害专项调查结果出来之后，吉林省林业厅不避嫌、不护短，接受了中央人民广播电台记者的采访，及时向媒体披露了栗山天牛灾害严重发生和猖獗危害的情况。2006年7月12日，中央人民广播电台《信息快报》第30期刊登了《吉林省林区发生大面积"栗山天牛"灾害》这篇报道，引起了国家林业局的高度重视。媒体对吉林省栗山天牛灾害的报道还引起了中央电视台经济频道经济半小时栏目组的关注，派记者到吉林省进行实地采访，制作一期题为《半小时观察：虫子不懂人的规矩》的纪实报道，并于2006年9月20日在《经济半小时》播出。上述媒体的报道，引起国务院有关领导和国家林业局的高度关注，得到吉林省各级政府的高度重视，社会各界反响强烈，灾害全面、彻底根治势在必行。

（六）栗山天牛灾害严重发生原因分析

栗山天牛是吉林省习居的乡土害虫种类。但在20世纪80年代之前一直没有成灾记载。近十几年来发生危害面积和区域越来越大，主要有如下几个方面的原因：一是北方气候变暖和干旱诱发了栗山天牛的严重发生。一个时期以来，全球气温持续增高，北方暖冬干旱，这种气候条件十分适合栗山天牛种群越冬，越冬虫口保存率高，种群基数大，成为栗山天牛区域性暴发成灾的主要诱导因素。二是过去柞木的用途并不十分广泛，很少去采伐和利用，但90年代以后，柞树木材被人们充分开发利用，市场需求量越来越大，因此，森林经营生产单位开始大量采伐柞木，栗山天牛灾害才逐渐被发现和报告。三是栗山天牛属于个体大、抗逆性强的害虫种类，繁殖力虽然不强，但对后代有完善的保护措施，成活率高，幼虫蛀入树干后受外界环境因素影响小，该害虫在缺乏自然天敌控制因素的条件下，种群能够保持相对稳定。四是吉林省柞树林分多数进入成过熟期，成为栗山天牛最喜欢危害的寄主，寄主林分面积大，栗山天牛种群虫口密度高，导致了栗山天牛暴发成灾。五是栗山天牛幼虫期在木质部里钻蛀危害，防治难度特别大。在发现该害虫危害之后很长的一段时间里，没有寻求到特别有效的防治技术方法，除了对虫害木实施采伐和除害处理之外，无法消灭和铲除虫源，最终导致栗山天牛种群长期积累，区域性暴发成灾。

第八章　吉林省林业有害生物灾害应急处置预案的编制和启动实施

林业有害生物灾害应急处置预案是针对可能发生的重大林业有害生物灾害，为保证迅速、有效、有序地开展应急处置行动以及降低灾害所造成的各种损失，而预先制订的有关防控计划或者方案，是在辨识和评估潜在的林业有害生物灾害的风险因素、灾害类型、暴发的可能性、暴发后果的严重性以及影响范畴的基础上，对应急管理机构职责、人员队伍、技术支撑、设施设备、救灾资金、指挥与协调等诸多方面预先做出的具体安排。

第一节　《吉林省重大突发性林业有害生物灾害应急处置预案》的编制

一、应急处置预案的编制依据

根据国务院办公厅(国办函[2004]39 号)文件通知精神，吉林省人民政府制定印发了《吉林省突发公共事件应急处置总体预案》(吉政发[2004]36 号)，同时下发通知，要求各市(州)政府及省直相关部门迅速编制各自的《突发公共事件应急处置预案》。省(自治区、直辖市)人民政府总体应急预案既是国务院应急预案体系的重要组成部分，同时也是指导省属各委、办、厅、局和地市(州、盟)编制预案的依据。

为了有效防范和控制全省重大突发性林业有害生物灾害造成的巨大经济和生态损失，确保森林生态安全，2005 年初，省林业厅组织有关专家，由吉林省森林病虫防治检疫总站牵头，成立《吉林省重大突发性林业有害生物应急处置预案》起草小组，根据林业有害生物防治、检疫及其他相关法规，起草了《吉林省重大突发性林业有害生物灾害应急处置预案(草案)》。

二、应急处置预案的编制框架

《预案》共分为 7 个部分：包括总则，组织机构及职责，调查、监测与预警，应急响应，后期评估，善后处理及附则。

总则包括：预案编制的目的及依据、工作原则、重大突发性林业有害生物灾害现状、适用范围、预案启动条件。

组织机构及职责方面包括：确定由吉林省人民政府领导全省重大突发性林业有害生物

灾害的应急处置工作，省林业厅负责组织、协调、指导全省重大突发性林业有害生物灾害的应急处置工作。成立了重大突发性林业有害生物应急处置指挥部，指挥部下设办公室和专家组。

当发生重大突发性林业有害生物灾害时，要求灾害发生地的市(州)、县(市、区)人民政府必须成立相应的应急处置指挥部，具体负责和组织协调本行政区域内重大突发性林业有害生物灾害应急处置工作，落实相应责任和任务，并按照吉林省林业有害生物灾害应急处置指挥部批准的应急处置实施方案进行应急处置。

《预案》还分别确定了吉林省林业有害生物应急处置指挥部及成员单位和市(州)级、县级指挥部的主要职责。

调查、监测与预警方面包括林业有害生物灾(疫)情的调查监测，重大突发性灾(疫)情的报告，举报制度以及预警级别及发布，监测预警支持系统建设等方面内容。

应急响应包括分级响应、信息共享和处理、情况通报与信息发布、通讯方式及应急结束程序等内容。

后期评估和善后处理方面包括应急处置预案结束后，对灾害造成的损失进行评估，分析灾害发生的原因和应汲取的经验教训，提出改进措施和意见等，重点实施专家组后期评估提出的改进措施，恢复受灾林分，开展灾后重建工作。

保障措施方面包括通讯保障、经费保障、物资储备、技术保障、人员保障、监督与演练。

附则包括对《预案》进行修订，市(州)级和县级林业主管部门预案制定；依法奖惩以及责任追究；明确对预案的解释权以及预案的发布与实施等内容。

三、省级《预案》的审定与印发

按照制定的《预案》框架，预案编制起草小组一面查阅资料，一面开始对预案进行编制，历时一个月的时间，完成《预案(草案)》编制初稿。2005 年 5 月 12 日，吉林省林业厅组织相关大专院校、科研单位、行政管理部门有关专家和行政领导，对《预案(草案)》进行了全面审定，有针对性地提出了相关意见和建议。《预案》起草小组根据上述审定意见逐一进行了补充和修改。2005 年 6 月 20 日，《预案(草案)》初步定稿，分别送交吉林省林业有害生物应急处置指挥部成员单位征求意见。2005 年 8 月 5 日，各成员单位意见反馈回来，《预案》起草小组根据各成员单位的意见再次进行修改完善定稿。2005 年 9 月 18 日，吉林省林业厅将《吉林省重大突发性林业有害生物应急处置预案(草案)》送交吉林省人民政府办公厅审核。2006 年 6 月，省政府办公厅将《预案(草案)》审核意见反馈给吉林省林业厅，授权吉林省林业厅以文件印发实施。2006 年 6 月 27 日，吉林省林业厅以吉林检字[2006]394 号文件印发了《吉林省重大突发性林业有害生物灾害应急处置预案》(详见附录一)，在吉林省林业系统开始全面实施。

四、市(州)级《预案》的编制、印发

《吉林省重大突发性林业有害生物灾害应急处置预案》经历了起草编制、专家评审、征求意见、最终审定、印发实施全部过程，积累了一定的《预案》编制方面的经验，掌握了《预案》从起草到最终印发实施的相关程序，为指导各市(州)林业主管部门起草编制直到

印发实施相应的《预案》起到了积极的促进作用。省级《预案》印发实施后，各市(州)林业主管部门纷纷组织相关专家和部门行政领导，参考省级《预案》的模式，结合各自的实际情况编制各自的《预案》草案，组织专家对《预案》草案进行评议，提出修改意见或建议，征求相关部门意见后加以完善，最终送交当地政府审定、印发实施。

截至2006年年底，各市(州)林业主管部门的林业有害生物灾害应急处置预案全面印发实施。自此，吉林省林业有害生物灾害应急处置管理体系全面形成，林业有害生物灾(疫)情应急处置工作进入规范化管理轨道，基本达到有章可循，有法可依。

第二节　省林业行政部门向省政府报告特大灾(疫)情预警信息

2006年8月1日，吉林省林业厅邀请吉林省林业科学研究院、吉林北华大学、吉林农业大学、东北师范大学、吉林省森林病虫防治检疫总站等9位知名专家，就吉林省启动实施日本松干蚧疫情和栗山天牛灾害应急处置预案进行了论证。专家组一致认为：按照《吉林省重大突发性林业有害生物灾害应急处置预案》第1.5条第二款、第三款和第3.2条的规定，日本松干蚧和栗山天牛已构成特大级灾害，均为红色预警，建议省政府立即启动《吉林省重大突发性林业有害生物灾害应急处置预案》，对日本松干蚧疫情和栗山天牛灾害进行紧急防控。同时专家组还对日本松干蚧疫情和栗山天牛灾害的应急处置对策及措施进行了充分论证，并形成以下意见。

一、日本松干蚧疫情应急处置对策

(一)划定重点保护区域

确定吉林省东部天佛指山国家级自然保护区、长白山国家级自然保护区及长白山美人松自然保护区为防范日本松干蚧疫情入侵的重点保护区域，建造疫情自然传播无寄主隔离带，遏制疫情于自然保护区之外。

(二)划定封锁扑灭区域

该区主要是指对重点保护区构成严重威胁的区域带。具体包括伊通县、双阳区、净月开发区、磐石市、永吉县、桦甸市，有计划地在封锁扑灭区对寄主林分逐步实行更新改造。对计划保留的疫林采取以化学防治为主，营林防治和生物防治为辅的防控对策。

(三)划定综合治理区域

包括通化地区、辽源地区各县及四平地区的梨树县等日本松干蚧疫情老发生区。采取封山育林、营林防治、生物防治为主，化学防治为救急手段的综合治理技术措施，对松干蚧进行持续有效控制，全面降低种群密度。

(四)划定重点监测区域

该区包括除上述区域之外、有寄主林分分布、目前尚未发生日本松干蚧疫情的所有县(市、区)，要对日本松干蚧疫情实施定期查访，一旦发现疫情，就地迅速封锁扑灭。

二、栗山天牛灾害的应急处置对策

（一）虫害木采伐更新和除害处理

对目前220万立方米蓄积的虫害木进行全面伐除和除害处理，大幅度降低栗山天牛种群密度，同时依靠柞树伐根萌生和林冠下补植珍贵针叶树种造林的方法恢复更新，成林后形成新的、系统较为稳定的针阔混交林群落。

（二）人工捕杀栗山天牛成虫

在2008年和2011年栗山天牛成虫羽化高峰年，动员社会力量，对受害林分全面实施黑光灯诱捕成虫，进一步降低林分中栗山天牛种群密度，为其他治理措施的应用奠定基础。

（三）生物天敌可持续控制

工厂化大批量生产栗山天牛天敌——花绒寄甲和管氏肿腿蜂，并及时在林间释放，全面实施生物防治，实现无公害可持续控灾。

三、省政府领导高度重视特大森林虫害的防控工作

根据专家组的评定意见，吉林省林业厅对日本松干蚧疫情和栗山天牛灾害治理工作相关问题分别以吉林检[2006]557号和吉林检[2006]569号向省政府及时进行了请示。汇报了日本松干蚧疫情和栗山天牛灾害发生危害情况，灾（疫）情发生原因、防控工作开展情况、今后一个时期的防控对策和措施。同时，对尽快启动日本松干蚧疫情和栗山天牛灾害专项应急处置预案及应急处置资金缺口问题进行了相应的请示，得到了省政府领导的重要批示和大力支持。至此，吉林省重大突发性林业有害生物灾害应急处置预案的启动实施拉开了序幕。

第三节　吉林省林业有害生物灾（疫）情应急处置方案的编制

为了实施好吉林省林业有害生物灾害应急处置预案，吉林省林业厅组织有关专家迅速起草《吉林省日本松干蚧疫情栗山天牛灾害应急处置工作方案（草案）》，《吉林省日本松干蚧疫情应急处置总体实施方案（草案）》和《吉林省日本松干蚧疫情防控技术规程（草案）》以及《吉林省栗山天牛灾害应急处置总体实施方案（草案）》和《吉林省栗山天牛灾害防治技术方案（草案）》。

2006年9月6日，吉林省林业厅组织有关专家对上述《方案（草案）》进行了充分论证，根据专家论证会提出的建议和意见，再次对《方案（草案）》进行了修改，报送省政府办公厅进行了最后审定。

一、应急处置工作方案

《吉林省日本松干蚧疫情、栗山天牛灾害应急处置工作方案》（详见附录二）从应急处置工作的指导思想、坚持的原则、总体目标、具体任务、职责划分、组织领导、保障措施以及灾（疫）情应急处置工作相关要求等方面进行了严格的界定。具体如下。

（一）指导思想

以科学发展观为指导，紧紧围绕全面建设小康社会总目标，遵循“预防为主，科学防控、依法治理、促进健康”的林业有害生物防治方针，以全面提高控灾、减灾能力为中心，实行政府统一领导、分级负责，行业配合、相互协作，依靠专家、科学防控，全面动员、快速反应等有效措施，落实灾害应急处置责任，建立健全林业有害生物灾害应急处置长效机制，确保全省森林资源和森林生态安全，促进国民经济持续快速健康协调发展。

（二）坚持的原则

坚持系统管理，地方政府负全责，实行政府目标责任制；坚持统一规划，突出重点，全面推进；坚持分区施策，因林施治，大面积种群控制；坚持依靠科学，利用先进的科技成果，注重取得实效；坚持保护环境，治理与恢复并进以及实现生态、经济、社会效益相统一的原则。

（三）应急处置总体目标

从现在起，利用5年时间，即到2010年，全面遏制日本松干蚧疫情的严重危害和扩散蔓延，实现对重点疫情保护区的有效保护；到2011年全面解除栗山天牛灾害的危害，达到有虫不成灾的最终目标；对受害林分全面进行生态恢复，将林业有害生物灾害造成的损失降到最低程度。

（四）应急处置组织领导机构及职责划分

指挥长：分管副省长

副指挥长：分管副秘书长

常务指挥：省林业厅厅长

常务副指挥：省林业厅分管副厅长

成员：省发改委、省财政厅、省农委、省牧业局、省民政厅、省交通厅、省公安厅、省科技厅、省邮政局、吉林出入境检验检疫局、省气象局、省通信管理局、省政府应急办、省政府新闻办、省民航监管办、沈阳铁路局、省森警总队等部门主要负责人。

省指挥部下设办公室和专家组。

办公室设在省林业厅，办公室主任由常务副指挥、分管副厅长兼任，办公室副主任由吉林省林业厅办公室主任和吉林省森林病虫防治检疫总站站长兼任，成员由省林业厅财务处、计划处、造林绿化处、资源处、野生动物保护处、科技产业处、种苗站、林业工作总站、宣传中心等处室负责人组成。

专家组组长由吉林省林业科学研究院院长担任，成员由吉林省林业科学研究院、东北师范大学、吉林农业大学、吉林北华大学和吉林省森林病虫防治检疫总站有关专家组成。

确定省指挥部、省指挥部办公室、各成员单位、专家组以及市（州）、县（市、区）指挥机构主要职责。

对日本松干蚧疫情和栗山天牛灾害的调查监测与报告、应急处置队伍体系建设、应急处置的分级响应、应急处置的信息发布、应急结束、后期评估、善后处理等多个方面提出相关明确要求。同时要求各级政府要建立健全应急处置目标管理责任制，强化工作管理，加大保障措施，对在灾（疫）情应急处置工作中做出突出贡献的单位和个人，将依法给予奖励；因玩忽职守或渎职而造成灾害除治不利，或引起灾（疫）情扩散蔓延而造成损失的单位和个人，将依法追究其刑事、行政以及经济责任。

二、应急处置实施方案

（一）吉林省日本松干蚧疫情应急处置总体实施方案

《吉林省日本松干蚧疫情应急处置总体实施方案》（详见附录三）主要内容包括：疫情分布、发生情况和防控区划，疫情防控的指导思想、坚持的原则和采取的对策，疫情应急处置目标，疫情应急处置技术措施，疫情应急处置任务，治理资金核算七个方面内容。

（二）吉林省栗山天牛灾害应急处置总体实施方案

《吉林省栗山天牛灾害应急处置总体实施方案》（详见附录四），包括灾害发生情况和治理区划，灾害治理的指导思想、坚持的原则和采取的对策，灾害应急处置措施和目标，应急处置技术措施，灾害应急处置任务和治理资金核算共七个方面内容。

三、应急处置技术方案

（一）吉林省日本松干蚧疫情防控技术规程

为了规范吉林省日本松干蚧疫情调查时间、调查方法和防控技术，特制定《吉林省日本松干蚧疫情防控技术规程》（详见附录五）。主要内容包括：疫情调查、疫情预防、疫情防控技术、疫情治理程序 4 个方面内容。

（二）吉林省栗山天牛灾害综合治理技术规程

为了规范吉林省栗山天牛调查时间、调查方法和防控技术，特制定《吉林省栗山天牛灾害综合治理防控技术规程》（详见附录六）。主要内容包括：栗山天牛生物学特性、栗山天牛发生与环境因子的关系、综合防治技术措施三个方面内容。

第四节　吉林省林业有害生物灾（疫）情应急处置预案的启动实施

一、吉林省灾（疫）情应急处置预案启动会议的召开

日本松干蚧疫情和栗山天牛灾害应急处置各项业务材料准备完毕后，吉林省林业厅多次到省政府协调、请示应急处置会议召开事宜，最后由分管副省长敲定，于 2006 年 10 月 13 日召开《吉林省林业有害生物灾害应急预案启动会议》。

参加此次会议的人员为：吉林省政府分管副省长和吉林省政府分管副秘书长；吉林省政府各相关职能部门主要负责人；各相关市（州）政府负责林业工作的主管市（州）长；各相关市（州）林业局局长。

会议由分管副秘书长主持，第一项议程由林业厅分管副厅长通报日本松干蚧疫情、栗山天牛灾害发生情况；第二项议程由参会人员对《吉林省日本松干蚧疫情栗山天牛灾害应急处置工作方案（草案）》进行讨论，就各部门的职责、任务、保障机制与措施提出相关修改意见和建议；第三项议程由分管副省长对全省两种特大森林虫害应急处置工作进行全面部署；第四项议程由分管副秘书长作总结讲话。

（一）吉林省林业厅关于全省灾（疫）情的情况通报

吉林省林业厅对全省日本松干蚧疫情和栗山天牛灾害发生及防控工作的情况进行了通报。

1. 日本松干蚧疫情发生危害及防控工作的情况

1994 年发现疫情侵入后，吉林省林业厅一直在组织进行疫情封锁扑灭和综合治理工作，虽然使日本松干蚧的严重危害在部分县(市)有所减缓，但疫情的扩散蔓延趋势仍未得到明显遏制，疫情的分布面积达到 1.44 万公顷，发生面积 0.91 万公顷，疫情分布区域包括通化、辽源、四平、长春、吉林 5 个地区 16 个县(市、区)的 112 个乡镇。目前，日本松干蚧疫情向东扩散蔓延至桦甸市的二道甸子镇，如果继续向东部地区扩散蔓延，则将对天佛指山国家级自然保护区、长白山国家级自然保护区及长白山美人松保护区赤松林的生态安全构成重大威胁。

吉林省森防检疫总站立项研究的《吉林省日本松干蚧疫情预防、封锁及综合治理技术的研究》科研项目，从日本松干蚧疫情的预防、检疫管理、除害处理、营林防治、生物防治、化学防治等防控技术环节入手，在日本松干蚧疫情防控技术方面取得了突破性进展，经 2003 ~2005 年在疫情发生区部分县区推广应用，使日本松干蚧疫情严重危害的状况得到了明显缓解，部分松林恢复了绿色生机，取得了较为显著的治理效果。

以后一个时期拟采取的日本松干蚧疫情的防控对策为：采取重点保护、重点扑灭、重点监测、综合治理等防控对策，实行分区施策、因林施治的策略。力争到 2010 年疫情扩散蔓延趋势逐步得到有效控制，疫情对重点保护区构成的威胁和压力逐步减轻，日本松干蚧虫口密度显著降低，疫林受害症状明显缓解，使灾害降到最低程度。

由于日本松干蚧疫情在全省分布的面积大、行政区域广、涉及的部门多，单靠林业部门单独奋战，很难实现区域性联防联治，也很难全面完成疫情防控任务并取得预期的防控效果。为此，需要及时启动日本松干蚧疫情应急处置预案，发动社会各方面力量，加大投入，全力控制日本松干蚧疫情。

2. 栗山天牛灾害发生危害及防控工作的情况

栗山天牛是一种专门危害成熟柞树林木的危险性蛀干害虫，破坏性极大。该虫害 1993 年首次在集安市发现，此后灾害不断扩大。目前，全省栗山天牛灾害的发生范围包括：通化、辽源、吉林、四平和白山地区及所属的 16 个县(市、区)。全省 169.7 万公顷的柞树次生林，栗山天牛分布面积已经达到 30.67 万公顷，发生面积 13.2 万公顷，成灾面积 8.3 万公顷，有 220 万立方米柞树立木蓄积严重受害，累计造成的直接经济损失已达到 17.24 亿元。

栗山天牛灾害发生以来，为了全面控制灾情，吉林省林业厅在虫害木采伐指标和治理资金方面给予了重点支持。但受防治技术的局限，灾害的治理工作始终没有达到预期的目的。近几年来与中国林业科学研究院密切合作，对栗山天牛防控技术进行了深入研究，取得了阶段性成果，防控技术不断趋于成熟，下一步灾害治理主要采取以下对策和技术措施。

一是对 220 万立方米蓄积的虫害木进行重点伐除和除害处理，铲除虫源，有效降低林分中栗山天牛的种群密度。

二是依靠柞树伐根萌生和补植珍贵树种造林的方法进行生态恢复，向生态系统较为稳定的针阔混交林方向发展。

三是利用近期研究成熟的黑光灯诱杀成虫技术、工厂化生产花绒寄甲和管氏肿腿蜂生物防治等技术措施实施综合治理。

由于栗山天牛灾害发生面积大、范围广，治理的规模大、时间长、需要较多的灾害防控和治理经费。因此，需要启动应急处置预案，由政府统一组织和领导，及时取得部门和社会各界的支持与配合，对灾害进行全面防控。

(二)进一步讨论和完善应急处置工作方案(草案)

参会的省直属、中央直属各相关部门负责人针对《吉林省日本松干蚧疫情、栗山天牛灾害应急处置工作方案(草案)》进行了讨论，就各部门的职责、任务、保障机制与措施提出相关的修改意见和建议，最终形成了《吉林省日本松干蚧疫情、栗山天牛灾害应急处置工作方案》(详见附录二)，并通过林业有害生物灾害应急处置指挥部授权以吉林省林业厅文件印发实施。

(三)主管副省长在应急处置预案启动会议上的讲话

针对吉林省林业有害生物灾害的危害程度，省政府决定启动吉林省林业有害生物灾害应急处置预案。在吉林省政府召开的林业有害生物灾害应急处置预案启动动员会议上，省政府主管领导就会议的意义、当前面临的形式以及预案启动实施工作要求做了重要讲话，并着重强调：这次会议是省政府决定召开的，主要任务是通报灾害情况，启动特大虫害处置预案，部署具体工作任务，落实应急处置措施，进一步统一思想，动员全省力量，迅速行动起来，开展特大虫害预防除治工作，确保全省森林健康和生态安全。省林业厅通报了两种特大林业有害生物灾害的发生情况，疫情严峻，危害重大，形势逼人。为了组织开展好这次灾害的应急处置工作，代表省政府讲了以下几个方面工作要求。

统一思想，全面增强灾害应急处置工作的责任感和紧迫感。从目前情况看，我省日本松干蚧和栗山天牛这两种灾害危害严重，已经到了非下大力气治理不可的程度，必须采取应急处置这种非常规的手段和措施，动员全社会的力量加以治理。因此，省政府研究决定，从今天起，全面启动我省日本松干蚧特大疫情和栗山天牛特大灾害应急处置预案，这是对林业特大有害生物灾害实行严密防控的一个重大决策。对此，我们一定要增强防控这两种灾害的责任感和紧迫感。

日本松干蚧特大疫情和栗山天牛特大灾害，已经对我省森林资源构成严重威胁。我省是国家重点林业省份之一，全省森林面积1.2亿亩，森林覆盖率达到42.5%。东部长白山是国家重要的木材生产基地，是天然的自然资源宝库，平均森林覆盖率达到65%以上；长白山林区的生态区位十分重要，生态功能十分突出，是我省主要河流的发源地，为中部农业区涵养了十分重要的水资源。我省中西部地区建设有比较完善的农田防护林体系，农防林庇护着中部的大粮仓和西部的大牧场，成为我省农牧业发展的重要生态屏障。正是大面积森林的存在，对改善我省生态环境，促进经济、社会发展起到了十分显著的保障作用。但近些年来，随着全球气候变暖、北方气候持续干旱，地区间经贸往来频繁，致使我省林业有害生物灾害的发生形势十分严峻。特别是20世纪70年代以来，我省营造的大面积人工林中，有相当比例的针叶树种是赤松、油松、黑松，分布在整个中东部地区。同时，柞树林开始进入成过熟阶段，已经进入生长衰弱期和病虫害高发期。如果日本松干蚧和栗山天牛蔓延的势头不能及时得到控制，吉林林业将会遭受严重打击。“振兴吉林林业，建设秀美吉林”的目标就难以实现，甚至国家重点林业省份的地位也会发生动摇。我们必须重视森林有害生物的防治，切实保护森林资源安全。

严峻的灾害蔓延形势，逼迫我们必须采取积极有效的应对措施。据统计，近几年来，全省林业有害生物灾害发生面积每年都在35万公顷左右，年均造成的直接经济损失达到29亿元，对我省森林资源和生态环境建设造成的破坏十分严重。日本松干蚧疫情侵入我省后，扩散蔓延势头不减，发生面积不断增大，疫点不断增多，造成的经济生态损失十分重大，对长春市多年的绿化成果、对天佛指山国家级自然保护区和长白山国家级自然保护区以及长白山美人松保护区天然赤松林的生存安全构成严重威胁；栗山天牛灾害发生面积13.2万公顷，占我省柞树林分总面积的8%，在通化、吉林、辽源等地区域性发生，危害猖獗，造成220万立方米林木质量降低或失去利用价值，累计造成的直接经济损失高达17.24亿元，如果不抓紧救治，将对我省柞树资源带来毁灭性灾难。严峻的灾害形势逼迫我们必须采取应急措施，动员组织全省力量，大力度、大规模地开展防控除治工作。

为适应林业强省的建设需要，我们必须在较短时间内解决有害生物灾害问题。吉林省是粮食大省、牧业大省，也是林业大省。全省林业用地面积达到942万公顷，占辖区面积的51%；森林资源丰富，木材蓄积量达到8.6亿立方米，据不完全统计，2005年林业总产值达到234亿元，围绕林业形成的经济总量达到600亿元，全省仅野生动物驯养、加工所形成的经济规模在100亿元以上，并且林业产业化还有很大发展空间。因此，加快林业发展，是关系全省新农村建设、小康社会建设的一个重大战略问题，如果林业遭受有害生物灾害威胁，不能在短期内得到有效控制，全省林业发展必将受到影响，经济和社会发展也将受到较大冲击。对此，各有关地区、各部门和各单位的领导同志一定要增强启动预案工作的紧迫感和责任感，加大工作力度，采取得力措施，切实把这项工作抓出成效。

明确任务，确保灾害应急处置工作有的放矢。灾害应急处置任务艰巨，时间紧迫，责任重大。为了确保灾害应急处置工作紧张、有序地开展，全面完成灾害治理和防控任务，切实达到应急处置预期目标，要坚持以下指导思想：以科学发展观为指导，紧紧围绕全面建设小康社会的总目标，遵循“预防为主，科学防控、依法治理、促进健康”的林业有害生物防治方针，以全面提高控灾减灾能力为中心，实行政府统一领导、分级负责，行业配合、相互协作，依靠专家、科学防控，全面动员、快速反应等有效措施，落实灾害应急处置责任，建立健全林业有害生物灾害应急处置长效机制，确保全省森林资源和森林生态安全，促进国民经济持续、快速、健康、协调发展。具体目标是：利用5年时间，到2010年，遏制日本松干蚧疫情的严重危害和扩散蔓延，实现对重点疫情保护区的有效保护；到2011年，全面解除栗山天牛灾害的危害，达到有虫不成灾的最终目标；对受害林分全面进行生态恢复，将林业有害生物灾害造成的损失降到最低程度。

日本松干蚧疫情防控要做好三项工作：一是要对疫情进行全面调查监测。各疫情防控区的林业主管部门要在每年5月中下旬和8月中下旬，组织相关人员按事先确定的监测责任区，适时对日本松干蚧寄主林分逐林班进行虫情踏查和标准地调查，详细掌握疫情分布、发生、危害情况，为疫情防控工作提供翔实依据。二是要对疫情进行全面防控。主要从两方面入手，一方面对寄主林分进行全面的清林和营林抚育，伐除衰弱木，通风透光，促进林分生长，丰富林下生物多样性，不断提高林分抵御灾害能力。另一方面要加大疫情的检疫防范力度，严禁日本松干蚧寄主树木及其产品进入未发生区。严格执法，一旦发现有寄主树木和产品流入，要立即依法扣留，全面进行除害处理。三是抓好疫情封锁除治和综合治理。对封锁扑灭区主要采取化学除治，建造疫情无寄主树木隔离带；对综合治理区要实施以生物防治为主、化学防治救急为辅的综合治理措施，最大限度地控制疫情传播，减少灾害损失。

栗山天牛灾害治理也要做好三项工作：一是做好虫情调查监测。省里要求对栗山天牛调查监测覆盖率要达到100%，并详细掌握灾害发生区内林木受害情况和栗山天牛种群发展趋势，为治理工作提供翔实依据。二是及时实施虫害木采伐、除害处理及恢复更新。对重度发生林分要实行皆伐，对中度发生林分要实施虫害木择伐，要对伐除后的虫害木全面进行除害处理，铲除虫源。三是认真实施综合治理。利用花绒寄甲和管氏肿腿蜂进行生物防治，在成虫羽化高峰年利用黑光灯进行全面诱捕，动员社会力量实行人工捕杀，力求尽早全面解除栗山天牛灾害，促进灾害区的生态恢复。

强化措施，确保灾害应急处置工作取得预期效果。启动应急处置工作是一项复杂的社会系统工程，单靠某个部门很难实现预定的工作目标。要全面完成工作任务，必须加大组织，强化领导，落实关键措施，把每一项工作做到实处。为确保应急处置工作顺利启动开展，按照预案要求，省政府成立了日本松干蚧疫情和栗山天牛灾害应急处置指挥部，成员单位包括省林业厅、省发改委、省财政厅、省农委、省牧业局、省政府新闻中心、省交通厅、省公安厅、省科技厅、省邮政局、省进出境动植物检疫检验局、省气象局、省通讯管理局、省民航管理局、省森警总队、沈阳铁路局等部门，上述相关部门的分管负责人为指挥部成员。

省灾害应急处置指挥部下设办公室和专家组。办公室设在省林业厅，专家组成员由省林业科学研究院、吉林农业大学、东北师范大学、吉林北华大学和省森林病虫防治检疫总站有关专家组成。

省指挥部主要职责是：指挥日本松干蚧疫情和栗山天牛灾害的灾情调查监测、灾害预防和灾害应急处置以及生态恢复工作，负责召集省指挥部全体成员会议，通报灾害情况，协调解决灾害应急处置工作中的一系列人、财、物重大问题。

办公室职责是：负责处理灾害应急处置的日常管理工作，协助省指挥部协调有关应急处置工作。

专家组的职责是负责日本松干蚧疫情和栗山天牛灾害应急处置工作的核查、评估和分析，为省指挥部提供技术咨询，提出对灾害的应急处置意见和建议，组织开展灾害预测、预警、预防和应急处置方面的科学研究。

省政府要求灾害应急处置相关的各市（州）政府都要分别成立应急处置指挥机构，根据灾害应急处置需要和省指挥部的要求，在市（州）人民政府的直接领导下组织开展辖区内的灾害应急处置工作。具体负责制定辖区内灾害应急处置实施方案，经省指挥部办公室批准后实施；具体落实灾害各项应急处置措施，协调相关部门联合开展应急处置工作，保障应急处置工作所需经费和其他需要；建立健全灾害应急处置的责任机制，层层落实任务和责任，加强对应急处置现场的监督检查和指导；按照省政府依法划定疫区、疫情保护区的需要进行强化管理，对灾害实施封锁扑灭，严防灾情传播扩散；及时向市（州）人民政府和省指挥部报告有关情况。灾害应急处置相关的县（市、区）也要分别成立指挥机构，负责组织制定灾害现场应急处置方案，经市（州）指挥部批准后，严格按方案的有关规定和要求，保障灾害应急处置所需的物资、仪器设备、药剂药械、人员队伍、经费和其他需要。要组织专业队伍对发生区及周边地区灾情进行调查、检验、分析和跟踪监测，利用先进的技术对灾情进行快速封锁、除治及扑灭，严防寄主树木及其产品无序流动，防止灾情扩散蔓延。

林业部门是灾害应急处置工作的牵头部门，要切实发挥林业部门在灾害应急处置过程中的主力军作用，省林业厅要切实肩负起灾害应急处置工作的规划方案制定和落实以及监督检查和技术指导工作。具体负责制定灾害应急处置总体实施方案和总体工作方案，落实各项应急处置任务和措施，组织实施防灾、控灾、减灾体系的实施和运作。根据应急处置实际需要，提出划定疫区、疫情保护区、设立检查站和提出实施封锁隔离建议，负责向国家林业局和省政府报告相关情况和向灾害发生区市、县政府通报情况。

各级林业主管部门要充分做好应对灾害的思想准备、机制准备和工作准备。要全面加强监测预警体系、检疫预灾体系、防灾减灾体系基础设施建设，建立快速准确的信息采集、传递、处理系统，建立正常运转、指导有力的应急信息系统及高效快捷的专家诊断系统，主动为政府决策当好参谋。要重点建立健全信息报告体系、科学预防体系、防灾救灾体系和生态恢复体系。要全面加大森防检疫机构基础设施、设备建设投入，加强防治检疫专业人才和队伍的应急处置能力的培养和训练，强化培训和实战演练，全面提升对林业有害生物灾害的监测预警、应急处置的能力和水平。同时，要全面加强防治、检疫执法能力建设，规范执法行为，要经常性地开展专项执法检查行动，严厉打击逃避检疫、违规调运行为。

要充分发挥各部门工作优势，加强相互间的协作和配合。要按照条块结合、资源整合和降低行政成本的要求，充分利用各相关部门的职能优势，加强相互间的协作配合，提高应急工作效率。为了避免在启动预案工作中出现职能混乱、责任不清的问题，经省应急处置指挥部研究决定，制定了灾害应急处置工作方案，并分别对相关部门职责进行了规定。各部门都要按照方案的规定，认真履行职责，充分发挥职能作用，切实加强工作配合协调，严禁在工作中推诿扯皮，要围绕自身的任务制定灾害应急工作保障预案，落实具体负责的领导人员和工作人员，保证各级、各部门应急处理政令畅通、运作有序，提高对林业重大灾害的防控能力。

要实行科学防控，联防联治，全面提高对灾害的应急处置成效。在灾害应急处置过程中，要严格实行《灾害应急处置设计任务书》和《灾害应急处置作业质量验收书》制度，无论是在灾情的调查监测方面，还是在灾害的预防和封锁扑灭及灾后生态恢复方面，都要对林班、小班全面实行作业设计和作业质量验收，强化制度性和科学性，做到治理一块，解除一块，避免一边治理一边蔓延的情况发生。此次灾害发生区域广、面积大，涉及省际、地区间、县域间毗邻和交错地段的灾害应急处置，要搞好毗邻地区的技术交流和信息沟通及应急处置措施同步开展，建立起联防联治、群防群治的联动机制。我省与辽宁省毗邻，均是日本松干蚧疫情和栗山天牛灾害的发生危害区，省林业厅首先要主动与辽宁省林业主管部门沟通，提出我省对灾害的应急处置做法，取得辽宁省林业主管部门的协作和配合，在两省交界的县份共同实施灾害防控。省内地区间、县域间、乡镇间以及林场间的灾害应急处置工作要全面加强灾情及应急处置信息沟通，对毗邻插花交界处的灾害区，应急处置要进行统一设计，统一作业，确保整体应急处置效果，全面实行联防联治，严防留下死角，防止灾害死灰复燃。各协作市、县要将联防联治的组织机制及工作制度报上一级防控指挥机构办公室备案，真正实现灾害应急处置工作的规范化、科学化和制度化。

要正确引导灾害应急处置宣传工作，努力营造良好舆论和群众积极参与的社会氛围。这次林业生物灾害发生范围广，防治难度大。要加强舆论宣传和引导，既要充分利用各种媒体通过合理有效的途径加强对灾害发生地广大群众的宣传引导，使他们了解灾害的危害，增强忧患意识，自觉遵守有关规定，积极支持并参与灾害的应急处置工作。同时又要把握尺度，建立起信息和新闻发布制度，按照准确把握、正确引导、严格把关的原则，做到统一组织，把握时机，注重实效。发布的内容、程序按规范性格式由省林业厅统一组织，归口管理，专人负责，任何单位和个人不得擅自对外发布应急处置信息，确保全省林业经济健康发展。

要建立健全灾害应急处置奖惩机制，强化组织保障。要加强灾害应急处置工作的监督和检查，对在灾害应急处置工作中成绩显著的单位和个人，要及时给予表彰和奖励；对组织领导不利，对应急处置工作怠慢、行动迟缓、措施不得力，甚至玩忽职守或渎职而造成损失和灾情扩散蔓延的，要追究相关领导的行政、刑事和经济责任。

(四)省政府分管副秘书长在预案启动会议上的总结讲话

在省政府召开的林业有害生物灾害应急预案启动会议上，省政府分管副秘书长在总结讲话中指出：这次会议的目的就是对启动我省日本松干蚧疫情和栗山天牛灾害应急处置预案进行紧急动员、统一思想、落实任务、强化各项保障措施。近年来，日本松干蚧疫情和栗山天牛灾害在我省分布、发生和危害的区域越来越广，灾害造成的各种损失越来越大，已直接影响到我省生态环境建设和经济社会发展，到了非治不可的程度。省政府研究决定，必须采取非常规的应急处置措施，及时启动两种虫害应急处置预案，通过政府的统一领导，分级负责，条块结合，充分整合和利用现有各方面资源优势，加强合作，齐心协力，举全社会的力量，在最短的时间内全面控制灾情。

我省发生的日本松干蚧疫情和栗山天牛灾害无论从发生区域、灾害面积，还是造成的直接损失和潜在威胁，都是十分严重的，不能低估。经专家审定，日本松干蚧疫情和栗山天牛灾害均已构成红色预警级别的特大级灾害，要求我们必须高度重视，迅速行动起来，组织和调动社会各方面力量，对两种虫害实施全面的防控，将损失降低到最低程度。

主管副省长就预案启动工作做了重要讲话，进一步统一了思想、统一了认识，增强了大家对灾害应急处置工作的责任感和紧迫感，明确了此次灾害应急处置总体目标和任务，明确了各级政府和相关部门的具体任务和责任，提出了确保灾害应急处置工作取得预期效果的六项保障措施，工作思路非常清晰，任务十分明确。就此次会议的传达、贯彻再讲以下几个方面意见。

一是要迅速传达会议精神。首先要在各级政府和职能部门领导班子中贯彻会议精神，然后迅速逐级进行传达，对分管副省长的讲话精神要拿准吃透，对下达的任务必须逐项加以落实，迅速进入启动灾害应急处置的紧急状态。

二是要突出一个思想认识问题。各地、各部门要从各自的实际情况出发，突出解决好对灾害应急处置工作重要性、紧迫性、艰巨性和长期性的认识问题，只有解决好思想认识问题，工作思路和方向才会明确，才能全面做好两种虫害的应急处置工作。

三是全面履行应急处置预案程序。要尽快成立相应的灾害应急处置组织领导机构。目前，省级指挥机构已经成立，省直各部门和相关市(州)应急处置指挥机构要尽快编制切实可行的应急处置规划和实施方案，明确目标、任务和具体措施。规划和方案在2006年10月20日前上报灾害应急处置指挥部办公室审定后迅速实施。

四是要加强组织领导，开好启动实施应急处置预案动员会。此次应急处置工作区域广、面积大、任务重，要以各级政府为主导，相关地区各级政府为第一责任人，逐级成立应急指挥机构，指挥协调所属各相关部门，形成合力共同完成预案涉及本地区、本部门的应急处置工作任务。同时，组织和动员全社会力量，充分调动各方面的优势和工作积极性，把任务和责任逐项加以落实。

五是要发挥林业部门的专业和技术优势，为各级政府当好参谋，加强监督检查及技术指导。要在灾害应急处置实施过程中结合正常工作全面落实各项任务和措施，加强协调，及时沟通信息，全面总结经验和教训，不断提高对灾害应急处置能力和水平，确保灾害应急处置总体目标的全面实现。同时，在应急处置过程中不断建立和巩固好防灾控灾的长效机制。

二、国家林业局大力支持吉林省的预案启动实施工作

2006 年 10 月 20 日，在吉林省林业有害生物灾害应急处置预案启动不久，吉林省主管副省长代表吉林省政府，率省政府分管副秘书长和吉林省林业厅分管副厅长等一行到国家林业局，就吉林省日本松干蚧疫情和栗山天牛灾害发生、危害情况和应急处置预案的启动情况向国家林业局亲自进行了汇报，受到国家林业局领导的热情接待和高度重视。

国家林业局领导对吉林省请求国家帮助解决的问题一一予以了答复，并表示在资金、物资及虫害木伐除限额方面给予最大的帮助。国家林业局的态度，极大地支持了预案启动实施工作的顺利开展。

三、应急处置预案启动后的有关准备工作

（一）全面贯彻落实省政府应急处置预案会议精神

吉林省林业有害生物灾害应急处置预案启动会议结束之后，各地对会议精神进行了全面的贯彻落实，当地政府和林业主管部门纷纷组织召开了相应的应急处置预案启动响应会议，依据省里的模式，成立组织领导机构，建立各项规章制度，制定应急处置规划和年度实施计划，落实应急处置任务和责任，层层签订应急处置工作责任状，抓紧进行应急处置资金和物资储备，为应急处置工作奠定物质基础。

（二）多渠道筹集应急处置经费

预案启动后，省林业厅和省财政厅联合下发文件，要求灾害应急处置区各级财政和林业部门要全面加大对应急处置工作的资金投入力度；明确提出各地育林基金用于应急处置工作的比例要提高到 4% 以上；国家财政和省财政转移支付的防治补助费要投入到位，严禁截留和挪用；要全面加强林业有害生物灾害应急体系建设，购置和储备足够的应急处置各种物资；同时还要求各级财政部门把应急处置资金纳入财政预算，为全省的林业有害生物灾害应急处置工作提供必要的资金保障。

（三）对应急处置技术进行全面培训

应急处置预案启动后，在 2006 年 12 月和 2007 年 3 月，吉林省林业厅举办 2 次应急处置技术培训班，聘请有关专家详细讲授应急处置各项技术措施和综合配套应用技术以及应急处置规划和年度实施方案编制等相关业务知识。两期培训人数达到 214 人次，受训人员为各相关市（州）以及县（市、区）森防检疫机构的业务骨干，经省级培训后，由他们再次对本辖区的森防业务人员和森保员、兼职检疫员进行系统培训。据统计，全省各级森防检疫机构培训应急处置技术人员 1 232 人次，基本上分布到灾害发生区的各相关林场和林业工作站。

(四)监测分析灾(疫)情发展态势

吉林省林业厅组织省、市(州)、县(市、区)三级森防检疫机构加大对灾(疫)情的调查监测力度，建立了辖区内重大突发性林业有害生物调查监测工作制度，通过国家级和省级中心测报点的示范和带动作用，健全以林场、乡镇林业站为基本调查监测单元的林业有害生物调查监测网络，落实森保员为具体调查监测工作的第一责任人，由森保员组织本单位护林员共同对所辖区域内的森林、林木生长状况以及林业有害生物发生危害情况进行定期调查，按规定和要求上报调查监测数据，省、市两级森防检疫机构定期汇总、分析灾(疫)情监测情况，密切关注灾(疫)情发展态势，为有效防控灾(疫)情提供第一手资料，为灾(疫)情应急处置工作提供科学依据。

第五节 吉林省林业有害生物灾(疫)情应急处置预案实施情况

一、日本松干蚧疫情的应急处置

(一)疫林采伐

对已经失去治理价值的重度受害的日本松干蚧寄主林分采取伐除措施治理，皆伐面积2 473公顷，采伐蓄积18.3万立方米，出材量10.98万立方米。

(二)更新造林

对2 473公顷疫林皆伐后的林地及时进行更新造林。2006～2009年累计更新造林用苗371万株进行生态恢复，主要造林树种为红松、云杉、核桃楸、水曲柳等珍贵树种。

(三)除害处理

对2007～2009年采伐的10.98万立方米日本松干蚧疫材疫木，均在采伐后的第二年5月全部实施化学熏蒸除害处理，确保疫材疫木不传播疫情。

(四)综合治理

对日本松干蚧疫情进行了营林防治、生物防治、化学防治，累计防治面积达到8.85万公顷次，其中，营林防治面积3.31万公顷次，生物防治面积1.87万公顷次，化学防治面积3.67万公顷次。

(五)建造疫情自然传播隔离带

日本松干蚧疫情自然传播隔离带北起敦化市，经靖宇县、抚松县，抵达临江市，隔离带总长度315千米，宽20千米，完成隔离带内寄主林分设计采伐面积49.4公顷，采伐蓄积量3 853.2立方米，出材量2 311.9立方米。

二、栗山天牛灾害的应急处置

(一)生物天敌可持续控制

1. 利用管氏肿腿蜂进行生物防治

省林业厅设在长岭县的管氏肿腿蜂繁育基地加大工厂化生产规模，2006年在栗山天牛1～2龄幼虫期，共投放60万管用于栗山天牛灾害防治，生物防治面积8 000公顷，平均防治效果24%。

2. 筹建花绒寄甲繁育基地

省林业厅投资40万元、梅河口市林业局投资20万元，在梅河口市林业局建立了花绒寄甲繁育基地，从中国林业科学研究院引进0.7万头花绒寄甲成虫作为种源，共生产花绒寄甲成虫达10万头，卵卡7.5万卡，30%作为种源，70%分别发放到栗山天牛发生县份，用于栗山天牛虫害的生物防治，防治面积3 560公顷。

(二)虫害木采伐

4年来，累计择伐虫害木蓄积85.06万立方米，其中：吉林省林业厅下达虫害木专项采伐指标46.85万立方米，各地利用自有生产性木材采伐指标采伐38.21万立方米，对栗山天牛寄主林分采取虫害木择伐措施，择伐面积8.83万公顷，出材量45.08万立方米。

(三)补植更新造林

2006～2009年累计对8.83万公顷实施虫害木择伐的林分，均在择伐后的第二年春季及时进行补植更新造林，补植造林用苗664万株，主要补植树种为红松和云杉。

(四)除害处理

在每年5～7月之间，对冬季采伐下来的栗山天牛虫害木全部实施除害处理，彻底杀灭采伐下来的虫害木中的虫源。2007～2009年累计除害处理材积36.65万立方米。

(五)人工捕杀害虫

根据中国林业科学研究院对栗山天牛专用杀虫灯的最新研究成果，省林业厅组织配套生产直流蓄电池供电式栗山天牛专用诱虫灯6 000台，在2008年7月5日至8月15日共40天时间里，对栗山天牛成虫进行一次全面的灯诱人工捕杀“突击行动”，共捕杀栗山天牛成虫1 048.5万头，折合重量24.16吨。为了检验“突击行动”防治效果，2009年6～7月，在8个县(市、区)进行了灯诱捕捉栗山天牛成虫防治效果调查。在轻、中、重度不同发生地块共伐树解剖调查115株树，统计结果为全省平均防治效果为47.77%。

三、灾(疫)情应急处置资金投入情况

资金是灾(疫)情应急处置工作的重要保障。为了保障林业有害生物灾害应急处置预案启动工作的顺利实施，吉林省林业厅积极向国家林业局、财政部以及省、市、县级财政部门争取资金方面的支持，同时挖掘育林基金和林业自有资金以及社会资金的投入潜力，多渠道广泛筹集防控资金，努力为灾害应急处置工作提供资金上的保障。

(一)资金总体投入情况

2006年以来，吉林省林业有害生物防治工作总资金投入已经到达21 118万元，其中：国家累计投入6 291万元，省财政累计投入2 000万元，省林业厅累计投入2 415万元；市级财政累计投入2 450万元，县级财政累计投入1 638万元，基层林业部门累计投入6 324万元。上述资金投入用于林业有害生物灾(疫)情应急处置资金达到10 073万元，占资金总投入的47.7%。

(二)国家和省资金投入情况

2006年筹集了3 794万元。其中：国家财政转移支付防治补助费1 101万元，省财政投入500万应急处置专项资金，国家林业局松蚧虫基础设施建设项目投资1 193万元，省林业厅药剂药械采购300万元，重点公益林管护费、育林基金上缴部分共提取700万元。

2007年筹集了2 050万元。其中：国家财政年度转移支付防治补助费1 050万元。省

财政厅也筹备了年度应急处置专项资金500万元，省林业厅配套500万元资金，通过政府采购购置了应急处置所需的部分药剂药械。

2008年筹集了2 091万元。其中：国家财政年度转移支付防治补助费1 101万元。省财政厅也筹备了年度应急处置专项资金500万元，省林业厅配套490万元资金，通过政府采购购置了应急处置所需的药剂药械。

2009年筹集了2 771万元。其中：国家财政年度转移支付防治补助费700万元。省财政厅也筹备了年度应急处置专项资金500万元，国家林业局对栗山天牛防控体系建设投资1 146万元，省林业厅配套425万元资金，通过政府采购购置了应急处置所需的部分药剂药械。

第九章　吉林省林业有害生物灾害应急处置工作典型案例

2008年，在吉林省林业有害生物灾害应急处置过程中发生了历史上从来没有过的、可以载入森防检疫史中的两件具有里程碑重要意义的大事件。一是省政府召开了全省林业有害生物防控暨重大森林虫害应急处置视频工作会议，首次与各市(州)政府签订了林业有害生物灾害防治工作目标管理责任状，全面建立政府与林业行业的“双线四长”责任制。二是开展了灯诱捕捉栗山天牛成虫“突击行动”，灾害发生区共捕获栗山天牛1 048.5万头，折合重量达到24.16吨。本章将着重介绍这两个典型案例。

第一节　吉林省林业有害生物防控工作视频会议召开

根据全省林业有害生物防治及重大林业有害生物灾疫情应急处置工作需要，吉林省林业厅将全省林业有害生物防治工作安排意见向吉林省政府进行了专题汇报，得到省政府主管领导的高度重视。并建议省政府召开一次全省林业有害生物防控暨重大灾疫情应急处置工作会议，请省政府与各市(州)政府签订林业有害生物防治工作目标管理责任状，这一建议得到了省政府主管领导的同意和支持。主管副省长决定召开一次全省林业有害生物防控暨重大灾疫情应急处置工作视频会议，并代表省政府亲自与各市(州)政府签订目标管理责任状。

一、参加会议人员

为了加强全省林业有害生物防控工作，推动日本松干蚧疫情、栗山天牛灾害应急处置工作的开展，特别是为了部署人工捕杀栗山天牛成虫“突击行动”工作，省政府于2008年5月20日上午9：00，召开了全省林业有害生物灾害应急防控工作视频会议(以下简称“5.20视频会议”)。参加会议人员如下：

(一)省政府主会场

省政府主管副省长，省发改委、省财政厅、省农委、省科技厅、省公安厅、省交通厅、省林业厅、省政府应急办、省政府新闻办、省气象局、吉林出入境检验检疫局、省邮政局、省通信管理局、民航吉林监管办、省森警总队等部门负责人。长春市、吉林市、通化市政府分管林业工作的领导和林业局局长。并请吉林日报社、吉林人民广播电台、吉林电视台派记者到会。

(二)各市(州)政府分会场

各市(州)人民政府、长白山管委会分管林业的领导同志及有关部门(具体范围比照省主会场确定)负责人。各市(州)林业有害生物应急处置指挥部成员单位负责人。

(三)各县(市、区)政府分会场

各县(市、区)人民政府分管林业的领导同志及有关部门(具体范围比照省主会场确定)负责人。各县(市、区)林业有害生物应急处置指挥部成员单位负责人。有栗山天牛发生的乡(镇)和林场负责人。各县(市)人民政府负责通知本辖区内的省、市(州)属国有林业局、森林经营局负责人及森防站长到分会场参加会议。

二、会议主要内容

吉林省林业有害生物灾害应急防控工作视频会议日程共有四项：一是由省林业厅通报全省林业有害生物发生防治情况和日本松干蚧疫情、栗山天牛灾害应急处置工作开展情况；二是由长春市、吉林市、通化市政府分别汇报日本松干蚧疫情、栗山天牛灾害应急处置工作开展情况及2008年工作准备情况；三是省政府与各市(州)政府签订“林业有害生物防治工作目标管理责任状”；四是省政府领导对全省林业有害生物防控暨重大灾疫情应急处置工作进行全面部署。

(一)吉林省林业厅应急处置工作开展情况通报

在视频会议上，吉林省林业有害生物灾害应急处置常务指挥、吉林省林业厅厅长通报了应急处置工作情况：应急处置预案启动实施以来，全面加大防控工作力度，栗山天牛虫害发生面积不断减少，日本松干蚧疫情扩散蔓延速度得到遏制，严重危害程度减轻。防控工作正按照省政府应急预案要求稳步推进，应急处置工作开局良好，基础扎实。

预案启动以来做的主要工作：一是在林业有害生物防治补助费、天敌繁育中心建设项目以及预防体系二期工程续建项目上积极争取，得到了国家林业局支持。二是各级政府均层层成立了应急处置组织工作机构，明确了应急处置任务和责任，做到了政令畅通、运作有序。三是制定下发了应急处置工作方案、总体实施方案和技术方案，加强了应急处置规范指导，应急处置工作稳步推进。四是预案启动以来，虫害木采伐蓄积量85.6万立方米，缓解了灾害扩大蔓延的态势，并积极开展了生物防治和综合防控工作。五是各地及有关部门积极开展应急处置预案响应实施工作。制定和下发了有害生物应急处置规划和年度实施方案，落实了政府和行业双线防治工作目标管理责任制，与各治理区签订了防控责任状，实行问责制，强化政府行为，全面加大防控资金投入力度。

对两种特大虫害应急处置工作提出了具体防控意见：

在栗山天牛灾害治理方面：一是在2008年7月至8月间，对栗山天牛成虫实施人工捕杀“突击行动”，计划捕捉面积13.14万公顷，预计捕杀害虫数2 000万头。二是要全面完成2008年度18.6万立方米年度栗山天牛虫害木采伐计划任务。

在日本松干蚧疫情防控方面：一是完成315千米长、20千米宽的疫情隔离带的建造工作。二是要全面完成日本松干蚧疫情虫害木采伐计划任务。三是继续加大综合治理力度，进一步遏制灾(疫)情的危害。

（二）长春市、吉林市、通化市政府主管副市长汇报

长春市、吉林市、通化市政府主管市长分别就各自实施的日本松干蚧疫情、栗山天牛灾应急处置工作开展情况及2008年应急处置工作准备情况进行了详细汇报。

（三）签订林业有害生物防治工作目标管理责任状

会上，主管副省长代表省政府与各市（州）政府签订“林业有害生物防治工作目标管理责任状”，这是吉林省政府首次与各市（州）政府签订责任状，也是吉林省森防工作历史上的一个里程碑。

吉林省林业有害生物防治目标管理责任状

（2008～2010）

为有效防控林业有害生物灾害，保护森林资源，维护生态环境，促进森林健康，保护我省国土生态安全，促进生态文明建设、社会和谐和我省经济社会可持续发展，全面完成国家林业局下达我省的林业有害生物防治目标管理“四率”指标，明确各级政府的责任，层层落实责任目标和任务，根据《国家林业局关于下达“十一五”全国林业有害生物防治目标管理指标的通知》要求，签订本责任状。

一、全省林业有害生物防治目标管理指标

四　率	2008年	2009年	2010年
成灾率（‰）	4.2	3.5	2.5
无公害防治率（%）	81	83	85
测报准确率（%）	88	89	90
种苗产地检疫率（%）	96	98	100

二、考核办法

1. 省政府责成省林业厅根据《国家林业局关于下达“十一五”全国林业有害生物防治目标管理指标的通知》及《吉林省林业厅关于“十一五”期间全省林业有害生物防治目标管理考核工作的通知》的规定，对××市各年度的林业有害生物防治目标管理工作进行考核，××市政府也要结合实际分解“四率”指标，并与所辖各县（市、区）政府签订目标责任状。

2. 目标管理考核实行百分制，95分及以上为优秀，86～94分为良好，75～85分为合格，75分以下为不合格。

3. 对全省重大突发性林业有害生物应急处置工作的考核及奖惩，按省林业厅制定的林业有害生物应急处置总体实施方案各年度任务和《吉林省林业有害生物应急处置工作考核管理办法》执行。

4. 对年度考核中成绩突出，完成年度责任目标并被评为优秀的单位，由省林业厅根据《森林病虫害防治条例》、《植物检疫条例》和《吉林省森林植物检疫实施办法》的有关规定给予奖励；对组织管理不力，不能及时预防和除治重大突发性林业有害生物灾害，贻误防治时机的，或在目标管理考核中不合格和应急处置考核不合格，依法追究相关行政领导责任。

目标下达单位：吉林省人民政府（盖章）
签状人：
目标承接单位：××市人民政府（盖章）
签状人：
二〇〇八年五月二十日

（四）主管副省长在“5.20”视频工作会议上的重要讲话

主管副省长首先明确了这次会议的主要任务，就是动员全省力量迅速行动起来，积极开展林业有害生物防控工作。并代表省政府讲了三方面意见。

认清形势，高度重视林业有害生物防控工作。由于近年来异常气候和多种因素影响，我省林业有害生物灾害呈阶段性持续高发态势，而且灾情严重，已经到了非下大力气治理不可的程度。林业有害生物防控工作形势严峻、任务繁重，各地和各有关部门必须从保护森林资源安全的大局出发，站在推动全省经济、社会和谐发展的高度，按照生态省建设的总体要求，提高认识、统一思想、坚定信心、加大力度、强化措施，进一步增强责任感和紧迫感，全面深入做好林业有害生物防治工作，推动全省林业经济健康快速发展。

突出重点，进一步明确林业有害生物防控工作的目标任务。针对全省林业有害生物灾害的严峻形势，为进一步深入做好全省林业有害生物防控工作，确保森林资源安全，省政府决定在2006年启动林业有害生物灾（疫）情应急处置预案的基础上，从2008年开始，再用3年时间，在全省深入开展一次以治理日本松干蚧和栗山天牛为重点的林业有害生物防控行动，加大防控措施，有效遏制林业有害生物灾害的发生、传播和蔓延，切实维护森林资源安全。

防控工作总的要求是：以有效保护森林资源和生态环境为目标，以提高防灾减灾能力为中心，以健全和完善防控基础设施为重点，以科技创新和机制创新为动力，强化对现有林业有害生物灾害的监测和防控，切实对森林生态系统进行调整、维护和促进，增加生物多样性，促进森林健康，增加森林效益，最大限度满足社会对森林物质和生态产品的需求。

防控工作的原则：一是坚持政府负全责，全民搞防治原则，形成有效防治林业有害生物工作的合力；二是坚持属地化管理原则，灾害属于哪级政府辖区，就由哪级政府组织防治，增强地方防治工作的积极性和主动性；三是坚持谁经营、谁防治的原则，充分调动森林经营者防治的责任感和自觉性。

防控工作阶段性目标：在全省森林面积不断增加的情况下，到2010年，成灾率控制在3‰以下，无公害防治率达到85%以上，灾害测报准确率达到90%以上，种苗产地检疫率达到100%。

实现上述目标，我们要重点做好三项工作：第一，要做好栗山天牛和日本松干蚧省级应急处置预案确定的两种特大灾害的防控工作。各级政府要发挥责任主体作用，组织和实施好2008年7~8月栗山天牛成虫羽化期的灯诱和人工捕杀“突击行动”。对2007年度虫害木采伐林分，在2008年春全部实施造林更新。全面实施虫害木药剂熏蒸除害处理，全面完成本年度的虫害木采伐任务。今年要全面完成日本松干蚧疫情自然传播隔离带建设工作，阻止疫情继续向东部林区扩散蔓延。做好疫情防治工作，在全面做好监测调查的基础上，完成本年度综合治理任务，全面压低虫口密度，大幅度减少疫情扩散蔓延的压力。第二，要做好实施省级工程治理灾害的防控工作。要采用综合技术手段，对已经实施省级工程治理的杨树枝干害虫和云杉八齿小蠹虫害，有计划、有步骤、有重点地实行综合治理。利用3年时间，全面降低害虫种群密度，把这两种林业有害生物灾害损失减少到最低程度，达到有虫不成灾。第三，要做好一般性灾害的防控工作。要严格按照《森林病虫害防治条例》规定的“谁经营、谁防治”的责任要求，全面实行《限期除治通知书》制度，森林经营者要积极主动开展好防治工作。林业部门要做好监测预报，尤其要重点抓好美国白蛾疫情查访和松材线虫病的复检工作，确保两种虫害不传入我省。

强化措施，确保林业有害生物防控工作取得实效。一是加强领导，落实防控责任。林业有害生物防治工作是各级政府和有关部门的重要职责，各级政府一定要把这项工作列入重要日程，将防控工作目标作为本地生态建设指标和经济社会发展目标的一项重要内容，由政府负全责，建立以成灾率、无公害防治率、预测预报准确率和林木种苗产地检疫率为主要内容的“四率”管理指标体系，并将其纳入各级政府和林业系统“双线”责任制，形成政府负全责、全社会齐抓共管的防治格局，同时要制订严密完善、操作性强的目标管理考核办法，定期进行考核。各有关部门要各司其职，各负其责。二是加大投入，筹集防控资金。2008年，省里已经筹集了近1 000万元资金，专项用于防治补助。地方各级财政要切实保证国家和省财政的防治补助费、体系建设费足额到位，并加大监管力度。市(州)、县(市、区)财政要按照启动实施省级应急处置预案的防控工作安排，足额落实好各项配套补助资金，保证重点防控工作的顺利进行。各级林业主管部门要合理安排使用育林基金，使用重点要向有害生物防控倾斜。各森林经营单位要千方百计筹措防治资金，积极主动地做好本经营区内的林业有害生物灾害防控工作。同时，根据防控工作需要，在生态效益补偿基金、天然林保护资金、木材销售收入等支出中相应提高防治费用比重。三是依靠科技，提高防治能力。科学技术是防控林业有害生物的重要支撑，要加强对重大林业有害生物灾害适用防控技术研究，高度重视生物防治、物理防治、生态防治等无公害应用技术的研发，集中力量解决林业有害生物防治工作中的重点、难点技术问题，不断提高防治技术的科技含量。对重大林业有害生物灾害的防控技术要组织有关部门和单位协同攻关，对取得的科技成果，要建立和完善科技成果示范、应用、推广运行机制，加快科技成果转化，不断提高科学防治水平。四是强化措施，伐除虫害木。各级林业部门和森林经营单位要在每年下拨的正常生产性采伐指标中，拿出30%优先用于虫害木采伐，对采伐下来的虫害木必须进行严格的除害处理，杀灭虫源。同时，省林业厅也要积极向国家争取计划外的虫害木采伐指标，促进森林生态系统不断优化，逐步提高抗御林业有害生物侵害的能力。五是严格执法，强化防控监管。各级林业主管部门要加大执法力度，依法解决防控工作中的各种问题。积极落实各种有效防控措施，加强预测预报工作，建立健全调查监测网络体系，及时掌握灾害的发生趋势和发展动态，定期发布灾害测报信息，提高测报工作的及时性和准确性，为防治工作提供科学依据。要切实将防控工作贯穿于林业生产全过程，利用现有各种先进的防治技术，建立起系统、规范和协调一致的防控工作程序。要加强对森林植物及其产品的调运检疫检验，严防检疫性和危险性林业有害生物异地传播，特别要做好产地检疫工作，完善产地检疫合格证制度和疫情调查、普查以及除治制度，全面加大防治检疫执法工作力度。六是大力宣传，广泛动员。各地、各有关部门和各新闻媒体，要大力宣传林业有害生物防控工作对维护森林资源安全、促进生态文明建设中的重要作用，不断提高全民参与防控意识；大力宣传林业有害生物防控有关法律法规，增强各森林经营单位搞好灾害治理、搞好监督检查的自觉性；大力宣传栗山天牛人工捕杀“突击行动”计划，调动广大群众参与捕捉害虫的积极性。从捕捉害虫“突击行动”前两个月开始，当地电视台、广播电台等媒体都要按公益性广告连续滚动播放人工捕杀害虫技术电视专题片和害虫收购广告片。要通过宣传，努力营造全省动员、全民动手、全社会搞防控的良好氛围。

（五）分管副秘书长关于贯彻落实会议精神的总结讲话

省政府分管副秘书长在视频会议总结讲话中强调：主管副省长对我省林业有害生物防控工作做了总体部署，提出了明确要求，表明了省政府要把林业有害生物防控工作纳入各级政府重要议事日程的态度和决心。为贯彻落实这次会议精神，讲了三点意见。

一是要高度重视林业有害防治工作。林业有害生物灾害防控和应急处置工作是保护森林资源、巩固造林绿化成果和维护生态安全的一项重要工作，也是全省生态环境建设工作中的一项重点任务，各级政府一定要以高度的责任心和紧迫感，以更大的决心和力量，以求真务实的责任态度，坚决打好林业有害生物防控这一仗。

二是要全面落实林业有害生物防控工作的总体要求。各级政府要按照“政府负全责、全社会搞防控；谁的区域谁组织，谁的林子谁防治”的总体要求，认真抓好这次会议精神的贯彻落实。各地要尽快拿出具体措施和办法，建立、健全相应的管理制度和运行机制，结合各自实际情况，切实把我省林业有害生物灾害的各项防控和应急处置任务真正落到实处。

三是要认真做好督促检查。督促检查是做好林业有害生物防控工作的保障措施。各地要将整个辖区的工作通盘考虑，在抓好本级工作的同时，加强对下级工作的指导、督促和检查。落实工作中遇到的问题，要及时向省林业厅反馈。省林业厅要及时了解和掌握各地贯彻落实会议精神情况，确保全省林业有害生物灾害应急处置目标顺利实现。

三、省政府“5. 20”视频工作会议贯彻落实情况

省政府“5. 20”视频工作会议使全省各级政府和林业主管部门受到了触动，引起了极大反响。吉林市、通化市、长春市、辽源市、四平市是我省栗山天牛灾害和日本松干蚧疫情发生重灾区，“5. 20”视频会议结束后，上述市政府分别于6月初率先召开所辖各县（市、区）政府和林业主管部门主要领导参加的贯彻落实会议。6月中旬之前，各县（市、区）政府分别组织召开了由县级林业有害生物灾疫情应急处置指挥部成员单位负责人及森防站长、乡镇长、林场场长参加的贯彻落实会议，具体研究落实栗山天牛灾害和日本松干蚧疫情应急处置各项具体措施，部署防控任务，落实防控工作责任，建立健全规章制度，层层建立责任制，层层签订责任状。在全省各地掀起了一场政府负全责，林业负行责，社会广泛发动，全民搞防治，真抓实干的林业有害生物防控工作新高潮。

第二节　全省人工捕杀栗山天牛“突击行动”开展情况

一、“突击行动”相关文件的印发情况

(一)2008 年人工捕杀栗山天牛成虫“突击行动”方案的印发

2008 年是栗山天牛成虫羽化高峰年，在成虫羽化高峰期实施人工捕杀是防治栗山天牛的最佳时期。为了组织实施好人工捕杀栗山天牛“突击行动”，吉林省林业厅在年初就在系统内部印发了关于 2008 年人工捕杀栗山天牛成虫“突击行动”方案的通知(吉林检[2008]18 号)，要求各地要统一思想，站在保护生态安全、建设生态文明的战略高度，充分认识人工捕杀栗山天牛成虫“突击行动”的极端重要性；要强化组织领导，周密部署此次人工捕杀栗山天牛成虫“突击行动”；要落实救灾资金，为人工捕杀栗山天牛“突击行动”提供可靠的物质保障；要强化监督管理，对人工捕杀栗山天牛成虫总体效果进行全面考核评估。同时还随文印发《2008 年度人工捕杀栗山天牛成虫“突击行动”实施方案》(详见附录七)和《栗山天牛成虫人工捕杀防治技术方案》(详见附录八)。

《2008 年度人工捕杀栗山天牛成虫“突击行动”实施方案》明确了栗山天牛人工捕杀时间；明确了诱集栗山天牛的灯具；明确了灯诱人工捕杀栗山天牛的各项准备工作，严格按照栗山天牛灾害发生面积落实人员和灯具；要求各地对“突击行动”进行广泛宣传，并做好人工捕杀栗山天牛培训和演练工作；按照统一部署全面开展栗山天牛成虫人工捕杀“突击行动”；七是承诺对捕捉到的栗山天牛全部实行有偿收购。

《栗山天牛成虫人工捕杀防治技术方案》中规定了夜间灯诱时间段，每盏灯的诱捕面积，灯诱具体方法，白天人工捕杀技术方法以及对捕获的栗山天牛成虫如何处置等相关技术问题。

(二)吉林省林业厅对栗山天牛灾害专项治理工作的安排意见

2008 年 3 月初，吉林省林业厅召开全省林业工作会议，就年度栗山天牛灾害专项治理工作提出明确安排意见：一是要切实加强领导，认真落实“谁经营、谁防治”责任制度。严格按《吉林省林业厅关于印发人工捕杀栗山天牛成虫“突击行动”方案的通知》(吉林检[2008]18 号)文件精神，强化宣传，广泛发动，形成社会力量踊跃参与“突击行动”的有利氛围，周密安排，详细部署，落实责任目标和捕杀任务，将任务落实到山头地块，责任落实到人头、户头，不留死角，全力组织好栗山天牛成虫捕杀“突击行动”，确保完成捕杀任务。二是要充分准备，全力抓好栗山天牛人工捕杀“突击行动”。要求配备足够数量的诱虫灯具，落实害虫收购资金，做好统一收购栗山天牛成虫的各项准备工作。三是要加大投入，为确保“突击行动”全面胜利提供保障。要求林业主管部门要坚决克服防治工作中的“等、靠、要”消极思想，依法加大对栗山天牛防控工作的资金投入。灾害发生区所在地政府要把栗山天牛灾害防控经费纳入当地财政救灾预算，加强监督和检查，按法规要求切实承担起政府应尽的责任和义务。四是要加强督导，实行严格的责任追究制度。在“突击行动”组织、开展、实施过程中，省林业厅将考核各地“突击行动”责任落实和任务完成情况。对“突击行动”组织得力，捕

杀任务完成好的单位和个人，要给予重奖；对玩忽职守、消极怠工、行动不力、贻误战机等未按要求完成捕杀任务的单位和个人，要依法追究责任。

（三）吉林省林业厅《栗山天牛成虫收购管理办法》和《应急处置工作管理及考核办法》的印发

为了强化对人工捕杀栗山天牛成虫"突击行动"的组织和领导，规范和完善栗山天牛成虫收购工作程序，加大对应急处置工作监督检查工作力度，吉林省林业厅制定了《栗山天牛成虫收购管理办法》（详见附录九）和《吉林省人工捕杀栗山天牛"突击行动"考核办法》（详见附录十），并以吉林检[2008]412号文件印发实施。

1. 栗山天牛成虫收购管理办法

该《办法》规范了栗山天牛成虫收购、验收、处理、数据上报等各工作环节。主要包括：一是栗山天牛收购点的设置方面，要求合理设置成虫收购点，并提前公布收购点具体地址、联系电话、收购人员名单和每天收购的具体时间；二是收购点的收购资金来源方面，要求各相关县（市、区、局）多渠道筹集资金，确保所设成虫收购点备有充足的收购资金，确保及时兑现收购费用；三是成虫的收购及处理，包括收购价格，收购程序，收购后的处理；四是收购后的害虫验收，包括日验收办法，不定期抽查验收办法；五是成虫收购数量的汇总和上报方面，要求分别列出每个收购点当天的收购数量，统计全县当天所收购的成虫数量并逐级上报到省；六是奖励和惩处方面，在"突击行动"全面结束之后，省厅通过考核最终核定该县总体捕杀数量，拨付成虫收购补助费用，同时进行表彰和奖励。

2. 吉林省人工捕杀栗山天牛成虫"突击行动"考核办法

为了强化对人工捕杀栗山天牛成虫"突击行动"的组织和领导，确保"突击行动"工作任务落实和目标实现，根据《吉林省林业厅关于印发人工捕杀栗山天牛成虫"突击行动"方案的通知》及省政府"5.20"视频会议精神的相关要求，吉林省林业厅结合实际工作情况，制定了《吉林省人工捕杀栗山天牛"突击行动"考核办法》。

在考核内容方面：一是考核组织保障，包括指挥领导机构的组建情况，当地人民政府组织召开动员会议情况，是否签订政府责任状，且目标明确，有切实可行的奖惩办法。二是考核技术保障，包括是否制定了切实可行的"突击行动"实施方案；是否开展"突击行动"的演练活动；是否按要求设置栗山天牛发育进度观测点并及时发布预报、且数据真实可靠。三是宣传报道，包括当地政府是否发布"突击行动"通告，当地电视台播放专题宣传片情况，当地广播、报纸等宣传媒体的宣传报道情况，乡镇和林场是否悬挂宣传条幅及对群众的宣传普及情况，"突击行动"宣传稿件的撰写及上报情况。四是考核诱捕人员、资金及灯具落实情况，包括人员数量能否满足"突击行动"的需要；根据"突击行动"资金预算额度和实际资金需要量考核各地资金预算情况；考核当地政府及林业主管部门资金投入及使用情况；诱虫灯具落实及兑现收虫款情况。五是考核成虫收购量，按照《栗山天牛成虫收购管理办法》中规定的程序，将统计的成虫收购总数量作为分子，根据各县（市、区）栗山天牛发生面积、危害程度测算后统计上报的成虫捕捉量为分母，计算各地完成成虫收购量的百分比。六是工作总结情况，"突击行动"结束后，考核各地工作日志记录是否及时全面，工作总结是否全面准确，并且上报及时。

在考核结果方面：总成绩在80分或以上为优秀，60～80分为合格，60分以下为不合格。考核结束后，省林业有害生物灾害应急处置指挥部将在全省通报考核结果，并根据责任状进行奖惩兑现。

二、全省人工捕杀栗山天牛"突击行动"组织开展情况

（一）"突击行动"开展前的各项准备工作

为了抓好抓实全省人工捕杀栗山天牛成虫"突击行动"，吉林省林业厅作了较为充分的准备。一是提前录制下发《灯诱捕捉栗山天牛成虫技术》光盘，将专用诱虫灯具的使用和诱捕栗山天牛技术要领通过影像资料直观体现，要求灾害发生区在当地电视台作为公益节目滚动播出，让广大群众充分了解和掌握灯诱捕捉栗山天牛成虫技术，为各地"突击行动"给予直观技术指导。二是印制2万份"捕杀栗山天牛 保护森林资源"铜板彩色宣传单，介绍了栗山天牛形态特征和生物学特性及捕捉方法，分发到栗山天牛灾害发生区，向社会郑重承诺，"有偿收购，现金支付"。要求各县（市、区）林业主管部门、森林经营单位必须将此宣传单张贴到栗山天牛灾害发生区的每一个乡镇、村屯、林场和营林区，务必使"突击行动"家喻户晓，人人皆知。三是设定栗山天牛发育进度监测点，在栗山天牛灾害发生区的国家级和省级林业有害生物灾害中心测报点监测工作基础上，省林业厅又指定蛟河市、磐石市、桦甸市、辉南县、梅河口市、集安市林业局、辉南森经局从6月15日起，对栗山天牛发育进度通过采伐解剖虫害木进行定期监测。根据监测结果，省林业厅与省气象局密切合作，利用天气预报节目，分别在7月10日和7月16联合发布两期栗山天牛发育进度预报，以此指导各地"突击行动"的适时启动和全面开展。四是吉林省林业厅、吉林市林业局与吉林电视台联合录制"突击行动"准备工作进展情况专题电视节目，对吉林市丰满区小姑家镇进行采访，调查了解当地政府和林业主管部门对林业有害生物防控工作重视情况和对"突击行动"宣传、发动、组织、准备情况；同时还在现场伐树解剖栗山天牛发育进度情况，制作了一期灯诱捕捉栗山天牛成虫"突击行动"前期各项准备工作情况的电视采访，该期节目与7月3日和7月8日在省电视台《乡村四季》栏目播出，进一步扩大了林业有害生物防治工作的社会影响面。五是对各地前期准备工作情况进行督导。6月，省林业厅派员到通化、吉林地区各县（市、区），逐县对"突击行动"各项准备工作情况进行督导，包括组织发动情况，宣传工作实施情况，防控物资准备情况，责任制落实情况，对督导过程中发现的问题，就地一一提出了解决处理意见，要求各地迅速整改。对部分前期准备工作不力的县（市、区）政府，吉林省林业厅下达了《吉林省林业厅关于人工捕杀栗山天牛成虫"突击行动"准备工作的督办通知》（吉林检[2008]410号），对"突击行动"准备工作进行了一次有力地推动，使前期各项工作准备更加充分。

（二）各地对"突击行动"准备工作的贯彻落实情况

栗山天牛灾害发生区域包括：吉林地区的丰满区、龙潭区、盘石市、舒兰市、蛟河市、桦甸市、永吉县、上营森经局和省直国有红石林业局；通化地区的集安市、通化县、柳河县、梅河口市、辉南县、辉南森经局；辽源地区的东辽县、东丰县；白山地区的靖宇县和白山市直三道沟林场；四平地区的伊通县。共涉及5个地区、16个县（市、区）和4个森林经营单位。

纵观上述地区、县（市、区）政府和林业主管部门在"突击行动"前期准备工作中，就宣传发动，资金筹集，物资准备，落实参加诱捕人员责任区及捕捉任务，进行技术培训和实战演练等各项准备工作，主要经历以下几个阶段和做了以下方面工作。

1. 拟定和印发各自"突击行动"实施方案阶段

在2008年3月至5月中旬，各地针对栗山天牛灾害专项调查结果，制定"突击行动"方案并以政府文件印发落实。方案中划定灾害发生区域、注明权属、确定林班小班，把任务分解落实给各乡镇、村屯、林场和营林区，层层落实"突击行动"任务。同时，在林业系统内部筹集"突击行动"所需资金，进行必要的物资储备。

2. 全面贯彻落实省政府"5.20"视频工作会议精神阶段

在2008年5月下旬至6月上旬，省政府"5.20"视频工作会议精神在各市(州)、各县(市、区)、各乡镇甚至各村屯很快得到了层层的贯彻。各级政府主要领导通过参加会议和学习防治、检疫法规，充分认识到林业有害生物防治工作是当地政府的一项重要职责，必须站在保护本地森林资源、维护本地生态安全和促进本地经济社会谐调发展的战略高度，统一思想，加大力度，强化措施，认真履行政府的职责和义务，全面深入做好林业有害生物防治工作。严格按照省政府要求，将林业有害生物防控工作目标作为本地生态建设指标和经济社会发展目标的一项重要内容，建立以成灾率、无公害防治率、预测预报准确率和林木种苗产地检疫率为主要内容的"四率"管理指标体系，并将其纳入各级政府和林业系统"双线四级"责任制，对人工捕杀栗山天牛"突击行动"也建立了专项责任制，层层建立健全防控工作制度，制订严密完善、操作性强的目标管理考核办法，定期进行考核，使林业有害生物防控和"突击行动"顺利步入由政府负全责、行业抓指导、全民搞防治正确轨道。

3. "突击行动"全面进入准备攻坚阶段

进入2008年6月中旬，"突击行动"进入全面宣传发动、组织管理、物资资金准备阶段。

宣传发动方面：各地将省林业厅下发的《灯诱捕捉栗山天牛成虫技术》光盘经当地政府批准，送交到当地电视台，在每天黄金节目时间，作为公益节目滚动播出，让广大群众了解和掌握人工捕杀栗山天牛技术；各地广泛张贴省林业厅印制的"捕杀栗山天牛 保护森林资源"彩色宣传单和当地政府印发开展"突击行动"有偿收购栗山天牛成虫的政府通告；制作悬挂各种宣传条幅、彩旗等进行宣传；有的县(市、区)还利用农村大集、秧歌队、流动宣传车等载体广泛进行有偿收购栗山天牛的宣传活动；大部分县(市、区)政府或林业部门主要领导在当地电视台均做了关于开展"突击行动"的电视动员讲话。通过以上各种宣传方式和各种宣传载体，"突击行动"宣传工作基本做到家喻户晓，妇幼皆知。

组织管理方面：在前期的宣传发动工作中，林业职工和当地群众捕捉栗山天牛成虫的积极性被充分调动起来。林场首先把全体职工集中起来，组成专业队，进行灯诱捕捉技术培训，然后再根据栗山天牛灾害的发生情况，每个职工均划定一定面积的捕捉责任区，落实诱捕灯具和捕捉任务，签订灯诱捕捉任务责任状，责任区一包三年，如果经过捕捉，明年、后年发现栗山天牛灾害没有被控制住，则负责该责任区的林场职工承担相应的责任。由于林场职工数量有限，每名职工落实的责任区较大，需要家属或当地村民的配合，林场职工自寻搭档，领到林场报名参加害虫捕捉工作，林场与报名参加捕虫工作的群众签订诱虫灯具领取使用保管合同，同时还签订人身安全责任协议。乡镇政府则把捕捉责任区和捕捉任务就地就近落实到村，再由村落实到屯，由村、屯负责人按照按栗山天牛虫害发生面积，将诱捕人员和灯具落实到林班和小班，每盏诱虫灯具2人，防治栗山天牛发生面积7公顷，灯具按要求落实到人头和地块。乡镇政府、村委会、自然屯之间层层建立负责制，资金由乡镇政府负责解决，诱虫灯具由县林业局负责配备，诱捕人员由村屯组织，乡镇林业站负责技术指导。专用诱虫灯具和人员落实之后，还有很大一部分没有得到专用诱虫灯具的其他报名人员，则由其自备其他各种简易照明灯具，自发组织，在晚间或者是白天上山进行辅助捉虫。

资金物资准备方面：此次“突击行动”物资准备方面主要是栗山天牛专用诱虫灯具、手电筒、塑料布以及交通运输工具；资金准备包括灯具购置和害虫收购以及林场职工补助费。在诱虫灯具购置方面，主要是县级林业主管部门和林场出资购置，按栗山天牛发生面积分发到各林场和各乡镇；害虫收购费用原则上是按权属出资，即林场的林子林场出资，乡镇集体的林子乡镇出资，个人的林子由个人出资。林业职工上山捉虫补助费由林场支付，县级财政拨付的救灾补助资金主要用于乡镇和集体受害林分的害虫收购补助。为了充分调动捕捉害虫的积极性，在害虫收购方面，各级政府均提出十分明确要求，对群众和林业职工捕捉到的栗山天牛成虫，要全部实行现金收购，坚决杜绝赊欠收虫款等欠账和打白条行为发生，哪里出现问题，就严肃追究哪里一把手领导的责任，目的是为了防止影响群众捕捉害虫积极性和造成上访事件发生，防止“突击行动”受到冲击而导致流产，致使前期投入付之东流，从而实现不了栗山天牛灾害应急处置预期目标。

4.“突击行动”全面培训、演练和害虫羽化监测阶段

进入2008年6月下旬，各地纷纷举办专用诱虫灯具使用培训班，使林业职工和当地群众充分掌握诱虫灯具的使用和维护技术。培训过后，又组织林业职工和群众亲自到林分中实习演练，如何设置灯具，每天如何轮流设灯地点，直到职工和群众都能十分熟练掌握灯诱栗山天牛成虫技术。全省共举办灯诱捕捉栗山天牛技术培训班81次，实习演练次数158次，参加培训和演练人数8 000余人。

进入2008年6月中旬以后，省林业厅和各地自行设置的栗山天牛成虫发育进度监测点开始进行伐树解剖定期监测，6月16日至25日是每3天监测1次，6月26日至7月12日是每2天监测1次，进入7月13日以后改为每天监测1次，直到成虫羽化率达到85%时才能全面结束监测工作。通过长期、大量、细致、不间断的伐树解剖监测，为“突击行动”全面开展提供了准确依据。

三、人工捕杀栗山天牛“突击行动”全面开展实施阶段

（一）栗山天牛成虫始见期阶段

2008年7月5日，吉林地区磐石市江南林场、丰满区的江南林场和旺启林场由于当地小气候因素影响，首先监测到栗山天牛成虫进入羽化始见期，但这一时期成虫数量比较少，如果全员发动，大面积、大范围全部实施灯诱捕捉，捕获的害虫数量太少，恐怕会影响群众捕捉害虫的积极性，同时还会造成人、财、物力的浪费。这种情况下，林场首先调动林业职工组成的专业队伍，不论能否诱捕到害虫，林场每人每天给予45元的补助，捕捉到的害虫还给予现金回收，直到每盏专用诱虫灯具每晚的诱捕成果达到1千克，再动用群众力量全面参加诱捕。这种情况只坚持了4天，到了7月9日，就发现成虫羽化已经达到始盛期。

（二）栗山天牛成虫始盛期阶段

从7月10日开始，“突击行动”全面展开，按事先划定的责任区，专业队和当地群众

各就各位，全面上山捕捉害虫。为了调动群众捕捉害虫的积极性，使他们有一个稳定、均衡的收入，在始见期和始盛期之间，林场把栗山天牛成虫收购价格提高到160元/千克(大约折合0.4元/头)，林场职工和当地群众捕捉害虫的热情十分高涨，同时还相互传授捕虫经验，自制“狼牙棒”、“钉子拍”、“粘捕杆”等简易捕捉工具捕捉害虫。捕虫大军入山捉虫，一个县少则几百人，多则几千人，一时间山林灯光闪烁，捕捉的害虫数量逐日增加，大部分参加捕虫的林业职工和当地群众都有较为丰厚的收入，但也有一小部分林业职工和群众所分担的捕虫责任区因虫口密度较低捕虫数量不大，收入相对较少，纷纷找到林场领导，想要调换责任区。但是林场明确要求，林业职工所分担的责任区无论虫子多少，必须捕捉得干净彻底，如果本人承担的责任区明年栗山天牛灾害还在发生，将对责任人采取惩治措施。

由于监测准确、组织有序，绝大多数职工和群众收入持续均衡，捕捉害虫的热情高、干劲儿大，只要天气允许，每天晚间都上山捉虫，克服了山高坡陡、路途遥远、蚊虫叮咬等重重困难，把林分中害虫捕捉得较为干净彻底，基本上达到了“突击行动”预计目标。

磐石市江南林场和丰满区江南林场及旺启林场“突击行动”经验被吉林市林业局在吉林地区广泛推广，同时也被省林业厅推广到其他相关地区。各地纷纷采取上述模式，根据各自的监测情况，“突击行动”陆续全面展开，随之出现了捕捉栗山天牛热潮，捕虫数量与日俱增。

(三)栗山天牛成虫羽化高峰期阶段

根据对各地栗山天牛成虫的日报表统计结果，吉林省2008年7月25日至8月4日出现了捕捉害虫高峰，在这11天里，除了7月29日、7月31日、8月1日这3天受雨天影响，捕虫数量每天只有几百千克之外，其他天时间每天都达到1吨以上，8月3日一晚灾害发生区共捕捉栗山天牛成虫1.94吨，创造了日捕虫量最高纪录。集安市由于是栗山天牛灾害始发区和重灾区，灾害发生面积大，害虫种群密度大，危害严重，在整个“突击行动”中，共捕获到10.15吨栗山天牛成虫，占全省捕获栗山天牛害虫总量的41.4%，创造了以县为单位的捕获害虫数量之最。

各地在有偿收购栗山天牛成虫工作中，全面实现了不赊欠钱款、不打白条的庄重承诺，全省没有一例为此上访告状的事件发生；为了充分调动林业职工和当地群众捕捉害虫积极性，绝大多数县份突破了省里规定的40元/千克的指导价格，各地根据栗山天牛成虫羽化进度分别制定不同时期的害虫收购价格，即使在羽化高峰期的收购价格也没有低于40元/千克，在始见期和末期，收购价格普遍达到160元/千克，个别害虫数量少的县份最高收购价格甚至达到每头成虫1.2元的高价，致使林业职工和当地群众在此次“突击行动”中得到较为可观的收入。

(四)栗山天牛羽化盛末期阶段

进入2008年8月5日以后，各地捕虫数量明显下降，此时栗山天牛成虫羽化已经进入末期。出于为“突击行动”的结束提供技术依据的目的，吉林省森防检疫总站实时发出了监测通知，主要监测内容为雌雄性比、剖腹卵量、单位重量头数等。根据各地的监测结果，全省人工捕杀栗山天牛“突击行动”于8月15日全面结束。

四、政府和林业部门领导同志亲临一线指挥和鼓劲

在“突击行动”全面启动实施后，省林业厅分管副厅长乔恒同志带领省森防检疫总站的负责人及专业技术人员在吉林、通化、辽源、白山等地区的10余个重灾县份进行了两次

巡回督导，在不到40天的“突击行动”中，亲自带队在灾区度过15个日日夜夜，白天听汇报，作指示，与当地政府和林业部门的领导同志分析情况，解决问题，督促工作；晚间则率队上山巡查捕捉害虫情况。这种不辞辛苦、身体力行、奋发敬业精神，深深地感动了当地政府和林业部门的领导和同志们，促进了“突击行动”工作的有力开展。

各级政府领导多次深入到一线捕虫现场，在指挥“突击行动”全面开展的同时，也亲眼目睹了灾害现场，亲身感受了所到之处，危害之严重，损失之巨大，触目惊心。吉林市分管副市长仇福华同志在夜间深入捕虫现场后，看到各地捕捉害虫如此辛苦，当场表态，吉林市政府在先期投入30万的基础上，再追加75万元用于捕杀栗山天牛；通化市分管副市长李毅勇同志亲临集安市重灾区视察“突击行动”开展情况，及时解决在害虫收购工作中资金不足的问题。

吉林市和通化市林业局主要领导高度重视“突击行动”，真抓实干，协调当地政府和林业行政部门落实灯具，筹措资金，分管领导亲自指挥，临场督战，现场指导“突击行动”。各县(市、区)政府和林业主管部门领导以及乡镇政府和林场负责人更不敢怠慢，纷纷深入捉虫现场，成为各自“突击行动”的组织者和指挥者。由于各级领导重视，亲临现场督察，保障了“突击行动”顺利实施。

2008年7月23日至24日，国家森防总站总站长马爱国同志到吉林省视察指导“突击行动”，听取工作汇报，并到吉林市丰满区旺起林场冒雨查看灾情，目睹了柞树受害情况，感到触目惊心，对吉林省“突击行动”给予了充分肯定和高度评价，认为“突击行动”决策正确、措施得力、组织有序、成效显著。

8月16日至17日，国家林业局造林司总工程师吴坚同志到吉林省检查工作，分管副厅长和省森防总站利用多媒体亲自汇报了“突击行动”开展情况与取得的成效，得到吴坚总工程师的高度赞赏，并指示我省要以此为契机，继续推进林业有害生物防治工作“政府负全责、行业抓指导(执法)、全社会搞防治”新机制和新格局向纵深发展；对此次“突击行动”要尽快进行全面细致总结，为林业有害生物防治工作提供借鉴。

五、人工捕杀栗山天牛“突击行动”取得的成绩及效果

(一)“突击行动”取得的丰硕成果

通过采取以上各项措施，确保了“突击行动”有序、有力、有效开展并取得了丰硕战果。据统计，在此次“突击行动”中，电视台累计宣传487次，广播电台累计宣传451次，张贴各种宣传单20.42万份，印发政府通告1.49万份，报刊简报98次，彩旗标语条幅共4.52万幅；购置专用诱虫灯具6 000盏，其他辅助灯具包括黑光灯、白炽灯、高压汞灯、矿灯、手提灯、手电筒、摩托车灯等1.9万个，投入捕捉人员17.13万人次，车辆45 957个台班(含摩托车)，累计投入专项资金1 193.09万元，共捕捉栗山天牛成虫重量达到24 159.51千克，折合数量1 048.50万头，成绩显著，成果丰硕。

(二)“突击行动”费用支出情况

此次“突击行动”各地累计筹集“突击行动”专项资金1 193.09万元，其中：市、县政府投入471.31万元，占总投资的39.50%；市、县林业投入610.15万元，占中总投资的51.14%；集体和个人自筹111.63万元，占总投资的9.36%。

此次“突击行动”费用总支出为1 112.15万元，其中：捕虫物资购置方面共508.20万

元，包括6 000盏专用诱虫灯具总价值396.00万元，手电筒、手提灯、塑料布等辅助工具及备品价值112.20万元，占总费用的45.70%；宣传、培训、演练费用89.60万元，占总投入的8.06%；害虫收购资金184.85万元，占总投入的16.62%；林场职工补助费177.10万元，占总投入的15.92%；交通运输费用152.40万元，占总投入的13.70%。

（三）“突击行动”避免的经济损失

由于及时、大量的捕捉栗山天牛成虫，避免了其继续产卵繁殖后代形成新的危害，有效地保护了森林资源。全省共捕捉到1 048.50万头栗山天牛成虫，按雌雄各占50%计算，雌成虫数量达到了524.25万头，平均按每头雌成虫产卵20粒计算，共消灭1.05亿头栗山天牛后代，按20头幼虫危害1株柞树、受害柞树平均蓄积0.3立方米计算，能使157.28万立方米蓄积的柞树免受栗山天牛侵害，按柞树蓄积500元/立方米计算，其挽回的直接经济效益高达7.86亿元，投入和挽回损失之比为1∶70.7。

六、组织开展“突击行动”的心得和体会

（一）政府负全责，为“突击行动”提供了强有力的组织保障

省政府5.20视频会议明确提出，吉林省林业有害生物防治工作全面坚持政府负全责、属地化管理原则，全面落实林业有害生物防治目标管理政府和行业双线责任制，将林业有害生物防控工作纳入各市（州）政府生态建设和当地经济社会发展重要指标，将指标完成情况作为政府主要领导工作政绩的一项重要内容严加考核，使我们感到各级政府确实把林业有害生物灾害防控及“突击行动”工作摆到了重要位置，主动调度情况、听取汇报、印发防控方案、落实责任和任务、资金支持、过问和检查防控工作等情况多了。政府主要领导的高度重视，带动了林业、财政等政府其他职能部门领导的高度重视，林业有害生物灾害防控工作投入明显增加，防控工作有了资金保障；行政管理上，省、市、县、乡镇四级政府和四级林业行业部门的“双线四长”防控目标管理责任制全面建立，一级抓一级，层层抓落实，有效地形成了防控工作合力，为做好林业有害生物防治工作提供了强有力的组织保障。

（二）全面加大投入，为“突击行动”奠定了坚实的经济基础

林业部门在前期宣传、灯具购置、职工补助、交通运输费用方面投入比较大，但后期出现了害虫收购资金不足情况。鉴于此，当地政府迅速加大财政救灾资金投入，筹集储备充足的害虫收购资金，当地政府（包括乡镇政府）财政救灾资金很快全面到位，各种救灾物资和害虫收购资金得到有效落实，形成了林业部门投入为主、森林经营者投入为辅，政府投入兜底的资金投入格局，为“突击行动”的开展奠定了坚实的经济基础。

（三）强化宣传工作，为“突击行动”提供舆论保障

为了高质量完成今年的“突击行动”，栗山天牛灾害发生区相关各县（市、区）政府均以政府名义印发通告，同时责令当地电视台在黄金节目时间，持续播出《灯诱捕捉栗山天牛成虫技术》光盘，同时主要领导还在电视上发表讲话，动员、号召当地群众和社会各界迅速行动起来，捕捉害虫、保护家园，并发出“有偿收购，现金支付”的承诺。乡镇和村、屯则利用有线广播、农村大集、秧歌队等多种形式进行“突击行动”宣传。林业部门则以宣传单、标语、横幅、彩旗、会议等多种宣传形式进行宣传。在栗山天牛灾害发生区，通过全方位、立体化广泛深入宣传，使林业职工、当地群众以及社会各界对“突击行动”有了更加全面的理解，并上升到大力支持。

（四）林业部门真抓实干，“突击行动”取得突破性进展

为了保质保量完成这次“突击行动”，栗山天牛灾害发生区林业主管部门在“突击行动”期间，把其他能够停止的工作基本上全都停止了，领导干部和职工均成为“突击行动”督导队成员，局长、副局长、科长、科员层层建立责任制，分片包干，长期深入各乡镇、村屯、林场、营林区捕虫现场，与职工群众一道，同甘苦，共患难，整个“突击行动”宣传发动有力，组织领导有序，捕捉害虫热情高涨，捕杀害虫数量多，效果显著，有效遏制了栗山天牛灾害继续扩大和严重危害，林业部门作为“突击行动”主力军，克服重重困难，真抓实干，层层落实任务，全方位进行技术指导，确保“突击行动”取得突破性进展。

（五）有偿收购，充分调动职工和群众捕捉害虫的积极性

捕捉栗山天牛成虫需要大量的人力资源，在当今市场经济体制下，单靠行政命令是行不通的，只能靠经济杠杆作用来调动和刺激，使群众的劳动得到经济上或者其他利益上的回报，并且这种回报要和他们的劳动付出相匹配，只有这样，才能将群众捕捉害虫的积极性充分调动起来。在这次“突击行动”中，政府和林业部门向社会做出庄重承诺：“有偿收购，现金支付”。为了保证群众有稳定的收入，各地根据栗山天牛成虫羽化始见期、始盛期、盛期、盛末期分别给予不同的收购价格，目的是使群众的劳动得到持续均衡的回报。部分县份林业主管部门还利用林木采伐指标调动集体林和个体林林权所有者组织捕捉害虫的积极性，一些集体林权单位和个体林权主主动雇佣当地群众捕捉害虫，以期换取林木采伐指标。让当地群众感到最放心的是害虫收购款当场兑现，林业职工和当地群众捕捉害虫的热情十分高涨，大量栗山天牛成虫被及时捕杀，灾害得到了迅速遏制，职工和当地群众得到实惠，森林资源得到了有效保护。

第四节　人工捕杀栗山天牛“突击行动”总结表彰大会

为了总结人工捕杀栗山天牛“突击行动”，表彰在此次“突击行动”中涌现出来的先进集体和先进个人，省林业有害生物灾害应急处置指挥部决定，于2008年11月13日在吉林市召开人工捕杀栗山天牛“突击行动”总结表彰会议。并下发吉林省林业有害生物灾害应急处置指挥部关于召开人工捕杀栗山天牛“突击行动”总结表彰会议的通知（吉林生指[2008]2号），要求相关市和县（市、区）政府主管领导、林业局局长、森防站站长参加此次会议。人工捕杀栗山天牛“突击行动”总结表彰会议主要议程为：吉林省林业有害生物灾害应急处置指挥部常务指挥、吉林省林业厅厅长对人工捕杀栗山天牛“突击行动”进行全面总结；丰满区和集安市政府进行“突击行动”典型经验介绍；吉林省林业有害生物灾疫情应急处置指挥部常务副指挥、吉林省林业厅分管副厅长宣读表彰决定；省林业有害生物灾害应急处置指挥部副指挥长、省政府副秘书长对全省林业有害生物防控和应急处置工作做重要指示。

“突击行动”总结表彰会议主要议题是通报“突击行动”情况，总结经验教训，表彰在“突击行动”中涌现出来的先进集体和先进个人，全面部署下一阶段工作，进一步统一思想，提高认识，明确任务，落实措施，不断推进林业有害生物防治工作迈上新台阶。

一、“突击行动”总结及下一步工作安排

吉林省林业厅厅长代表吉林省林业有害生物灾害应急处置指挥部对人工捕杀栗山天牛

“突击行动”进行全面总结，并对下一步工作作出安排。

(一)关于“突击行动”的简要总结

2008年是栗山天牛成虫羽化高峰期，为抓住这一除治关键时机，借鉴外省经验，经省林业有害生物灾害应急处置指挥部研究决定，在栗山天牛灾害较为严重的5个地区、19个县(市、区、局)开展大规模人工捕杀“突击行动”。这项工作在我省森林病虫害防治历史上是第一次，工作难度和压力都很大。为了精心组织好这次“突击行动”，各级应急处置指挥部进行了精心筹划，从年初开始层层进行宣传发动和资金、技术、设备等相关准备，2008年7月5日到8月15日，利用40天的时间，集中人力、物力大规模开展了人工捕杀栗山天牛成虫“突击行动”。整个行动共出动捉虫人员17.13万人次，捕虫面积13万公顷，出动车辆4.6万个台次，购置专用诱虫灯具6 000盏，辅助灯具1.9万个，捕捉成虫1 048.5万头，捕虫人收益450.46万元，挽回直接经济损失7.86亿元。通过开展“突击行动”有效地阻止了绝大部分雌成虫产卵繁殖，控制了灾情扩散，保护了森林资源，达到了预期效果，取得了阶段性胜利。这些成果的取得，是各级政府高度重视的结果，得益于指挥部成员单位的密切配合和大力支持，与各级林业部门干部职工和社会各界群众积极参与、努力奋战是分不开的。回顾整个“突击行动”，主要抓了以下几方面的工作：

1. 广泛开展宣传活动，营造“突击行动”强大的舆论氛围

采用人工捕杀害虫方式除治森林病虫害，是一项创新性、尝试性的工作，既没有现成模式可循，各级干部和社会各界也比较陌生，缺乏充分的思想准备。针对这些问题，加大了宣传发动工作力度，在全社会广泛宣传“突击行动”的重大意义、主要技术环节和相关政策，做到家喻户晓，不留死角。一是层层召开动员会。2008年5月20日，吉林省政府组织召开全省林业有害生物防控暨重大林业有害生物灾害应急处置工作视频会议，主管副省长作了重要讲话，并进行了周密部署。省林业厅先后5次召开专门会议进行研究调度，各地、各单位也都相继召开会议进行传达贯彻和精心安排。二是采取多种形式扩大社会宣传。据统计，在“突击行动”开展过程中，各级电视台累计宣传487次，广播电台累计宣传451次，张贴各种宣传单20.42万份，政府通告1.49万份，彩旗标语条幅共4.52万幅，录制《灯诱捕捉栗山天牛成虫技术》光盘300余张，与吉林电视台联合录制了“突击行动”准备工作进展情况专题电视节目，7月初在《乡村四季》栏目重复播放，利用吉林电视台天气预报节目及时播报栗山天牛成虫羽化进度，开创省级电视台播报林业有害生物预测预报信息先河。三是深入基层进行宣讲。森防工作人员到农村集市面对面向老百姓宣传、讲解，采用秧歌队、宣传车等形式吸引过往群众，宣传“突击行动”内容和捉虫技术。创造了良好的舆论氛围，推动了“突击行动”的开展。

2. 引入市场机制，为“突击行动”注入强大的动力

长期的林业实践表明，任何一项社会性的工作，如果脱离经济法则的支撑都会成为无源之水、无本之木，最终达不到预期效果。为了解决社会各界群众参与“突击行动”的积极性问题，我们大胆引入市场机制，实行有偿收购、现金兑现的办法，不仅极大地调动了林业职工和群众捕虫积极性，而且也开创了森林病虫害防治的崭新模式。由于受经济利益的拉动，社会各界群众捕虫热情高涨，想尽各种办法，为了多捉虫、多收入，发明了许多自制的捕虫工具。丰满区的职工自制捉虫工具并起名为“狼牙棒”，梅河口市森防站自制捕虫网，集安市的老百姓自制钉拍、捕捉粘杆等工具。捉虫队伍多种多样，有家庭式的夫妻二人

共同捉虫，有职工承包式的带领亲戚朋友一起捉虫，有左邻右舍拉帮结伙上山联合捉虫，还有为了完成任务发动放假的中学生上山捉虫等等，经济效益十分可观，效益好的家庭可收入6 000多元，正常的户均每天收入在60～80元之间。通过这种群防群治、有偿收购的防治机制，不但职工和群众得到了实惠，更重要的是降低了害虫的种群密度，保护了森林资源。

3. 大胆采用新技术，为“突击行动”增加科技含量

科技出生产力，科技出效率。为了切实提高“突击行动”的成功率，我们坚持把新技术、新设备的应用贯穿于整个“突击行动”全过程。一是采用专用紫外荧光灯具。栗山天牛专用紫外荧光灯具是中国林业科学研究院的一项最新研究成果，对栗山天牛成虫具有较好诱集作用，这种灯在这次“突击行动”中发挥了重要作用，被群众称为捕捉害虫的秘密武器。二是开展栗山天牛监测工作。依据监测栗山天牛成虫羽化出孔进度和雌成虫剖腹卵量情况，适时公布捕捉成虫开始和终止时间，科学地指导了当地的害虫捕捉工作，减少盲目山上捉虫，起到了降低成本的作用。三是实行全方位科学管理。制定全省人工捕杀栗山天牛成虫“突击行动”实施方案、栗山天牛成虫羽化出孔进度监测方案，科学指导各地开展工作。为了强化对人工捕杀栗山天牛成虫“突击行动”的组织和领导，确保其完成工作任务，制定了《人工捕杀栗山天牛成虫“突击行动”考核办法》，这次表彰的先进单位就是依据这个考核办法评选出来的。

4. 多渠道筹集资金，为“突击行动”取得了圆满成功提供了资金保障

据统计，此次“突击行动”费用总支出为1 112.15万元，其中：捕虫物资购置方面共508.20万元，占总费用的45.70%，其中：6 000盏专用诱虫灯具总价值396.00万元，手电筒、手提灯、塑料布等辅助工具及备品价值112.20万元；宣传、培训、演练费用89.60万元，占总投入的8.06%；害虫收购资金184.85万元，占总投入的16.62%；林场职工补助费177.10万元，占总投入的15.92%；交通运输费用152.40万元，占总投入的13.70%。

特别是315万元省级引导资金的投入，带动了各级财政部门的资金投入，其投资量是有史以来最多的一次。吉林市人民政府筹集105万元救灾资金补贴“突击行动”，其中以每头0.2元的价格作为补贴资金拨发到基层单位。多数县（市）政府行动快，落得实，“5.20”视频会议结束后，立即筹集资金增加投资额度。吉林市龙潭区政府兑现了“突击行动”需要多少资金，就投入多少，决不影响“突击行动”开展的承诺。各级财政资金的投入，带动了林业部门和森林经营者的资金注入，形成了“以林业部门投资为主，森林经营者投资为补充，政府兜底”的投资格局。

5. 切实加强领导，建立健全层层包保的责任体系

为确保“突击行动”的顺利开展，各地、各部门高度重视栗山天牛灾害除治工作，将“突击行动”作为一项政治任务来抓，明确目标，落实责任，舍得投入，真抓实干，为“突击行动”顺利实施提供了坚实的组织保障。一是层层落实各级应急管理部门责任制。省林业有害生物灾害应急处置指挥部把“突击行动”责任和任务分解落实到各级政府和各个相关职能部门，各地也都结合本地实际，把责任落实到各个乡镇、村屯、林场，落实到具体山头地块，落实到具体人，并制定了切实可行的检查考核办法，形成了横向到边、纵向到底的责任体系。二是层层落实林业主管部门责任制。省林业厅将“突击行动”列为年度重点工作，要求栗山天牛灾害发生区林业主管部门切实加强领导，认真落实“谁经营、谁防治”的

责任制度，实行严格的责任追究制度，全力做好栗山天牛灾害应急处置工作。厅党组多次听取省森防总站工作汇报，了解“突击行动”开展情况，并主动当好参谋及时向省政府分管领导请示汇报，赢得政府的支持和重视，发挥了主管部门的应有作用。各级林业主管部门把“突击行动”当成领导工程，主管局长抓落实，全员参与，制定各种奖励机制。三是层层落实森防检疫部门责任制。省森防总站编制了人工捕杀栗山天牛成虫“突击行动”实施方案，所有技术人员分县包点，实行包保责任制，全程跟踪督导。基层森防站充分发挥技术指导和骨干作用，制定技术方案，开展栗山天牛成虫羽化进度监测工作，为适时进行成虫捕捉提供技术信息，为领导决策当好参谋，培训技术骨干，充分发挥了主力军和突击队作用，保证了各项任务的完成。

回顾“突击行动”的各项工作，我们更加深刻体会到林业有害生物防治工作离不开政府的重视、离不开林业部门自强不息的努力，更离不开社会各界的大力支持和参与。林业有害生物防治工作必须坚持“政府负全责，谁经营、谁防治”的原则，必须坚持科学发展观，坚持“预防为主，科学防控，依法治理，促进健康”的方针。通过这次“突击行动”的开展，极大地增强了各级领导和广大群众对林业有害生物灾害的认知程度和忧患意识，全社会的森防意识得到提高，林业有害生物灾害防控工作不再是林业部门孤军奋战，政府部门的高度重视、广大群众的积极参与及依法防治意识的提高，预示着吉林省今后的防控工作必将走向科学化、规范化、法制化轨道。

虽然此次“突击行动”取得了显著成效，但也暴露了我们工作中的不足，主要体现在以下几个方面：一是成虫捕捉量测算不准确，出现偏差。由于没有实际经验，在确定栗山天牛成虫数量及重量关系时偏差过大，结果与实际相脱离，造成预测和实际捕捉数量有较大误差。二是由于监测不到位，没有预测到个别地方栗山天牛当年不是成虫羽化年，导致没有成虫可捉，浪费了人力、物力、财力。三是“突击行动”开展的不均衡，仍存在不到位现象。个别地方财政资金没有及时到位，存在“雷声大、雨点稀”的现象，个别林业部门重视程度不到位，存在抓而不实、走过场的现象。四是人工繁殖天敌防治技术不过关。人工繁殖天敌花绒寄甲因繁殖成本高、释放方式不科学等问题，致使寄生率不高，今年栗山天牛天敌寄生自然死亡率较高，确定生物防治空间很大。因此，还需进一步加大科研力度，完善人工繁殖天敌技术，扩大生物防治面积。

(二)关于下一步的工作安排

这次“突击行动”只是实施栗山天牛灾害应急处置预案的一个重要环节和关键步骤，目前看，通过捕捉成虫，受害林分中的栗山天牛害虫种群密度会大幅度下降，灾情将得到缓解，但林分中必定还会留下一定数量的害虫。因此，对栗山天牛灾害应急处置工作，只能抓紧，不能放松，形势依然很严峻。我们还需要重点抓好以下几个方面工作：

1. 进一步做好宣传工作，广泛动员全社会力量参与防控

林业有害生物防控工作需要常抓不懈，坚持警钟长鸣。因此，要进一步宣传林业有害生物防控工作在维护森林资源安全、促进生态文明建设中的重要作用，不断提高全民参与防控的意识，宣传林业有害生物防控有关法律法规，增强各森林经营单位搞好灾害治理、加强调查监测的自觉性；宣传人工捕杀栗山天牛成虫“突击行动”所取得的重大成绩，激发和调动广大群众参与防控积极性，努力营造政府负责、行业管理、社会参与的良好氛围，做到有虫不成灾，宣传防控工作常抓不懈。

2. 突出重点，巩固成果，全力完成应急处置工作

要进一步做好人工捕杀栗山天牛成虫效果调查工作。2009年要组织开展好人工捕杀栗山天牛成虫效果调查工作，确定本地人工捕杀栗山天牛效果和摸清栗山天牛危害情况，为下一步继续开展防治提供依据。希望各级政府和部门要像抓“突击行动”那样抓好人工捕杀栗山天牛效果调查工作，森防检疫部门要做好技术指导工作，将“突击行动”这项工作善始善终；要进一步做好虫害木采伐、除害处理、补植造林更新工作。各地要切实加强对栗山天牛虫害木采伐的监督工作，认真研究重度发生危害的林分是否还需要进行虫害木采伐的问题，做到既有效利用好虫害木资源，又使栗山天牛灾害损失降到最低；要进一步开展栗山天牛的生物防治工作。明年春夏之际正是实施栗山天牛灾害生物防治的最佳时机，按照《栗山天牛灾害应急处置总体实施方案》安排，对灾害发生林分要适时释放花绒寄甲成虫和管氏肿腿蜂等生物天敌，进行持续的生物控制；进一步实施局部区域的“突击行动”。明年永吉县、磐石市个别林场等柞树林内栗山天牛成虫羽化，要按照今年的成功做法继续开展“突击行动”，查漏补缺，做好预算，筹足资金，备好灯具，按已确定的任务及目标开展工作。

3. 强化栗山天牛灾害防控科学研究工作

2011年是吉林省栗山天牛灾害应急处置结束年，也是栗山天牛下一个羽化高峰年。这期间要依靠科研院所的科技研究资源，加大科研攻关力度，尽快研究出一套防治栗山天牛的技术方法和措施，研究出多种杀虫或诱虫效率高、效果好的工具，要提高生物防治技术水平，争取在2011年的成虫高峰羽化年采用更多的技术防治栗山天牛成虫。

4. 多渠道争取资金，构建林业有害生物防控体系

各级政府要将林业有害生物防治经费纳入当地财政预算，稳定并增加林业有害生物防治、基本建设、预测预报和常规业务工作运转等所需专项经费，以保证防控体系建设投资的稳步增长。林业有害生物防治资金属于救灾减灾资金，林业部门要积极协调财政部门制定、完善防治资金使用和管理办法，加强对林业有害生物防治经费的管理。要强化对林业有害生物防治资金使用的监管，要建立健全防治资金跟踪检查和专项审计制度，确保防治资金及时足额到位，构建健康绿色防控体系，为林业发展及建设林业大省保驾护航。

5. 切实做好责任制建设工作，建立健全激励约束机制

2008年吉林省政府和各市(州)政府签订了林业有害生物防治工作目标管理责任状，政府、林业两条线和省、市、县、乡四级长官负责的“双线四长”责任制全面建立，目标明确、任务艰巨，栗山天牛应急处置工作是林业有害生物防控工作的重中之重，必须全面抓好，层层落实责任制。今年林业有害生物防治工作目标管理考核工作即将开始，希望各地要做好迎接检查工作。

二、先进单位典型经验介绍

作为此次人工捕杀栗山天牛成虫“突击行动”先进单位代表，吉林市丰满区和集安市政府在会上做了“突击行动”多媒体汇报，图文并茂地向各位与会代表展示了整个“突击行动”宣传发动、资金筹集、物资准备、专业队伍组建、责任制落实等一系列组织领导过程，展示了“突击行动”取得的丰硕成果以及取得的经验和教训。

三、对“突击行动”先进集体和先进个人进行表彰奖励

会上，吉林省林业厅分管副厅长代表吉林省林业有害生物灾害应急处置指挥部宣读表彰决定：

省林业有害生物灾害应急处置指挥部决定，授予吉林市林业有害生物灾害应急处置指挥部等4个单位为优秀组织单位、吉林省财政厅农财处和吉林省气象科学研究所为优秀协作单位、吉林省森林病虫防治检疫总站等5个单位为先进单位、杨增旭等66人为先进个人。对优秀组织单位、优秀协作单位、先进单位颁发奖牌，对先进个人颁发奖励证书并由所在单位发放奖金1000元。要求各市、县(区、市、局)林业有害生物灾害应急处置指挥部也要做好总结，对此次“突击行动”中涌现出来的先进单位和先进个人进行表彰奖励。要求各地、各单位要以先进为榜样，真抓实干，开拓进取。希望受到表彰的单位和个人，发扬成绩，继续努力工作，全面推进林业有害生物防治工作深入开展，为减轻林业有害生物灾害，保护森林资源安全和建设秀美吉林做出新的贡献。

四、省政府分管领导在“突击行动”总结表彰会议上的重要讲话

吉林省林业有害生物灾害应急处置指挥部副指挥长、省政府分管副秘书长在会上做了重要讲话。就进一步抓好全省林业有害生物防治工作，讲了三个方面的意见。

(一)认清形势，进一步增强做好林业有害生物防治工作的责任感

林业有害生物防治工作是林业工作的重要组成部分，也是国家防灾减灾工程的重要内容。2006年以来，吉林省政府适时启动了栗山天牛灾害、日本松干蚧疫情重大林业有害生物灾害应急处置预案，各级政府、林业部门积极响应，认真开展虫害木的伐除、生物防治等应急处置工作，取得了较好的效果。特别是今年抓住三年一遇的栗山天牛成虫羽化年，果断决定开展人工捕杀栗山天牛成虫的“突击行动”，这在我省森林病虫害防治史上也是第一次。“突击行动”共出动了17万多人次，捕捉成虫1 048.5万头，挽回经济损失7.86亿元，有效地控制了灾情地扩散，保护了森林资源。事实证明，开展“突击行动”非常必要，非常及时，利国利民，各单位干得非常好。这次“突击行动”收获很大，“依靠政府，广筹资金，全民动员”是这次“突击行动”取得成功的主要经验，“创新机制，有偿收购，现金兑现”是这次“突击行动”的主要特点，“消灭栗山天牛成虫，保护森林资源，维护生态安全，提高林业有害生物防控工作地位”是这次“突击行动”取得的最大收获。在这次行动中，各级政府高度重视，精心组织，林业部门尽职尽责指挥调度，有关部门密切配合协同作战，社会各界积极参与共同完成，“突击行动”取得阶段性胜利。但是，我们也要清醒地看到，林业有害生物防治工作还存在一些问题和困难，任务仍很艰巨。一是林业有害生物发生面积居高不下。近年来由于北方地区气候变暖、持续干旱，天然林面积减少，人工林面积不断增多，造成森林生态平衡失调，引发了林业有害生物灾害不断发生，对全省森林资源、生态安全造成严重威胁。据统计，我省可造成危害的林业有害生物多达60余种，年发生面积多达40余万公顷。如西部的青杨天牛、白杨透翅蛾、杨树烂皮病还有东部的云杉八齿小蠹以及启动省级应急处置预案的栗山天牛、日本松干蚧等，对全省防护林和天然林危害日益加重，每年因林业有害生物造成的直接经济损失达29亿元，间接生态损失更大。刚才林业厅厅长讲虫灾造成的损失是火灾的46倍，这要引起我们的高度重视，防

治病虫害是大事，各地要抓好。二是部分地区对林业有害生物防治工作的重视程度不够，责任体系不完善、防控体系不健全、队伍不稳定、监测防治手段落后等问题，还没有得到彻底解决。三是林业有害生物防控资金筹集渠道不畅。多年来林业部门独家防治的现状比较普遍，地方财政对监测预防工作投入很少，一些森林经营者在灾害发生后等、靠、要的思想严重，因监测不到位灾后报灾的现象比较普遍。这些问题如果不认真解决，将严重影响我省的林业有害生物防治工作。因此。各地、各有关部门必须充分认识加强林业有害生物防治工作的重要性，自觉增强紧迫感和责任感，扎扎实实地做好林业有害生物灾害防控工作。

（二）突出重点，进一步明确林业有害生物灾害防控工作任务

要紧紧围绕建设生态文明这个目标，从保护森林资源、维护生态安全、促进全省经济社会又好、又快发展的大局出发，突出抓好重点防治工作任务，全面做好新形势下林业有害生物防治工作。

要积极探索林业有害生物防治工作的新思路、新机制。随着集体林权制度改革步伐的整体推进，林业有害生物防治工作面临新的机遇、挑战和任务。要积极探索与林权制度改革相适应的林业有害生物防治工作的新体制、新机制、新举措，及时调整工作思路，提高防治管理和服务水平，加速防治工作的市场化进程。要逐步破解集体林分户经营后抗灾减灾能力削弱的新矛盾，破解国家要生态、农民要实惠的新问题，充分调动林农防治林业有害生物的积极性，决不能因林权制度改革削弱防治工作，必须更加有效地保护和调动群众造林、护林的积极性。

要把林业有害生物防治工作纳入林业建设的全过程。任何灾害的防控，都要采取预防为主这一根本性措施，林业有害生物防治工作也不例外。首先，要确保造林绿化苗木优质健康，加强苗木生长期间的管理，强化造林绿化苗木的依法检疫；其次，要重视推广应用乡土优良树种，适地适树造林，保持林分树种的多样性，促进林分自身生态平衡；第三，要大力开展封山育林，改善森林生态环境，保护森林生物多样性，提高森林生态系统自我抵御灾害能力；第四，要科学抚育，及时伐除病虫害木，改善森林生态环境，提高林木抗逆能力。

要建立健全林业有害生物防控体系。要从建立林业有害生物防御体系和促进应急能力建设出发，做到“三个加强”：一是加强监测预警体系建设。及时准确的调查监测结果是开展林业有害生物防治工作的基础，是迅速制定科学决策的重要依据。要有计划地对各级测报队伍进行培训，不断提高测报人员的业务素质；要加大测报基础设施建设力度，不断提高预警能力；要广泛应用国内外先进技术，提高测报的准确率，及时发布预警信息，更好地服务社会。二是加强防治减灾体系建设。以基层防控常规性基础设施建设为重点，以配置能够满足大面积防治所需的现代化施药器械建设为目标，进一步加强重点区域防治减灾设施设备建设。要根据实际情况逐步配置防治作业车、防治施药器械等，完善各类天敌繁育中心的建设，满足防治减灾体系建设的需要。三是加强行业队伍建设，努力提高森林植物检疫人员素质，加大检疫执法力度，提高行政执法水平。

要依法加强森林植物检疫、防范外来林业有害生物入侵工作。加强森林植物检疫工作，是防止外来有害生物入侵、阻止危险性林业有害生物在地区间传播蔓延的有效途径。一要进一步完善现有的检疫检验及信息传送系统，加大投入力度，加快检疫除害处理设施建设，加快检疫隔离试种苗圃建设，强化引进林木种苗和繁殖材料检疫隔离试种、疫情调查监测、检疫除害处理等监管措施；二要加强产地检疫工作，严格按照有关规定，对森林植物及其产品实施产地检疫，特别是要加强造林绿化苗木、木质包装材料和有可能携带重大疫情的森林植物及其产品的复检工作；三要建立外来林业有害生物和检疫性、危险性林业有害生物风险评估体系，定期开展风险评估，并制定相应措施，严防外来林业有害生物入侵及检疫性、危险性林业有害生物的传播扩散和蔓延成灾。

(三)强化措施，全面提升林业有害生物灾害防控能力

刚刚闭幕的吉林省委九届六次全会提出，要把吉林省建成粮食大省、牧业大省、林业大省、北方特产大省、农产品加工大省，进而成为农村经济强省。这既是吉林省林业建设的一个难得历史机遇，也对林业有害生物防治工作提出了更高要求。目前吉林省森林病虫害除中东部的栗山天牛、日本松干蚧外，还有东部的小蠹虫、松树病害，西部的青杨天牛、白杨透翅蛾、杨树病害等危害十分严重，我们要以科学发展观为指导，进一步加强领导，强化措施，落实责任，推动全省林业有害生物防治工作的深入开展。

要加大领导力度，认真落实林业有害生物防治工作责任制。林业有害生物防治工作是一项长期而艰巨的任务，是一项复杂的社会系统工程，单靠某个部门很难实现预定的工作目标。要全面完成工作任务，必须加大组织领导力度，实现行业行为向政府行为乃至全社会行为的转变。2008 年 5 月，省政府与各市(州)政府签订了林业有害生物防治目标管理责任状，形成了政府、林业两条线暨省、市、县、乡四级行政主要领导负责的“双线四长”管理体制。各级政府和部门要把林业有害生物防治工作列入重要议事日程，进一步落实林业有害生物防治行政领导责任制，把林业有害生物“成灾率”、“无公害防治率”、“测报准确率”和“种苗产地检疫率”纳入各级地方政府和林业部门主管领导任期目标管理责任制中，常抓不懈。特别是财政部门要保证林业有害生物防治资金及时到位，气象部门要提供准确和相关的气象资料。

要强化队伍建设，提高林业有害生物防治管理能力。各地要按照建设一流组织机构、培养一流专业队伍、配备一流技术装备、实现一流业务管理的要求，继续加强各级林业有害生物防治管理能力建设，努力造就一支政治素质高、业务能力强、应急反应快、工作作风硬的林业有害生物防治应急专业队伍。要强化机构职责和工作职能，使之与所担负的林业有害生物防治管理任务相适应。吉林省政府已将省森防检疫总站纳入参公管理，各地也要积极争取。

要建立完善制度，加大防治经费使用的监管力度。近几年国家财政、省财政对林业有害生物防治工作给予了大力支持，不断加大投资力度。随着对林业有害生物防治工作投资力度的不断加大，林业有害生物防治工作资金注入渠道将越来越多、额度也将越来越大。林业有害生物防治资金属于救灾减灾资金，林业部门要会同财政、审计部门制定、完善防治资金的使用、管理、跟踪检查和专项审计制度，加强对林业有害生物防治经费使用的监管，确保防治资金及时足额到位。

要加强科技创新，加大科技成果转化和新技术推广应用的力度。科学技术是第一生产力，是提高林业有害生物防控工作水平、推动防灾减灾事业不断前进的动力。要从林业有害生物防控工作的实际出发，加快新技术、新设备的研究应用进度，加强对现有技术的改良配套，不断提高防治工作的科技含量，提高灾害预测预报、信息处理、调度指挥、防灾减灾和灾后评估等方面的能力，以全面提升我省的林业有害生物防治工作水平。

第十章　林业有害生物灾(疫)情发生地市级政府对应急处置预案的响应

2006年10月13日，吉林省政府启动实施重大突发性林业有害生物灾害应急预案以后，灾(疫)情发生地的长春市、吉林市、通化市、辽源市、白山市、四平市政府迅速响应，相继启动实施了各自的日本松干蚧疫情和栗山天牛灾害应急处置预案。下面，就部分市的林业有害生物灾害应急处置预案启动实施情况作以简要介绍。

第一节　长春市日本松干蚧疫情应急处置响应

一、长春市自然概况

长春市是吉林省省会，是全省的政治、经济和文化中心，位于吉林省中北部，辖区面积2.06万平方千米，占全省总面积的11.0%。全市辖14个县(市、区)，总人口720万人，国民生产总值2 919亿元，财政收入450亿元。

长春市地处长白山植物区系和蒙古植物区系的过渡地带，属于少林地区。改革开放以前，森林覆盖率不足8%，生态环境较为脆弱。改革开放以来，随着“三北”防护林体系建设的实施，基本上形成了以护路、护堤林为骨架，以农田林网为脉络，以四旁、荒山荒地绿化和村镇美化为重点的生态防护林体系。目前，全市共有林地面积为39.91万公顷，森林覆盖率达到15.35%。防护林体系建设使长春市的生态环境大为改观，每年至少可使全市增产粮食7.5亿千克以上。

二、日本松干蚧疫情传入初期防控工作开展基本情况

油松和赤松是长春市的主要绿化树种，也是日本松干蚧的寄主。全市共有日本松干蚧寄主松林5 443公顷，分布在各县(市、区)。市区街道绿化寄主树木8.6万株，折合林地面积215公顷。

(一)迅速落实日本松干蚧疫情调查监测和封锁扑灭任务

长春市林业局于2006年5月在双阳区和净月开发区首次发现日本松干蚧疫情传入后，紧急召开疫情防控会议，要求各有关县(市、区)林业主管部门立即组成专业队伍，对各自辖区内寄主树木进行全面彻底排查，迅速摸清了日本松干蚧疫情在全市的分布、发生情况，并要求双阳区和净月开发区对发现日本松干蚧疫情的林分迅速采取措施进行除治。

2006年6月22日，长春市林业局组织召开专家论证会，对日本松干蚧防控对策与治理措施进行了充分论证，形成专家论证意见：一是全面加强对疫情的调查监测。二是通过营林技术措施预防疫情的严重发生和危害。三是通过检疫防范措施防止疫情人为传播。四是利用生物防治措施实现可持续控制。五是利用化学防治作为救急手段迅速压低虫口密度。

长春市林业局在汇总各县(市、区)疫情调查情况后，结合专家论证会意见，于2006年6月25日和6月30日分别向市政府和市人大进行了专题汇报，引起市政府和市人大的高度重视，并分别对日本松干蚧疫情的防控工作作出重要指示。

(二)长春市政府高度重视日本松干蚧疫情的防控工作

长春市政府于2006年8月3日召开日本松干蚧疫情防控工作专题会议。会议听取了长春市林业局关于全市防控日本松干蚧工作的情况汇报。研究并着重解决了以下三个重要问题：一是决定投入疫情防控资金1 000万元。二是将长春市森防检疫站由正科级升为正处级，增加5个事业编制。三是决定各区设立森防机构，所需经费由市财政解决。

2006年8月15日，长春市人民政府办公厅下发《长春市人民政府办公厅关于预防控制日本松干蚧疫情的通知》(长府办明电[2006]9号)，对各县(市、区)人民政府和市直有关部门就进一步防控疫情提出明确要求。要加强对疫情防控工作的领导，落实疫情防控责任制；要建立健全森防检疫机构，加强队伍建设；要采取有效措施综合控制疫情；要求市财政落实1 000万防控资金，全面加强疫情防控工作投入。

三、长春市应急处置预案响应情况

2006年10月13日，吉林省林业有害生物灾害应急处置指挥部启动实施了日本松干蚧疫情应急处置预案，为全面响应省级疫情应急处置预案，长春市政府成立长春市日本松干蚧疫情应急处置指挥部，指挥长由分管副市长担任，市林业局局长担任副指挥长，成员包括市林业局、市园林绿化局、市财政局、市农委、市水利局、市交通局、长铁分局等部门主要负责人。应急处置指挥部下设办公室和专家组。

确定了长春市疫情应急处置工作目标：在5年时间内，遏制疫情的严重危害，解除疫情发生面积，达到有虫不成灾的最终目标。同时购置了药械641台(套)，农药50余吨，建立专业队伍，严格落实防控责任，制定应急处置实施方案，为响应省级预案提供物资保障。

在对日本松干蚧疫情全面调查监测的基础上，根据专家组意见，采取分区治理、分类施策的防控策略，将净月开发区划定为封锁扑灭区，主要采取药物防治，迅速压低虫口密度，减少疫情对市区的威胁；将双阳区、二道区和九台市划定为综合治理区，主要采取加大对染疫林分实施综合措施进行防治，达到有虫不成灾；将长春市市区划定为重点保护区，重点加强监测调查，实行分片包干、死看死守，严防疫情侵入。

自2006年疫情传入以来，长春市全面坚持分区治理，分类施策的防控策略，采取综合防控措施，使得日本松干蚧疫情在一定范围内得到了有效地控制，防控工作取得阶段性成果。

(一)化学防治

累计防治面积达到26 010.24公顷。其中：打孔注药面积7 834.54公顷，喷雾防治4 962.20公顷，飞机防治8 000公顷，喷烟防治5 213.50公顷。

(二)生物防治

收集瓢虫1.3亿头，人为保护其越冬，春季在染疫林分中释放进行生物可持续控制，累计生物防治面积890公顷。

(三)营林抚育措施预防

清除林下实生寄主幼树160余万株并全部销毁，累计清林面积1 357公顷；抚育间伐调整寄主林分郁闭度79.50公顷；皆伐更新赤松林115.70公顷；林内栽植蜜源植物30公顷。

(四)除害处理

日本松干蚧疫林采伐后就地造材，就地存放，专人看管，待春季气温回升后，进行帐幕熏蒸，2007~2009年累计完成日本松干蚧疫材疫木熏蒸除害处理27 847立方米。

(五)检疫执法

查处违规运输日本松干蚧寄主松树及疫材疫木等行政案件30起，烧毁染疫油松、赤松632株，查堵寄主木材600余立方米。

四、日本松干蚧疫情应急处置资金投入情况

自2006年响应省级疫情应急处置预案以来，长春市4年来累计投资2 748万元。包括长春市政府累计投入1 900万元，长春市林业局累计投入848万元。其中：2006年累计投入1 381万元，2007年累计投入688万元，2008年投入579万元，2009年投入100万元。

五、长春市疫情应急处置取得的阶段性成效

通过应急响应，实施科学有效治理，长春市日本松干蚧疫情发生面积逐年下降，危害程度逐年减轻，疫情在一定范围内得到有效的控制，应急处置工作取得了十分显著的成效。

(一)疫情发生面积得到显著压缩

从2006年日本松干蚧疫情传入以来，疫情一度扩散蔓延，2007年5月疫情发生面积高达2 506公顷，由于全面加大了应急处置工作力度，至2007年8月疫情发生面积下降到1 131公顷；至2008年5月疫情发生面积为780公顷，2008年8月疫情发生面积335公顷；2009年5月疫情发生面积224公顷，2009年8月疫情发生面积下降到48公顷。

其中，净月开发区2008年发生面积由5月的32公顷降到8月的零发生，一直保持至今，全面实现了有虫不成灾的应急处置目标。

(二)疫情危害程度显著下降

2007年5月，中、重度发生面积1 871公顷；2007年8月的中、重度发生面积下降到864公顷；2008年5月，中、重度发生面积下降到240公顷；2008年8月，中、重度发生面积为零，全部下降到轻度发生以下。截至2009年8月，长春市日本松干蚧疫情分布面积3 608公顷，其中轻度发生面积仅为176公顷。

六、对于疫情应急处置工作的体会

(一)政府高度重视是取得疫情防控成效的最根本组织保障

长春市日本松干蚧疫情应急处置预案的启动和实施，从始至终都贯穿着政府负全责、属地管理工作原则，领导者亲力亲为，责任制的落实，资金的投入，实际问题的协调解决，部门间相互配合，极大地调动了基层干部职工群众参与的积极性，为疫情应急处置工作的顺利开展奠定了坚实的基础。

(二)资金投入是取得疫情应急处置成效的重要保证

疫情应急处置工作能够顺利开展，得益于政府对应急处置资金的大幅度投入，购置和储备了应急处置药剂药械、物资设备，政府资金的投入，也带动了林业主管部门和森林经营单位的人、财、物力投入，有了充足的资金保证，疫情应急处置工作才可能根据实际需要采取相应的措施，才可能取得良好应急处置成效。

(三)科学防控是取得疫情防控成效关键

由于日本松干蚧繁殖潜力和自然扩散能力特别强，又容易随人为调运传播，因此，其防控难度相当大。在疫情应急处置工作中，得益于专家组的正确指导，从疫情防控对策，防治措施施用的先后顺序等方面均做到对症下药，灾疫情应急处置过程中，确实走了一条捷径，防控技术的恰当运用使疫情应急处置取得了事半功倍的成效。

七、下一步疫情应急处置工作安排

长春市2010年度继续对预案实施响应，今后一个时期继续坚持分区治理、分类施策的原则，坚持以营林措施为主，生物防治为辅，化学防治为应急手段，全面对日本松干蚧疫情实施防控。

(一)封锁扑灭区

净月开发区继续保持零发生状况，今后一个时期将采取以营林措施为主，化学防治措施作为救急手段，对低虫口林分继续实施生物防治，达到长期可持续控制日本松干蚧有虫不成灾的目的。

(二)综合治理区

全面加大对寄主松林营林抚育和对林下实生幼树清除工作力度，加大对重点发生区域和新增发生区域疫情的无公害化学药剂防控力度，积极申请采伐指标，继续对染疫赤松林分更新改造，从根本上消除日本松干蚧疫情滋生、泛滥的环境条件。

(三)继续开展疫情防控科学试验

在应急处置工作中，坚持做到应急处置与科学实验相结合，积极开展应用性诱捕器防治日本松干蚧技术；开展日本松干蚧自然传播规律的试验；利用新药剂进行防治实验，努力探索日本松干蚧防治新途径。

(四)继续贯彻落实长春市政府《通告》精神

在重点保护区内不栽、不繁、不育日本松干蚧寄主树木，加强对市区街路、庭院绿化寄主树木的检查监测，对非法栽植黑松等日本松干蚧寄主树木的，要加大处罚力度，确保实现长春市市区寄主树木无日本松干蚧疫情。

第二节　吉林市应急处置预案响应情况

吉林市位于吉林省中东部，辖5县4区，人口450万，总面积274.8万公顷，有林地148.6万公顷，森林覆盖率54.1%，森林资源丰富，是吉林省重要的森林分布区域之一。

一、吉林市应急处置响应情况

一个时期以来，日本松干蚧疫情和栗山天牛灾害在吉林市相继暴发成灾，猖獗危害，给林业生产和生态环境建设带来重大损失，引起了吉林市政府的高度重视，决心下大力气抓好林业有害生物的防控工作。为有效保护森林资源和生态安全，按照省政府启动实施的林业有害生物灾害应急处置预案，吉林市政府积极响应，成立了以分管副市长为总指挥的日本松干蚧疫情和栗山天牛灾害应急处置指挥部，从组织、管理、技术、资金等诸多方面都予以充分保障，4年来应急处置工作取得了十分显著的成效。

(一)对日本松干蚧疫情应急处置的响应

吉林市有日本松干蚧寄主松林4 982.55公顷，自2005年桦甸市首次发现日本松干蚧疫情以来，截至2007年，疫情分布面积为1 502.3公顷，疫情发生面积1 089.0公顷。有疫情发生的县份主要包括桦甸市、磐石市、永吉县、船营区、昌邑区。应急处置预案启动后，吉林市对1 502.3公顷染疫寄主林分进行预防和治理，采取清除林冠下实生寄主幼树，营林抚育措施调整寄主林分郁闭度，人工助迁异色瓢虫，打孔注药等防治措施进行综合防治；在城区周围建立无寄主植物隔离带，有效保护了吉林市城区园林绿化成果，确保城区自然景观、清水绿带工程及松花湖区水源涵养林不受侵害。

1. 强化疫情调查、监测

从2006年开始，吉林市把日本松干蚧列为主要调查监测对象，在每年的5月和8月日本松干蚧显露期及时组织各县(市、区)以及各林场、林业站森保员，按照日本松干蚧调查技术规程对全市寄主松林分进行全面的监测调查，为日本松干蚧的预防和除治工作提供可靠的科学依据，做到早发现、早报告、早除治。

对在疫情调查监测工作中漏查漏报贻误应急处置时机的单位，吉林市政府及时下发了《吉林市人民政府关于日本松干蚧疫情和处置情况的通报》(吉市政电[2007]12号)，期间有11人受到行政处分，起到了很好的警示作用。

2. 疫情封锁措施

主要包括三方面措施：一是对发生疫情的林分实行全面封锁，严禁人畜随意进入，防止人为传播疫情。二是对全市的木材经营加工厂进行排查，各木材检查站加强检查，加强产地和调运检疫工作，凡是日本松干蚧寄主树木及其产品一律不准调运，三是禁止利用黑松、赤松、油松等树种的苗木进行造林绿化。

3. 疫情扑灭措施

自发现疫情以来，为了防止疫情进一步扩散，吉林市政府下发了《吉林市人民政府关于对日本松干蚧疫情实施封锁扑灭的通知》(吉市政电[2006]6号)，制定了疫情封锁扑灭总体方案，开展了疫情应急处置预案响应，在采伐指标十分紧张的情况下，吉林市林业局专项批复日本松干蚧疫林采伐指标4.2万立方米，拔除日本松干蚧疫点14个。采伐更新疫林 1 005 公顷，更新造林后设立水泥桩、铁棘篱，防止牲畜践踏林地，派专人加强管护，实行封山育林，使其尽快郁闭成林，早日恢复生态。对疫林采伐后，将梢头、枝丫等剩余物及地面幼苗、幼树进行清理后就地烧除，对造材的疫木进行严格的除害处理。在疫情应急处置过程中，还得到吉林市森警支队和桦甸市森警大队的大力支持，为疫情扑灭工作赢得了宝贵的时间。

4. 实施重点区位预防

为有效保护吉林市城区园林绿化成果，在城区周围建立了一条 100 千米长、20 千米宽无日本松干蚧寄主树木隔离带，有效防止日本松干蚧疫情通过自然传播侵入城区，确保城区自然景观、清水绿带工程的生态安全。

5. 认真做好宣传教育工作

为了提高广大群众对日本松干蚧疫情扑灭工作的思想认识，吉林市林业局在政府内部信息和森防通讯上做了大量的宣传报道，先后 3 次请来电视台记者到疫情处置现场进行采访和录像，制作电视节目，向全市人民宣传日本松干蚧疫情应急处置的有关规定及目的意义。针对疫情发生地部分群众偷拣疫林伐区采伐剩余物做烧柴的现象，共印发了 11 000 多份通告，使偷拣烧柴行为得到了有效遏制。通过宣传，普遍提高了广大群众对疫情应急处置工作的认识，增强了疫情防控工作的积极性、主动性和自觉性。

6. 对疫情实施综合治理

日本松干蚧疫情应急处置响应实施以来，政府主要领导多次到市林业局了解应急处置开展情况，并对一些重大问题做出批示；市林业局局长深入疫情发生区调查灾情，亲自部署日本松干蚧疫情应急处置工作，分管副局长先后 11 次到桦甸、磐石、永吉等地进行督察和协调灾(疫)情应急处置工作，并经常召集有关人员开会，研究和落实疫情处置任务。省、市有关部门专家和技术人员也多次亲临现场进行督查指导。对全市日本松干蚧疫林实施综合治理，从 2006 ~ 2009 年，采用清除林下实生幼树、营林抚育调整林分郁闭度、人工助迁异色瓢虫、打孔注药等防治措施对疫林实施全面的综合治理。

经过 4 年来的不懈努力，共拔除日本松干蚧疫点 14 个，采伐更新疫林 1 005 公顷，累计防治面积达到 1.66 万公顷次。目前，日本松干蚧疫情发生面积得到显著压缩，危害程度大为减轻，造成的损失明显下降。

(二)对栗山天牛灾害应急处置的响应

吉林市属于栗山天牛灾害的重灾区，2000 年以来，各县(市、区)陆续发现栗山天牛灾害，国家林业局、省政府、省林业厅领导对吉林市栗山天牛灾情非常重视，曾多次视察指导灾害防治工作。栗山天牛灾害应急处置预案响应以来，进一步加大了应急处置工作力度。

1. 大规模、大幅度实施虫害木采伐、除害和补植更新工作

栗山天牛灾害造成柞树木材价值严重受损，各级林业主管部门和森林经营管理单位都十分心痛。栗山天牛灾害应急处置预案响应以来，省林业厅先后下达 9.85 万立方米虫害木采伐指标，各县(市、区)林业局又从正常生产性指标中拿出 6.74 万立方米用于虫害木采伐。4 年来，从栗山天牛虫口之下夺回虫害木蓄积 16.59 万立方米，通过化学熏蒸、削片、烧炭等措施累计除害处理栗山天牛虫害木材积 6.83 万立方米。在虫害木采伐的林分中及时补植红松和云杉等针叶树种进行生态恢复，共补植苗木 234.7 万株，补植面积达到 1.56 万公顷。

通过上述措施，取得了以下成效：一是从虫口下夺回了大量虫害木材资源，将栗山天牛灾害造成的损失降到最低；二是从森林经营角度出发，解放了被虫害木长期占用的林地资源；三是通过林下补植针叶树种进行生态恢复，使林分向针阔混交林方向发展，提高了森林生态系统的稳定性；四是栗山天牛灾害的面积得到有效的压缩，实现了可持续控灾目标。

2. 下大力气组织人工捕杀栗山天牛"突击行动"

2008 年 5 月 20 日，吉林省政府组织召开了全省林业有害生物防控暨重大森林虫害应急处置视频工作会议，根据省政府统一部署，吉林市政府先后召开 4 次专门会议，部署人工捕杀栗山天牛"突击行动"，下发了《吉林市人工捕杀栗山天牛成虫"突击行动"实施方案》(吉市政电[2008]2 号)。各县(市、区)也制订了详尽的实施方案和具体时间表，订购诱虫灯具，储备害虫收购资金，开展应急演练以及宣传发动等各项准备工作，全市共购置专用黑光灯 3 044 盏，电池电筒 6 700 多个，经过缜密筹划，强化宣传、周密安排，精心部署，严加考核，有序实施，对 4.14 万公顷栗山天牛发生林分实施大面积人工捕杀，共计捕捉栗山天牛成虫 254.45 万头(折合重量 5 786 千克)，圆满完成了"突击行动"的各项任务和指标。

此次"突击行动"共投入资金 715.81 万元，其中：财政补贴 371.91 万元，林业投入 325.30 万元，社会自筹 19.00 万元。

通过 2009 年的效果调查发现，栗山天牛虫口密度由原来的 8.2 头每株降为现在的 1.3 头每株。按照测算，可避免下一期 18 万立方米蓄积的柞树免受其害，可以说从虫口夺回折合 1.5 亿元的直接经济效益。"突击行动"取得了辉煌的战绩和显著的效果，为保护吉林市森林资源和生态安全做出了积极贡献。

二、应急处置响应取得的成效

吉林市从 2007～2009 年共采伐栗山天牛虫害木 16.59 万立方米，累计除害处理虫害木材积 6.83 万立方米，累计林下补植造林 1.56 万公顷。特别是 2008 年实施的人工捕杀栗山天牛"突击行动"，在 4.20 万公顷栗山天牛发生林分实施大面积人工捕杀，共捕捉栗山天牛成虫 254.45 万头，大幅度降低了林分中栗山天牛害虫种群数量。目前全市栗山天牛灾害的发生危害面积由 2006 年的 4.14 万公顷降到 2009 年的 1.88 万公顷，可以说应急处置工作取得了阶段性成果。

三、对灾(疫)情应急处置工作的几点体会

(一)强化政府行为是做好应急处置工作的根本保障

省级林业有害生物灾(疫)情应急处置预案得到了各级政府的响应，全面加强对日本松干蚧疫情、栗山天牛灾害应急处置工作的组织领导，成立应急处置指挥机构，将应急处置工作纳入政府重要议事日程，层层签订责任状，并把灾(疫)情应急处置工作作为考核各级领导政绩的一项重要内容，应急处置资金得到各级政府的有效补充，应急处置工作得到相关部门及社会各界的大力支持和协作，完全得益于政府坚强有力的组织和领导。

(二)强化管理是做好应急处置工作的重要手段

启动应急处置预案后，吉林市制订了工作计划、实施方案，对任务目标进行层层分解，落实责任和任务，出台量化考核标准和办法，对应急处置每一项工作基本上做到有计

划、有组织、有安排、有落实、有检查、有验收，实施全过程管理。几年来全市各级林业部门在应急处置实施过程中，就是以这种责任感和使命感，真抓实干，顽强拼搏，确保应急处置各项工作落到实处，取得了十分显著的应急处置成效。

(三)突出重点是做好应急处置工作的重要举措

吉林市在应急处置工作中，根据有害生物发生规律和特点，分阶段、有重点地实施科学防控，突出抓好日本松干蚧疫情封锁扑灭、栗山天牛成虫人工捕杀“突击行动”、虫害木采伐更新等重点工作，在应急处置工作过程中攻难克坚，以重点带动全局，有张有弛，取得了一个又一个应急处置阶段性成果，向着应急处置总体目标稳步推进。

通过4年来的应急处置工作，取得了十分显著的成效，虽然仍然存在一些不足之处，应急处置任务还依然繁重。但吉林市政府和林业主管部门有决心、有信心通过上下共同努力，积极响应，圆满完成应急处置工作各项指标，为保护吉林市森林资源，建设生态文明的和谐吉林做出应有贡献。

第三节　通化市栗山天牛灾害应急处置响应情况

通化市位于吉林省东南部，是全省重点林区之一，全市所辖5个县(市)、3个区，辖区面积为1.57万平方千米；总人口226.4万人。林业用地面积104.57万公顷，占辖区总面积的66.6%，其中：有林地面积93.81万公顷，活立木总蓄积0.74亿立方米，森林覆被率59.8%。

一、栗山天牛灾害发生情况

吉林省的栗山天牛灾害是1993年在通化地区的集安市大路镇首次发现的，随后，又在辉南县大坦平林场发现。针对该害虫危害的现状和趋势，感到栗山天牛这种害虫极度危险，对柞树具有毁灭性的危害。

1997年，通化市林业局组织开展了栗山天牛灾害专项调查，确认该虫害在通化市已分布3个县级行政区域，14个乡(镇)、10个国有林场，柞树林分受害面积达到3.1万公顷。灾害发生后，通化市政府高度重视，通化市林业局采取多种措施积极进行治理，但受到防治技术上的局限，一直没有收到显著的治理效果，灾害持续扩大。

2005年，根据吉林省林业厅的统一部署，通化市林业局组织开展了第二次专项调查，结果表明：栗山天牛灾害在通化市发生面积达到8.47万公顷，占全市阔叶林总面积的13.4%，占柞树林分面积的36.9%。其中：发生轻度2.68万公顷，发生中度为2.49万公顷，发生重度为3.30万公顷。

二、全面贯彻落实省政府应急处置会议精神

2006年，全省林业有害生物灾害应急处置预案启动实施后，通化市政府高度重视，召开了第15次常务会，专题研究贯彻、落实、响应日本松干蚧疫情和栗山天牛灾害应急处置工作，制定并印发了通化市日本松干蚧疫情和栗山天牛灾害应急处置实施方案和应急处置工作方案，特别是2008年5月20日，省政府再次召开全省林业有害生物防控暨重大灾疫情应急处置工作视频会议，把人工捕杀栗山天牛成虫“突击行动”作为应急处置的一项重

要手段，全面纳入了各级政府的议事日程，进一步完善和加强了应急处置指挥部的领导力量，成员单位由原来 8 个单位增加到 17 个单位，全面落实各项应急处置工作责任和目标。各地围绕落实省、市会议精神，相继召开了政府工作会议，对灾害防控工作做了具体安排和部署，制定了林业重大灾(疫)情应急处置工作实施方案，严格按照灾害防控工作责任要求，把林业重大灾害防控和应急处置工作纳入政府工作日程。

三、广泛宣传、全方位发动、营造舆论氛围

为了积极响应省政府启动实施的林业有害生物灾害应急处置预案，通化市利用各种宣传媒体和行业宣传优势，广泛宣传栗山天牛灾害和日本松干蚧疫情危害的严重性以及防控工作的重要性，全方位开展了宣传教育活动。据统计，四年来全市在应急处置工作宣传方面，累计出动宣传车 1 500 台次，悬挂条幅 900 余幅，播放电视宣传片 150 余次，散发传单 3 万余张，政府公告 4 000 余份，张贴标语 4 万余张，形成强大的社会舆论氛围。

四、强化灾害调查监测预报制度建设

根据应急处置总体安排，我们加大了对栗山天牛灾害和日本松干蚧疫情调查监测预报工作，及时准确掌握灾(疫)情，及时掌握应急处置工作进展情况，加强对灾害防控和应急处置工作的调度，定期上报灾害防控和应急处置的开展情况；各县(市、区)以乡(镇)、国有林场为基本单元，派出业务骨干作为灾害防控督查员，对灾害防控和应急处置工作进行督导，并定期召开督查员会议，对灾害防控和应急处置工作中出现的新情况、新问题进行研究分析，落实解决措施。

五、落实责任，明确奖惩，提高应急处置质量和效果

按省应急处置实施方案要求，我们对灾(疫)情应急处置工作各项指标进行了科学分解和量化管理，制定百分考核标准，落实奖惩措施。一是按市政府与县(市)政府签订的专项责任状规定条款，采取风险抵押办法，灾害发生区有关县(市)林业局向市应急指挥部办公室上交风险抵押金 2 万元，通化市林业局筹集奖励资金 10 万元，按专项责任状规定的标准进行考核，对灾害应急处置工作取得优异成绩的给予奖励，未完成指标的，依据考核分值比例扣除抵押金；二是进一步落实灾害防控激励和制约机制，采取应急处置工作考核结果与正常采伐指标挂钩的办法，对灾害防控工作成绩突出的单位增加采伐指标；对灾害防控不力的单位，视情节采取不予或减少或停止批复正常生产性采伐指标的处罚，还要对该单位进行通报批评，同时建议省林业厅取消对该县的林业有害生物防控专项资金补贴和政策扶持；三是全面落实各级应急处置指挥部成员单位包保责任制，明确目标、责任、包保区域，协调当地政府和林业部门落实应急处置所需人、财、物力及各项任务，并将责任目标与政绩挂钩，通过责任约束来保障应急处置工作的有序开展和有效实施。

六、采取的主要应急处置基本措施

4 年来，通过广泛应用多种防控技术措施，有效地降低虫口密度和灾害面积，取得了灾害应急处置工作阶段性成果，主要表现在：

（一）分区施策，综合治理，成效显著

根据栗山天牛灾害和日本松干蚧疫情发生和分布情况，通化市实施了灾情核定和防控区划工作，确定了重点保护区、封锁扑灭区、综合治理区、生物天敌控制区、重点监测区五个防控区域，并按不同区域，确定防控目标和防控措施，落实了封山育林，天敌资源保护，森林植物检疫等保护措施，开展人工捕杀栗山天牛成虫“突击行动”，生物天敌繁育林间释放，虫源木伐除，补植造林改造树种结构等多种防控技术，全面开展了栗山天牛灾害和日本松干蚧疫情应急处置响应。到目前为止，栗山天牛灾害面积由2006年127.1万亩下降到2009年的66.7万亩；日本松干蚧疫情发生面积由2006年的0.58万公顷下降到2009年的0.36公顷，危害程度全部在中度发生以下，发生面积得到大幅度压缩。通过上述各项措施的综合运用，栗山天牛灾害和日本松干蚧疫情的严重发生危害得到明显减轻，灾情扩散、蔓延、上升的势头得到有效遏制，害虫种群密度明显下降，受害林分生长势得到恢复，森林自然调节功能显著增强，危害态势呈现明显弱化趋势。

（二）人工捕杀栗山天牛“突击行动”成绩斐然

2008年，我们根据全省开展人工捕杀栗山天牛成虫专项行动总体要求，分管副市长代表通化市政府与各县（市、区）政府签订了人工捕杀栗山天牛成虫“突击行动”专项责任状，把防控灾害的任务、目标、责任、措施落到各级政府肩上，从组织上保障了栗山天牛灾害应急处置工作的全面实施。市政府先后两次下发明传电报，对人工捕杀栗山天牛成虫“突击行动”进行再动员、再安排、再部署，同时也对“突击行动”实施中出现的新情况、新问题进行及时修正和调整，进一步明确目标，理清思路，强化了措施。全市5个县（市）42个乡（镇）、17个国营林场，组织落实了捕捉人员2.4万人，按灾区规划类别，开展了不同灯具诱捕行动。

在“突击行动”关键时期，省林业厅分管副厅长先后两次深入集安、柳河、梅河口、通化等县（市）现场调研，对进一步做好人工捕杀栗山天牛成虫“突击行动”提出指导性意见；分管副市长亲临集安市重灾区视察，及时解决害虫收购资金不足的问题；省森防检疫总站领导及技术人员深入一线督察，及时回馈信息，调整战略，为全面开展“突击行动”提供了有力的技术支撑。通化市林业局局长、分管副局长靠前指挥，多次协调当地政府和林业行政部门落实诱虫灯具，筹措资金，现场指挥“突击行动”。由于各级领导重视，亲临现场督导，保障了“突击行动”顺利实施。

此次“突击行动”总投入资金446.38万元，全市共捕杀栗山天牛成虫个数为723.41万头，折合重量17.07吨，完成防控面积达7.53万公顷，占计划防控面积94.2%。这次“突击行动”采取的有偿收购举措，在人工捕杀害虫保护森林资源的同时，广大农民也取得了可观的经济收入。

（三）大力实施虫害木采伐更新应急措施

多年来，通化市在林业有害生物灾（疫）情应急处置工作中，进一步加大虫源木伐除力度，缩减灾害面积，拔除新的疫点。除了省林业厅下达的专项虫害木采伐指标之外，各县（市、区）在正常生产性采伐指标内，每年都安排一定比例用于灾（疫）情较重的森林经营单位的虫源木伐除，采取补植更新的办法，改变树种结构，增强森林的抗灾能力。据统计，全市累计安排伐除虫源木专项指标近5.78万立方米，清除灾害疫点近800处，压缩灾（疫）情面积近3万公顷，有效地保护了林木健康生长。

（四）坚持生物防治可持续控制治本措施

多年来，通化市各县（市、区）一直采用管氏肿腿蜂和花绒寄甲这两种生物天敌开展栗山天牛灾害可持续生物防治工作。累计防控面积达5.33万公顷，标准地效果调查表明，平均寄生率可达到为30%左右，有效地降低林内虫口密度，缓解灾情，增强了林木的抗灾能力。实践表明，生物防治栗山天牛灾害，是一项可持续控灾的防控技术措施，也是今后栗山天牛灾害防控的主要方向。

七、开展应急处置工作取得的成果和几点体会

（一）政府负全责，为应急处置工作奠定了坚实的组织保障

开展灾（疫）情应急处置工作，取得的阶段性成果，最成功标志是各级政府牵头，有关部门协作，群防群治组织体制，把部门的行为上升为政府行为，加大了组织领导工作力度。同时，建立了严格的责任制度，落实了政府负全责，属地管理，行业负行责的责任体系，完善了市政府与灾区有关县（市）政府，市林业局与灾区有关县（市）林业局双线责任制，把任务和指标层层分解，任务落实到地块，责任落实到人头，从组织领导层面保障了应急处置工作的有序开展。

（二）广泛宣传，大造声势，是提高社会影响力的重要措施

在应急处置工作中，通化市始终把宣传工作作为一项重要内容，充分利用了广播、电视、报纸等主流媒体，加强社会层面的宣传，把握正确的舆论导向；同时，也充分利用了政府信息、政府网站、通化林情、“突击行动”战报等网络和专刊，及时发布“突击行动”进展情况，为各级领导提供决策信息。各地也积极采取了多种宣传方式，如采用宣传车、农村大集、秧歌队、墙报、画廊、条幅、传单等形式，在灾区广大农村进行广泛宣传，做到家喻户晓，人人皆知，形成了强有力的舆论氛围，为全面开展林业有害生物灾害应急处置营造了强有力的舆论氛围。

（三）合理布局，强化技术支撑，是保障灾害处置的前提

开展应急处置工作取得的阶段性成果关键是研究并选择了一套适应灾（疫）情特点的防控技术，应用推广了虫害木采伐更新，虫害木除害处理，树干打孔注药防治技术，生物天敌可持续控制技术，专用黑光灯诱集、人工捕杀等多种行之有效的措施，有效地降低了害虫虫口密度，改善了树种结构和林内卫生条件，起到了十分显著的控灾减灾和保护森林资源的作用。

（四）广筹资金，全力防灾，是抓好灾害应急处置工作的基础

开展栗山天牛灾害和日本松干蚧疫情应急处置工作，最基本的一条经验就是完善筹资渠道，落实防控资金。在这方面，通化市采取了各级政府扶持，林业部门补贴，林权所有者自筹的办法，广泛筹集灾害应急处置工作所需的资金。同时，根据灾害应急处置实际需要，争取当地计划部门和上级主管部门立项，取得政策上、资金上的支持，以保障灾害应急处置工作有序实施。

第四节　四平市启动实施杨树病虫害专项应急处置预案

四平市政府不仅响应省级栗山天牛灾害应急处置预案，还根据当地杨树防护林病虫害

严重发生和猖獗危害的实际情况，启动实施了《四平市杨树病虫害应急处置预案》。在将近4年的时间里，始终坚持政府负全责、行业负行责、属地管理、联防联治的工作原则，切实加强领导，加大投入，对发生的林业有害生物灾(疫)情实施应急处置和科学防控，取得了十分显著的防灾减灾成效。

一、四平市自然概况

四平市位于吉林省西南部，地处辽宁、吉林、内蒙古三省(区)交界处，东西长约200千米，南北宽约148千米，总面积1.4万平方千米，东部和南部多为低山丘陵地区，中部和北部多为平原，西部大部分为平原沙丘，全市整个地势由东向西北缓降。现辖公主岭市、双辽市、梨树县、伊通满族自治县、铁东区、铁西区、辽河农垦管理区7个县(市、区)，共73个乡镇，1 159个村，总人口337.6万人，人均占有耕地5.5亩。

四平市自然条件较为优越，属温带半湿润大陆性季风气候，全年无霜期120天，年平均降水量570毫米，6~8月降水量占全年降水量的60%。土质肥沃，日照充足，雨热同季，气候宜农，为农业生产创造了得天独厚的条件，是世界著名的“黄金玉米带”，被国家列为重点商品粮生产基地和玉米出口基地。

(一)四平市森林资源概况

四平市林业用地面积为30.65万公顷，有林地面积21.10万公顷，活立木总蓄积1 478万立方米，森林覆盖率14.7%，其中人工林占一半以上。东部低山丘陵生长着茂密的天然林和针叶林，中西部以农田防护林为主，西部是农田防护林和防风固沙林。主要树种有杨树、柞树、落叶松、樟子松、黑松、椴树、黄波罗、水曲柳、核桃楸等。

四平市是我国“三北”防护林建设重点市，大力营造农田防护林，改善农业生产条件，防护林体系建设始终被放在优先发展的地位。目前，全市杨树防护林总面积达到7.2万公顷，占有林地总面积的34.1%，防护林总蓄积达666.7万立方米，占林木总蓄积的45.1%。农田林网面积达到2.59万公顷，共有防护林带4.35万条，累计长度4.5万千米，形成林网15万个，农田防护林庇护农田达71万公顷，大面积、集中连片的农田防护林体系全面形成。

(二)四平市林业有害生物灾害发生危害情况

四平市的防护林建成后发挥了十分显著的防风固沙、保育土壤、防止农田风蚀、调节气候等方面的生态效益以及巨大木材产出和粮食增产的经济效益。但是，由于防护林建造过程中可选择的造林树种有限，绝大多数营造的都是杨树纯林，加之部分区域立地环境条件较差，致使林业有害生物频繁发生。如白杨透翅蛾、青杨天牛、杨锦纹吉丁虫、杨干象等杨树枝干害虫普遍发生，导致林木受害十分严重；柳毒蛾、杨小舟蛾、分月扇舟蛾、杨二尾舟蛾、杨毒蛾、柳毒蛾、杨叶甲等杨树食叶性害虫频繁暴发成灾，严重影响树木生长量和生态效益的发挥；杨树烂皮病和溃疡病发生面积逐年加大，对新植林和幼林造成重大威胁，林木受害严重，生长受到严重影响，有的甚至连片死亡，致使部分林分难以郁闭成林。

面对频发的林业有害生物灾情，四平市加大了对国家级和省级中心测报点建设力度，充分发挥其示范和带动作用，逐步建立健全了以中心测报点为骨干，以林场为依托，向乡镇辐射的林业有害生物灾害监测预警系统。并不断完善测报网络，充实人员，健全队伍，提高业务素质，全面形成了林业有害生物灾害调查、监测、预报体系，及时准确地掌握了林业有害生物灾害发生情况、发生动态及发展趋势，为林业有害生物灾害防治工作提供了科学依据。

2006年，四平市组织对杨树病虫害进行一次全面的专项调查，结果表明：全市杨树林分总面积11.07万公顷。杨树病虫害累计发生面积3.33万公顷，成灾面积1.33万公顷，年均造成的直接经济损失高达0.5亿元，已经严重影响到群众造林护林积极性。

二、四平市林业有害生物应急预案的制定

四平市人民政府为了有效预防、及时控制、妥善处置突发公共事件，增强对突发公共事件应急处置的综合能力，提高应急反应速度和协调能力水平，将突发公共事件对人民群众生命、财产以及生态环境等方面造成的损失降至最低程度，保障经济社会全面、协调、可持续发展，根据国务院和吉林省人民政府有关规定，结合四平市实际情况，制定并发布《四平市人民政府突发公共事件总体应急预案》，同时要求各相关职能部门依据各自的业务职能迅速制定相应的专业性应急处置预案。

（一）四平市林业有害生物灾害应急处置预案的编制

四平市林业局根据四平市人民政府要求，组织有关专家，按照《四平市人民政府突发公共事件总体应急预案》框架，结合四平市林业有害生物灾害防控工作实际需要，于2006年编制了《四平市林业有害生物灾害应急处置预案》，并以四平市林业局（四林字[2006]108号）文件印发实施（详见附录十一）。

四平市林业局高度重视防护林的林业有害生物灾害的防治工作，根据全市林业有害生物灾害发生实际情况及灾害造成的损失，防控工作的重要性和迫切性，制约防治工作的关键因素，并就如何抓好防治工作的对策和措施，向四平市政府进行一次全面汇报，引起四平市政府对林业有害生物防治工作的高度重视。经市政府常务会议研究，决定启动《四平市林业有害生物灾害应急处置预案》，对杨树防护林严重发生和猖獗危害的病虫害实施全面治理。根据市政府的决定和《四平市林业有害生物灾害应急处置预案》，制定了《四平市杨树病虫害应急处置实施方案》，总体目标是至2010年，利用5年时间，在全面加大调查监测工作力度的基础上，通过强化检疫监管，营林抚育措施预防，生物、物理、无公害化学防治技术措施的综合运用，全面遏制杨树病虫害的严重危害和扩散蔓延，实现有虫有病不成灾的目标。

（二）四平市杨树病虫害应急处置预案启动与实施

2006年10月31日，四平市政府组织召开了相关职能部门、各县（市、区）政府主要领导、林业局局长、森防站站长参加的《四平市杨树病虫害应急处置预案》启动会议。会上宣布启动《四平市林业有害生物灾害应急处置预案》，部署了杨树病虫害应急处置任务，印发了《四平市杨树病虫害应急处置实施方案》（详见附录十二）。会上，主管副市长和各县（市、区）政府领导分别签订了林业有害生物灾害目标管理责任状。会后，各县（市、区）政府积极响应，分别召开常委会进行贯彻落实，与辖区内各乡镇政府签订责任状，按照《四平市杨树病虫害应急处置实施方案》的具体要求，把杨树病虫害应急处置的责任和任务层层进行分解和落实，并制定各自的年度应急处置实施计划。

伊通县属于半山区，杨树林分较少，杨树病虫害应急处置工作量不大，但结合本地林

业有害生物发生危害实际情况，主动把本地严重危害椴树的森林害虫——椤天牛的防控工作纳入应急处置工作范畴。

(三)采取有效措施，确保应急处置顺利开展

启动实施杨树病虫害应急处置预案后，四平市政府每年都召开一次应急处置工作会议，要求各县(市、区)政府和林业部门对各自的应急处置工作情况进行汇报，总结应急处置工作经验，表彰先进、鞭策后进，对年度杨树病虫害应急处置工作提出具体要求，并委托四平市林业局代表四平市杨树病虫害应急处置指挥部对各县(市、区)杨树病虫害应急处置工作进行全面督导和考核。

1. 强化措施、加强督导

全面贯彻落实应急处置预案有关要求和规定，逐步健全林业有害生物灾害应急处置长效机制，及时总结经验，弥补不足，并在不断实践、总结、研讨的基础上对预案进行完善，在每年年初均以四平市林业局文件下发年度应急处置计划任务以及防治技术和预测预报技术方案，将应急处置任务层层分解落到具体单位。预案启动以来，各县(市、区)森防部门坚持实行应急处置情况半月报告制度，向上级汇报本地应急预案进展情况。各级领导也经常检查其辖区内应急预案的执行情况，加大了对应急处置工作的督导和监管力度，各单位的应急处置任务都能够认真完成。

2. 加强培训、提高素质

为了确保林业有害生物应急预案启动工作顺利实施，狠抓森防检疫队伍建设，市、县两级共有森防检疫站 6 个，都按编制配备了检疫员，共有检疫员 20 人。各林场、林业站共有兼职检疫员、森保员 117 人，构成一支林业有害生物灾害专业应急处置队伍，通过定期强化培训和演练，大幅度提高了基层森防检疫人员的业务水平和应急处置能力。

3. 加强基础设施建设，提高防控能力

利用森防检疫体系基础设施建设项目投资，各地积极实行配套建设。全市6 个森防检疫站都设立了标本室、检疫化验室，并配备了相应的仪器设备。各林场均设森保室和标本室。在应急处置药剂药械及设施设备储备方面，储备数量基本上满足了应急处置工作需求，确保了防治工作的实际需要。

4. 加大宣传工作力度，扩大社会影响

加强森防网络建设，充分利用《四平森防信息网》、《四平森防简报》，广播、电视等媒体，广泛宣传我市林业有害生物防治工作开展情况，介绍防治技术和相关法规，大力宣传林业有害生物防治检疫工作的重要性和必要性，唤起社会各界对保护森林资源的重视，增强了人们对森林病虫害的防治意识，全面提高社会各界对林业有害生物防治工作的重视程度，收到较好的社会效果。

5. 实行科学防控，联防联治，全面提高应急处置成效

在杨树病虫害应急处置过程中，始终严格执行《防治设计任务书》和《作业质量验收书》制度，在灾害的预防和封锁扑灭及灾后生态恢复方面，对林班、小班全面实行应急处置防治作业设计和作业质量验收，严格做到治理一块，解除一块，避免边治理边蔓延的现象再度发生。涉及县域间交错地段灾害的应急处置，建立联防联治、群防群治的联动机制，做到统一设计，统一作业，确保整体应急处置效果，基本实现了灾害应急处置工作的规范化、科学化和制度化。

6. 加强无公害防治，实行《限期防治通知书》制度

为树立生态文明和森林健康理念，有效维护和促进森林生态系统平衡，四平市大力推广以营林和生物防治为主的无公害防治。对达到中度以上发生程度的林业有害生物种类都采取了积极有效的措施进行防治。对食叶性害虫全部实施了无公害防治。认真贯彻“谁经营、谁防治”的责任制度，大力推行林业有害生物灾害《限期除治通知书》制度，督促限期防治，同时在防治工作关键时期，由政府督查办对各单位的防治工作开展情况进行督查，发布督查通报，评先树优。

7. 组织验收，做好评估工作

每一项应急处置措施结束后，森防部门都要及时组织进行现场验收，检查防治情况，实事求是地上报有关情况，同时组织专家和有关人员对灾(疫)情造成的损失进行评估，分析灾(疫)情发生的原因和应汲取的经验教训，提出改进措施和意见，并将相关情况向有关部门进行通报。

(四)预案启动实施后取得的成效

启动应急处置后，2006～2009 年四平市共投资 1 478 万元，累计防治面积达到 15. 68 万公顷，2009 年全市林业有害生物发生面积仅为 4 636 公顷，其中：轻度发生 3 555 公顷，中度发生 799 公顷，重度发生 282 公顷，发生率 2%。林业有害生物发生率控制在历史最低水平，挽回经济及生态服务功能损失约 5 亿元，有效地控制了林业有害生物灾害的严重发生和猖獗危害，促进了林木生长。杨树病虫害应急处置工作取得辉煌成果，有效地保护了森林资源。

三、启动实施应急处置预案的经验和体会

杨树病虫害应急预案启动以后，四平市政府高度重视，切实加强领导，落实责任，加大投入，林业部门真抓实干，多部门协同作战，社会各界高度重视，林业有害生物灾害防治工作取得了十分显著的成效。应急处置工作实施过程中，我们更加深刻体会到林业有害生物防治工作离不开政府的重视、离不开林业部门自身的努力，更离不开社会各界的大力支持和协作。

(一)各级政府的高度重视是取得防控成效的根本保证

四平市的杨树防护林是四平市多年来生态建设取得的最重要成果，是几代务林人辛勤劳动和汗水的结晶，是四平市农业和牧业发展的生态屏障，成为四平市经济社会可持续发展的根基。杨树防护林病虫害的严重发生和猖獗危害，严重威胁着四平市的生态安全，杨树病虫害应急处置预案的启动和实施，可以说完全是政府的意志，正是这种对人民、对社会高度负责任的态度，应急处置工作被纳入各级政府重要工作日程，率先在全省启动实施市级应急处置预案，率先在全省实行政府目标管理责任制，层层落实责任与任务，实行工作问责制，使四平市林业有害生物防治工作格局发生重大转变，为开展好杨树病虫害应急处置工作提供了强有力的组织保障。

(二)林业部门真抓实干，使目标责任制得到全面落实

四平市林业局在系统内部层层签订林业有害生物灾害防治工作目标管理责任状，每年都召开各县(市、区)林业局分管局长、森防站长参加的森防专项会议，安排落实林业有害生物防控工作任务，市林业局领导分片包干，每位领导负责一个县(市、区)，经常下基层

督促检查防治工作，帮助协调解决防治工作中存在的实际困难，确保任务落实和完成。政府和林业部门的领导多次深入到一线检查指导，有效地增强了基层防治工作的积极性和主动性。

为了把林业有害生物应急处置预案落到实处，四平市林业局组成由纪检、财务、森防组成的联合检查组，代表政府对林业有害生物防治工作进行定期考核，考核结果由四平市政府文件进行公布。通过严格考核，各县(市、区)政府和林业主管部门全面加大了对林业有害生物防治工作的投入力度，确保了林业有害生物灾害应急处置工作的顺利开展。

(三)广泛宣传，引起全社会高度重视防治工作

四平市森防检疫站为了加强对林业有害生物防治工作的宣传，全面加强森防信息网络化建设，建立了《四平森防信息网》网站和《四平森防简报》。此外，还通过广播、电视以及其他形式，大力开展宣传活动，对林业有害生物防治工作开展情况及时进行宣传和报道，宣传林业有害生物防治检疫工作的重要性和必要性，介绍防治技术和相关法规，普遍增强了各级领导和群众对林业有害生物灾害的防治意识，全面提升社会各界对林业有害生物防治工作的重视程度。

通过宣传，使各级政府和林业主管部门更加重视林业有害生物防治工作，全面加强了对林业有害生物防治工作的组织领导，加大了对防治工作的投入，充分调动了广大群众造林护林积极性。森林经营单位和个人在造林时能够自觉把住苗木质量关，坚决不用病苗、弱苗造林；发现林分出现异常现象，及时找到当地森防检疫机构进行诊断，并自觉进行防治。在发挥了森防检疫机构应有作用的同时，森防检疫专业队伍也从中得到了锻炼，进一步丰富了专业知识，增长了才干，树立了形象，实现了自身价值，提高了森防检疫工作社会地位，从而实现了林业有害生物防治工作由行业行为向社会行为的重大转变。

第十一章 林业有害生物灾(疫)情发生地县级政府对应急处置预案的响应

吉林省政府启动实施林业有害生物灾害应急处置预案后，相关市政府积极响应，分别召开预案启动会议，制定印发实施方案，签订目标管理责任状，组织所辖灾(疫)情发生县(市、区)政府和林业主管部门全力实施应急处置工作，按照“统一领导，分级负责，属地管理”的应急处置工作原则，22个相关县(市、区)成为了吉林省林业有害生物灾(疫)情应急处置的主战场。下面，以长春市净月开发区、吉林市丰满区和通化市集安市为案例，简要说明县级对林业有害生物灾(疫)情应急处置工作的响应实施情况。

第一节 长春市净月经济开发区应急处置响应情况

一、净月开发区森林资源概况

净月开发区目前森林保存面积达到10 594公顷，活立木总蓄积128.30万立方米，森林覆盖率23.8%。其中：天然林面积2 144公顷，活立木蓄积23.88万立方米；人工林面积8 450公顷，活立木蓄积104.42万立方米。在防止风沙、涵养水源、保持水土、固碳放氧、吸尘减噪、森林游憩等方面，多年来一直发挥着十分重要的功能和作用，成为净月开发区的立区之本、建设之基。

净月潭国家级森林公园属于国家AAAA级景区，大面积森林的存在，成为长春市天然氧吧和旅游休闲胜地，每年吸引上百万人次的游客前去旅游、观光、度假、休闲，成为长春市的一张对外品牌名片。

净月开发区油松和赤松林面积共2 500公顷，全部为人工林，林龄一般在50年生以下，分布在净月开发区的各个主要景区内，由于油松和赤松是常绿树种，为长春市的漫长冬季增添了绿色和生机，成为长春市和净月开发区的重要保护树种。

二、疫情传入后采取的防控对策及措施

2006年5月，净月开发区首次发现日本松干蚧疫情传入，并将疫情及时上报给省、市林业主管部门。按照长春市林业局要求，立即成立了净月开发区日本松干蚧疫情封锁扑灭领导小组，迅速组织专业技术人员在全区范围内对2 500公顷黑松、赤松林分进行了逐块排查，实时掌握疫情发生情况和发展势态。截至2006年8月莽第二个显露期，全区日本

松干蚧疫情分布面积 994. 7 公顷，低虫口面积 161. 7 公顷；发生面积 833. 0 公顷。其中：轻度发生 445. 5 公顷，中度发生 218. 1 公顷，重度发生 169. 4 公顷。

面对疫情发生的严峻势态，净月开发区领导高度重视，严格按照长春市政府要求，把疫情防控工作当做头等大事来抓。净月开发区管委会召开全区日本松干蚧疫情防控动员大会，各职能部门、各乡镇的主要领导、林场场长和林业工作站站长及有关技术人员均参加了此次会议。会上，净月开发区党工委书记、管委会主任做了重要讲话，要求全区广大干部群众要全面提高对日本松干蚧疫情防控工作的认识，要求全区上下以疫情为命令，紧急调动人、财、物力，真抓实干，采取多种措施有效控制疫情。

开发区党工委为加强林业管理职能，将林业局列为独立部门，日本松干蚧防治工作由区林业局牵头，全区行政区划内森林经营管理单位各负其责，实施分片包保监测，层层落实责任，片片实施防控。同时，开发区林业局还组织了 45 人的专业防治队伍，配备了喷药车、防治调查专用车各 1 辆、打孔机 35 台，喷烟机 11 台，喷雾机 3 台，购置了氧化乐果和苦参烟碱等防治药剂，用工 800 工日，对受害林木采取了打孔注药防治、喷雾防治、吊瓶防治和喷烟防治等治理工作，共完成防治面积 100 公顷，防治染疫林木 20 万株，在发现疫情的第一时间内开展了防控工作，为后期疫情的应急处置积累了好的经验和做法。

三、疫情应急处置预案启动实施的响应情况

2006 年 10 月 30 日，长春市政府启动实施了日本松干蚧应急处置预案，下发了《长春市日本松干蚧疫情防控总体规划》和《长春市日本松干蚧疫情应急处置预案》。根据省、市日本松干蚧疫情应急处置工作方案、总体实施方案和综合治理技术规程，净月开发区积极响应，拟定应急处置实施方案和年度实施计划，本着“重点保护、防止扩散、重点扑灭、综合防控”的总体思路和“政府组织、专业指导、社会参与、联防联治”的应急处置工作原则，集中人、财、物力，依靠现有科技成果，严防疫情扩散蔓延，遏制疫情高发态势，全面降低虫口密度，全方位、多手段对日本松干蚧实施大面积种群控制，疫情调查监测覆盖率达到 100%，染疫赤松伐除率达到 100%，疫材疫木除害处理率达到 100%，对染疫松林实施无公害化学防治率达到 100%。

日本松干蚧疫情应急处置工作实施以来，全面加大对疫情应急处置工作的监督、检查和指导工作力度。从领导层面，净月开发区领导高度重视应急处置预案的响应工作，亲自指挥，筹集落实防控经费；区林业局作为疫情应急处置牵头部门，依靠科学、重视知识，经常邀请国家、省、市有关专家共商疫情防控策略，每一时段的防控工作都做到了有计划、有部署、有落实、有督促、有检查、有验收，将疫情防控的每一项措施真正落到实处；从技术层面，开发区森保站作为全区行业技术指导部门，负责全区疫情调查监测、防控措施的监督检查以及防控技术指导工作，专业技术人员全部投入到应急处置工作现场，确保了各项技术措施真正落到实处。

四、对疫情实施应急处置的具体工作情况

响应省、市疫情应急处置预案，主要进行了以下几方面工作。一是全面加强疫情应急处置技术培训和演练，组织召集各林场、各乡镇、各有林单位的应急处置专业队员进行全面系统培训，使参加培训的专业队员充分掌握了各项防控措施及技术要领，保证了疫情应

急处置效果。二是全面开展日本松干蚧疫情调查监测工作，准确掌握日本松干蚧的疫情动态，全面掌握疫情分布发生及危害情况，确保调查监测工作的及时性和准确性，为疫情应急处置提供第一手资料，为领导科学决策提供可靠依据。三是应急处置各项技术措施的全面实施，采取对染疫赤松伐除，对疫材疫木实施除害处理、清除林下萌生寄主幼树、打孔注药、飞防、喷雾、喷烟、人工助迁瓢虫、调整寄主林分郁闭度、林下栽植蜜源植物等多项措施综合运用，对疫情进行全方位、多角度、超常规的应急处置。

（一）采取飞机防治超常规应急措施进行疫情封锁扑灭

面对严重疫情，净月开发区管委会一致认为，要在较短时间内全面控制日本松干蚧疫情，完成市政府交给的疫情封锁扑灭任务，必须采取高效措施。因此，决定在日本松干蚧第二代初孵若虫期采用飞机施药进行防治及预防，净月潭周围区域使用无公害植物源杀虫剂1.2%苦参烟碱乳油1∶11倍液，外围地区使用6%吡虫啉乳油1∶13倍液。飞行时间为8月28日至9月7日，共飞行作业54架次，飞防面积8 000公顷。技术组对此次飞防质量情况进行了地面样地监测，监测结果为：飞防有效喷幅56米，雾滴密度19个/平方厘米，雾滴直径293微米，药剂回收率77%，树冠上层、中层、下层和树下接取雾滴数量比例为：63.3%、30.0%、6.7%和0.0%。

经2007年日本松干蚧第一代显露期调查，飞防加打孔注药的平均防治效果94.2%，飞防加喷雾的平均防治效果83.0%，飞防加喷雾加打孔注药的平均防治效果98.88%。

（二）及时伐除染疫赤松及疫材疫木除害处理

根据疫情应急处置工作需要，经过省、市林业主管部门批准，净月开发区于2006年8月，对22.2公顷重度染疫赤松纯林进行了皆伐。采伐作业现场采取边采伐、边打枝、边造材、边归楞、边堆枝、边焚烧、边熏蒸的办法，在短短的1个月时间里完成了1 300立方米蓄积的赤松疫林采伐作业任务，完成800立方米材积的疫木熏蒸除害处理。为了防止采伐剩余物丢失，确保枝丫焚烧干净、彻底，净月开发区应急指挥部组织森警部队和林业公安干警400余人次，在现地周围拉起了警戒线，对现场进行道路封锁。焚烧枝丫时，均由森警部队确定燃烧位置进行点火，确保燃烧安全。同时，于2007年春季完成大苗更新造林任务。净月开发区还于2007年12月对85.23公顷樟子松和赤松混交林中的染疫赤松进行了伐除，共补植针阔叶苗木3万余株，2008年4月20日前全部完成了还林工作，并于2008年5月对疫材疫木全部实施除害处理。新立城水库林场的染疫赤松比较多，但为了疫情应急处置工作需要，也于2008年10月对586.3公顷赤松混交林进行了择伐和补植造林，并于2009年5月中旬气温回升后，对疫材疫木全部实施了熏蒸除害处理和就地加工利用。

（三）清除林下实生寄主幼树

净月开发区共有林下实生幼树的寄主松林1 500公顷，2007年清理800公顷，2008年清理了剩余的700公顷幼树。清理出来的寄主幼树全部集中到林外指定地点实施焚烧，消灭了大量虫源，为净月区后期应急防控工作顺利开展打下了坚实的基础。

（四）树干打孔注药防治

打孔注药是快速、有效的降低日本松干蚧虫口密度的最佳方法。应急处置预案响应以来，累计打孔注药防治3 918.5公顷次，累计打孔注药株数166万株。对打孔注药树木用红铅油挂号，用黄泥堵药孔，这项措施成为防治日本松干蚧最好的措施之一，平均防治效果达到95%以上。为赢得日本松干蚧应急处置战役的全面胜利奠定了基础。

(五)地面喷雾防治

地面喷雾防治是应急防控日本松干蚧的另一项重要化学防控措施，在日本松干蚧初孵若虫期进行地面喷雾防治。这一时期虫体比较小，对药物敏感，相对薄弱，因此，在这一时期防治效果最好。利用1.2%苦参烟碱植物源无公害杀虫剂地面喷雾，共防治1432.8公顷次，取得了较好的防治效果。

(六)人工助迁瓢虫

异色瓢虫是日本松干蚧的主要天敌之一，寄主林分中一定数量的异色瓢虫可以起到持续控制林分中的日本松干蚧虫口密度的作用。采取异地助迁瓢虫的方法，到瓢虫数量多的林区寻找其越冬场所，收集后装在放有柞树叶子的纱袋里封紧，储存于0～7℃冷库中，春季喂食糖水或蜂蜜水，在春季5月中旬释放于疫情发生的林分中，投放密度3 000头/公顷。预案响应以来，净月开发区共异地助迁异色瓢虫532.5千克，生物防治面积1 250公顷，使净月开发区寄主松林中的异色瓢虫种群数量有了较大幅度的提高，发挥了生物防治的可持续控制作用。

(七)对寄主林分抚育间伐

净月开发区为了达到长期持续防控日本松干蚧疫情的目的，采取了营林抚育措施改善林分通风透光条件，提高寄主树木的生长势，营造不利于日本松干蚧生存、繁衍的林分生态环境。2008年对215.7公顷郁闭度超过0.9以上的寄主松林进行抚育间伐，将林分郁闭度调整到0.7左右。

(八)林下栽植蜜源植物

在2008年和2009年，在净月潭主景区黑松纯林下实验性栽植紫穗槐25公顷，成活率达到100%。主要作用就是培肥地力，增加林分生物多样性，为日本松干蚧天敌昆虫增加蜜源补充营养。

在疫情应急处置响应四年来的时间里，净月开发区累计投入1 673万元。其中2006年552万元，2007年686万元，2008年355万元，2009年80万元。包括省财政资金投入120万元，市财政资金投入898万元，净月开发区财政累计投入655万元。

五、日本松干蚧疫情应急处置取得的阶段性成效

2006～2009年净月开发区积极响应省、市紧急启动日本松干蚧疫情应急处置预案，开展了有组织、有计划、有部署、有落实、有成效的一系列疫情防控措施，经过连续四年时间的防控，日本松干蚧疫情在净月开发区的危害程度明显减轻，全部寄主松树长势良好，发生面积由2006年8月的最大发生面积833公顷下降到2007年的749公顷，到2008年发生面积为零。目前日本松干蚧疫情在净月开发区的分布面积968.52公顷全部为低虫口面积，控制了日本松干蚧疫情扩散蔓延的趋势，遏制了疫情高发态势，实现了有虫不成灾的目标，提前达到长春市政府对净月开发区疫情应急处置工作的总体控制目标要求，取得了防控日本松干蚧疫情应急处置的阶段性胜利。

六、日本松干蚧应急防控工作的经验和体会

响应日本松干蚧应急处置预案以来，取得了阶段性的成效，取得成绩的同时，主要有

以下几方面经验和体会。

(一)政府负全责，领导高度重视

此次疫情应急防控工作从上至下均由各级政府负全责，从省、市、区，到基层乡镇，均由各级政府牵头，系统管理整个应急处置工作，各级政府领导的高度重视，是取得应急处置工作顺利开展的根本组织保障。净月开发区从响应应急处置预案，到安排布置应急处置任务，到应急处置工作检查督促，再到筹措应急处置资金，完全由净月开发区管委会负总责，管委会主任亲自主抓应急处置工作，各乡镇、街道的防控工作都由乡镇和街道政府负责。例如，玉潭镇在响应日本松干蚧疫情应急处置过程中，成立了玉潭镇日本松干蚧预防与治理领导小组，由镇长担任组长，主管副镇长担任副组长，镇农业服务站站长和各村村长担任领导小组成员。正是政府部门一级对一级负责，全面统管日本松干蚧应急处置工作，才能使各项防控任务真正落到实处，取得良好的防控效果。

(二)行业负行责，林业系统全力以赴

在日本松干蚧疫情应急处置工作中，净月开发区林业局作为行业部门，从接受省、市启动应急预案任务，到向管委会领导汇报工作，到统筹安排防控任务和进度，督促每一项防控措施的落实，到检查各林权单位的疫情应急处置情况等等，都把防控疫情的事情想到前面，把各项准备工作做到前面，把林权单位的防控任务落实到前面；全区林业系统的所有单位和部门，都积极行动起来，全力以赴组织实施日本松干蚧疫情应急防控工作，把各项行之有效的技术措施真正落实到位。

(三)责任明确，组织有序，措施得力

净月开发区日本松干蚧寄主松林共2 500公顷，分布在全区十几个森林经营管理单位，可以说做好防控工作真是千头万绪。各乡镇、街道和国营林场都能够积极行动起来，把防控日本松干蚧疫情当做头等大事来抓，在害虫显露期组织调查监测，在卵囊期组织进行打孔注药，在初孵若虫期组织喷雾防治，在害虫隐蔽期组织清林、采伐赤松、调整黑松郁闭度等工作，在每一项防控工作开展之前，都根据防治工作总量和防控最佳时间核算具体用工量，对防治人员进行前期培训，做好安全防护和物资准备，在防治时由技术人员监督检查防治作业质量，保证了疫情防治效果。日本松干蚧应急处置工作在开发区林业局的具体组织指挥下，各林权单位责任明确，实施了紧张有序的防控工作，采取了一系列得力的措施，为我区赢得日本松干蚧防控工作阶段性胜利提供了强有力的保证。

(四)专业人员指导和专业设备发挥了很大作用

在日本松干蚧防控工作中，专业人员的技术指导和专业设备的使用发挥了很大的作用。在日本松干蚧防控初期，净月开发区森防站业务人员对该害虫防治的关键时期还不甚了解。通过省、市森防专家技术指导和释疑，净月开发区的每项防治技术的实施都选择在防治最佳期进行，使得的日本松干蚧应急防控工作取得了十分显著的效果，避免了在防控工作上走弯路；在应急防控工作不同时期都邀请专家，通过对我区疫情防控情况进行综合分析，根据实际情况制定最佳的防控策略。在防控初期，以化学防控措施为主，以营林措施和生物防治措施为辅；在防控后期，当虫口密度大幅度下降以后，又及时调整了防控策略，逐步转向以营林措施和生物防控措施为主，必要时再采取化学防控措施。在不同防控阶段调整了防控策略，本着科学防控的态度，有针对性地采取了一系列行之有效的防控措施，为长期可持续控制日本松干蚧疫情奠定了基础。

在疫情防控工作中，先进的防控设备的使用对净月开发区能在较短时间内控制疫情也起到了关键性的作用。在飞防工作中，W-18 轻型飞机的使用，使净月开发区在不到 10 天时间内就完成了全部寄主松林的喷雾防治，发挥了飞机防治高效率的作用；打孔注药机的打孔效率高，注药机注药定量准确，使打孔注药这种过去仅仅在试验方面才能操作的方法也推广到大面积应急防控工作中，起到了迅速降低日本松干蚧虫口密度的作用。

(五)锻炼了指挥管理机构和应急处置人员队伍

在净月开发区四年来的日本松干蚧应急防控工作中，开发区林业局和森防站作为应急处置指挥、管理和指导部门，经历了疫情应急响应的全过程。开发区林业局在指挥中能够真正发挥职能作用，在防控工作关键期抓住关键问题，并着力解决问题；多种防控措施既有穿插进行的，也有同时进行的，林业局在不同时段把握每一项工作的最佳防治期，分轻重缓急把工作重点不断切换，正是指挥部门的指挥若定，从容应对，才使净月开发区应急防控工作开展有序，责任明晰，防控有效，取得了阶段性的胜利。

森防站作为净月开发区日本松干蚧应急防控工作具体管理指导部门，在四年来的防控工作中，人员队伍得到了锻炼。从疫情调查监测，上报疫情发生发展动态，安排布置全区各项防控工作，到检查防控工作，核发防控资金，区森保站都开展的井井有条，有声有色，各方面工作都受到了省、市领导乃至国家林业局有关领导的好评，使森防站人员队伍的工作能力和水平得到了锻炼和提高。

七、下一步疫情应急处置需要完成的几项重点工作

在以前工作的基础上，下一步应急处置工作要进一步加大营林抚育预防措施的范围和力度，使我区的寄主松林过密情况进一步改观，不但要逐渐降低其郁闭度，还要扩大林下造林植草力度，使之逐步向针阔复层混交林过渡，增强林木自身抵御日本松干蚧侵害的能力；计划在 2009 年底再助迁瓢虫 270 千克，用于 2010 年生物防治 500 公顷；计划增加使用日本松干蚧性信息素 100 套，不断增加疫情防控工作科技含量，提高防控技术水平，为全面、可持续防控日本松干蚧疫情做出不懈的努力和探索。

总之，净月开发区 4 年来的日本松干蚧应急处置响应工作虽然取得了阶段性胜利，但这只是防控工作的第一步，今后的防控工作仍然任重道远，因为日本松干蚧作为一种生物，有一定的生存规律，它本身不可能被完全消灭。因此，防控日本松干蚧不仅要有长期作战的心理准备，而且要有长期防控的技术准备，不能有了一点成绩就沾沾自喜，要有忧患意识，要未雨绸缪，逐步把林相结构改造成不利于日本松干蚧生存、繁衍的状态，实现持续控制日本松干蚧疫情的目标，为保护森林资源安全做出应有的贡献。

第二节　吉林市丰满区栗山天牛灾害应急处置响应情况

丰满区位于吉林市东南部，全区土地面积 10.6 万公顷，有林地面积 5.37 万公顷，森林覆被率 50.6%，活立木总蓄积 618 万立方米，主要树种有红松、樟子松、落叶松、水曲柳、白桦、柞木等。现辖 3 乡、1 镇、6 个街道、1 个省级经济开发区和 3 个国有林场。辖区内有松花湖自然保护区、朱雀山国家森林公园等著名旅游景区景点，生态区位十分重要。

一、栗山天牛灾害发生及危害情况

丰满区柞树林分总面积3.11万公顷、总蓄积160万立方米。自2003年该区首次发现栗山天牛虫害后，短短几年间虫害便蔓延成灾。2005年专项调查结果显示：全区栗山天牛发生面积1 809公顷，占柞树林林分总面积的5.8%，全区3个国有林场均有分布。

二、省政府“5.20”视频工作会议精神贯彻落实情况

2008年5月20日，省政府组织召开全省林业有害生物防控暨重大林业有害生物灾害应急处置视频工作会议，区政府组织各相关职能部门负责人以及森防站长和各林场场长及基层森保员等各层面人员进行了收看。省政府视频会议之后，丰满区接着也召开了动员大会，常务副区长在会上做了动员讲话，要求乡镇政府和区林业局要高度重视，精心组织，周密部署，各职能部门密切配合，立即行动起来，全力打好人工捕杀栗山天牛“突击行动”攻坚战。

为了全面贯彻落实会议精神，各乡镇和林业系统分别召开动员会，各乡镇与各村、林业局与各林场、林场与各管护队均签订了“突击行动”责任状，由此自上而下形成了全员参与人工捕杀栗山天牛“突击行动”的网络体系。

为了打好“突击行动”战役，全区共筹集专项资金46.9万元，其中：区财政拨付14万元，林业部门自筹资金32.9万元。购置专用黑光灯180套，手电筒等辅助工具2 600个，为“突击行动”提供了坚实的财力、物力保障。

这次人工捕杀栗山天牛“突击行动”时间短、任务重，单纯依靠林业部门远远不能在害虫羽化期间完成捕杀工作。各乡镇党委、政府高度重视此次捕杀栗山天牛“突击行动”，组织各村书记、村长召开“突击行动”动员大会，把有偿收购害虫的政策向群众交代清楚，并与各村签订了捕捉责任合同。这次捕捉害虫工作不仅是保护森林资源的需要，同时也为当地群众提供一次家庭创收的机会，使他们在捕杀害虫的同时增加家庭收入。

在“突击行动”宣传方面，丰满区印发了5 000份宣传单，张贴政府公告200份，制作电视宣传片2次，张贴省森防检疫总站印制的宣传单500份，在林区组织秧歌队表演宣传2次，组织捕捉演练2次，营造了浓厚的舆论氛围，使林区广大群众和职工充分认识到了栗山天牛的危害性，了解和掌握了捕杀栗山天牛的技术要领，通过有偿收购害虫，当地群众积极踊跃投入到“突击行动”中来。同时，区教育局还利用学生假期，号召中学生在确保安全的情况下也加入到捕捉栗山天牛“突击行动”队伍。

三、2008年度人工捕杀栗山天牛“突击行动”开展情况

丰满区林业局把“突击行动”当做全局中心工作，迅速制定印发“突击行动”实施方案，从组织领导，宣传发动，资金物资的准备以及捕捉的时间、方法、步骤和收购办法等都做了详细安排和部署，并以区政府文件印发实施。区林业局形成一把手负总责、主管领导抓全面、班子成员包灾区、森防人员包技术的包保责任制。根据各林场栗山天牛发生实际情况，逐林班、逐小班落实了诱捕面积、用工及用灯数量，确保人工捕杀栗山天牛“突击行动”全面有序开展，取得防治实效。同时，还为区森防站配备了“突击行动”专用车，购置了照相机，以确保森防站每天能准时到各捕捉点进行验收，能及时记录下“突击行动”全过程。

（一）“突击行动”开始阶段

2008 年 6 月末，区林业局领导和森防人员每天都深入一线检查督导落实情况，并密切监测害虫发育进度。林场森保员认真观察栗山天牛的羽化进度，并做好详细的监测记录。7 月 5 日，根据监测结果，区政府决定全面打响人工捕杀栗山天牛“突击行动”，区林业局四位正、副局长当晚就深入所包林场，亲临捕捉现场指挥。林场职工组成专业捕捉队伍，以管护队为单位，成立 18 支专业捕杀队伍，每个专业队负责 10 盏黑光灯的诱捕工作，林场职工动员亲戚、朋友一同上山捕捉害虫。在“突击行动”开始时，栗山天牛还处于羽化始见期，由于没有经验，再加上大多数害虫尚未羽化，因此捕虫量不高，群众的信心明显不足，有的怀疑，有的观望。为解决这个问题，区林业局局长及各林场场长坚持做到身先士卒，身体力行。捕捉开始前 3 天，林场职工在场长及队长的带领下，每天准时上山设灯夜战，直至午夜才下山，第一天捕捉成虫 76 头，到第三天就猛增到 1 624 头，村民看到真的有收获，劲头马上就来了，第四天就开始三五成群地上山了。

（二）“突击行动”高潮阶段

随着捕捉数量的日渐提高，参与捕虫的群众越来越多，由于收虫款当场兑现，不拖、不压、不打白条，群众的热情十分高涨，每人每天平均能挣 100 元左右，比拣蘑菇或出来打工都合适。很快呈现出当地群众争先恐后上山捕捉害虫的场面，最多时一天晚上参加捕虫人数达到 2 269 人。他们因地制宜，充分发挥聪明才智，自制了一些“大头针板”、“狼牙棒”等实用工具，使捕捉量大增。购置的 180 套栗山天牛专用诱虫灯，成为“突击行动”中后期发挥至关重要作用的“秘密武器”。整个“突击行动”期间，政府和林业部门各级领导亲临一线坐镇指挥，检查督导捕虫情况，捕虫大军克服山高路远、蚊虫叮咬和雨天道路泥泞等重重困难，发扬不怕吃苦、连续作战的精神，昼夜出击，最大限度地捕捉栗山天牛。“突击行动”期间，区政府主要领导先后四次深入到受灾严重的旺起林场、江南林场了解和督导工作。

由于政府领导的高度重视，亲临一线指挥“突击行动”，使丰满区林业系统的广大干部职工和所有参与“突击行动”的乡村干部、广大村民深受鼓舞，全区上下干部群众热情高、干劲足，捕捉害虫速度快，质量好，呈现出既轰轰烈烈又扎扎实实的工作局面。

2008 年 7 月 14 日晚，吉林市人工捕杀栗山天牛成虫“突击行动”指挥部指挥长、副指挥长等在区政府有关领导的陪同下来到丰满区旺起林场，并于当晚 9 时许乘船前往旺起镇西海浪小石村重灾区现场查看捕虫情况；7 月 24 日，国家森防总站领导亲临丰满区检查捕捉情况，对丰满区开展的“突击行动”给予了充分肯定；8 月 4 日，省林业厅分管副厅长视察了丰满区“突击行动”开展情况，对丰满区的害虫捕捉工作给予了高度评价。

四、“突击行动”取得的丰硕成果

这次人工捕杀栗山天牛“突击行动”，从 2008 年 7 月 5 日至 8 月 15 日，历时 40 天时间，共投入资金 46.9 万元，出动各类车辆 1 934 台次，出动船只 39 台次，专用诱虫灯具 180 盏，手电、矿灯 1 500 盏，参与捕捉人数达到 13 630 人次，共捕捉栗山天牛成虫 1 191.36 千克，折合 50.36 万头，防治面积达到 1 800 公顷，尽最大可能地将栗山天牛害虫消灭在产卵之前，减少了繁殖下一代栗山天牛的总数，避免了栗山天牛灾害进一步扩散和蔓延，达到了防治栗山天牛的目的，“突击行动”取得了阶段性的胜利。

五、“突击行动”获得的经验和体会

（一）政府负全责是取得成效的根本保证

这次人工捕杀栗山天牛“突击行动”，从始至终都是由各级政府统一组织指挥和调度安排的，协调解决了人、财、物力方面的许多重大问题，真正形成了政府负全责，领导亲力亲为、各部门协调配合、群众广泛参与的良好格局，为“突击行动”的顺利开展奠定了坚实的基础。在捕捉期间，市、区两级政府领导经常深入一线了解捕捉进展情况，省、市森防站领导和技术人员深入害虫捕捉现场，向大家讲解如何能够多捕捉害虫，极大地调动基层干部和职工群众参与捕虫的积极性。

（二）林业部门负行责，成为“突击行动”的主力军

在“突击行动”开展期间，区林业局始终把“突击行动”作为全局工作的重中之重来抓，局长全面安排部署，副局长坐镇林场或亲自上山检查督导，各基层场站全面响应，专业人员负责监测预报、指导黑光灯的布设等，林业职工全员参与，遇到资金、物资缺口都由林业局予以补充。整个林业系统上下齐动，林业干部职工紧紧抓住栗山天牛成虫 40 天羽化高峰期的有利时机，不怕吃苦、任劳任怨，为圆满完成“突击行动”立下了汗马功劳。

（三）锻炼了应急处置指挥机构和人员队伍

大规模、大面积人工捕杀栗山天牛在丰满区尚属首次，通过这次“突击行动”，积累了很多宝贵的经验，一方面检验了应急指挥管理系统的应对能力，从组织领导、宣传发动到物资准备、有偿收购等一系列工作中，指挥果断，措施得力。另一方面也锻炼了应急处置人员队伍，广大干部职工和林区群众积极参与，采取多种办法捕捉害虫，收到很好的应急处置效果，这些都为今后的捕捉害虫工作积累了丰富的经验，提高了我们应急处置的能力和水平。

丰满区组织开展的人工捕杀栗山天牛“突击行动”得到了省、市应急指挥部的高度肯定和认可。区应急指挥部、区林业局分别被省林业有害生物灾害应急处置指挥部评为优秀组织单位，有 3 人被评为省级先进个人；旺起林场、旺起镇政府等 4 个单位及 7 人被吉林市应急指挥部评为优秀单位和个人。

（四）林业有害生物防治工作格局有了新的转变

通过栗山天牛灾害应急处置工作，各级政府层层签订目标管理责任状，政府领导召开会议专门安排部署各个阶段工作，宣传发动工作积极主动，相关部门的全力配合，林业部门专抓实干，林区干部职工及群众积极参与，尤其是群众参与“突击行动”人数的比例占全部捕捉人数的 2/3，说明了林业有害生物防治工作正在由原来的行业行为向政府行为乃至社会行为转变。

第三节　集安市栗山天牛灾害应急处置响应情况

集安市位于吉林省东南部。东南以鸭绿江为界与朝鲜民主主义人民共和国隔江相望，边境线长 203.5 千米；北部与吉林省白山市、通化市、通化县相邻；西南与辽宁省宽甸县、桓仁县接壤。是“八山一水半分田、半分道路和庄园”的山区市。

集安市属温带大陆性季风气候，长白山系的老岭山脉由东北向西南横贯全境，蜿蜒200多千米，形成岭南、岭北两个气候区。岭北属大陆性气候，岭南是高温多雨区，素有“吉林省小江南”之称。得天独厚的自然条件，孕育着丰富的森林资源，集安境内有松、杨、柞、椴、色、榆等250多个针、阔叶树种和天女木兰、银杏、刺楸、紫杉等20余种珍贵树种。全市面积为32.17万公顷，有林地面积26万公顷，活立木总蓄积量1 910.6万立方米，森林覆盖率达80.8%。

一、集安市栗山天牛灾害发生和危害情况

根据吉林省林业厅的部署，2005年10月，集安市林业局组织专业队在全市范围内实施了栗山天牛灾害的专项调查，调查结果表明：全市柞树天然林面积为12.10万公顷，占全市有林地面积的46.6%，蓄积为571.6万立方米，占全市活立木总蓄积的29.9%。栗山天牛发生面积为2.92万公顷，其中：轻度发生面积0.78万公顷，中度发生面积0.95万公顷，重度发生面积1.2万公顷，成灾面积1.2万公顷。灾害主要发生在我市鸭绿江流域和与辽宁毗邻的大路、凉水、榆林、麻线、财源、花甸等乡镇和双岔林场、国营集安市苗圃经营区内。

二、集安市栗山天牛灾害应急处置响应情况

2006年11月1日，通化市政府召开日本松干蚧疫情和栗山天牛灾害应急处置预案启动工作会议。集安市政府随即召开了贯彻落实会议，各乡(镇)政府主管领导、林业局局长、市直有关部门主要负责人等40余人参加会议。会上传达了省政府和通化市政府启动实施两种林业特大虫害应急处置预案会议精神，通报了集安市日本松干蚧疫情和栗山天牛灾害发生情况，分管副市长就集安市如何加强日本松干蚧疫情和栗山天牛灾害应急处置工作做了重要讲话，对组织领导、责任落实、处置措施等方面提出了严格要求。市政府与有关乡(镇)签定目标责任制，明确了责任和目标，并落实了奖惩措施。

为了更好地完成好栗山天牛灾害的应急处置工作任务，集安市成立以分管副市长为指挥长，由林业局、财政局、民政局、发展和改革局、公安局、出入境检疫局、农业局、畜牧局、交通局、集安铁路货运处、通信分局等单位主要负责人为成员的林业有害生物灾害应急处置指挥部。

集安市林业局也成立了林业有害生物灾害应急处置办公室，灾(疫)情发生区各乡镇、林场(圃)也组成有关人员参加领导小组，统一指挥调度灾(疫)情应急处置工作，协调和解决工作中的一系列问题，从组织上保证我市灾(疫)情应急处置工作的顺利开展，

三、栗山天牛灾害应急处置技术措施

集安市林业局根据集安市应急处置指挥部的要求和部署，抽调熟悉森防业务的专业人员成立了业务指导小组，制定2007~2011年栗山天牛灾害应急处置总体规划和年度实施方案，解决应急处置工作中遇到的一系列技术难题，为应急处置工作提供了坚实的技术保障。

四、集安市应急处置任务完成情况

4年来，集安市对栗山天牛灾害实施的应急处置面积累计达到2.14万公顷，累计投入

应急处置资金 1 532 万元。使栗山天牛灾害发生面积由 2006 年的 2. 92 万公顷下降至 2009 年的 1. 87 万公顷，降幅 36. 0%；成灾面积由 1. 20 万公顷下降至 0. 71 万公顷，降幅 40. 6%。其中：虫害木伐除面积 2. 14 万公顷，虫害木伐除蓄积 22. 36 万立方米，实施虫害木除害处理的材积为 11. 78 万立方米；生态更新与恢复面积 2. 14 万公顷；其中人工补植更新 1. 31 万公顷；天然萌生更新 0. 83 公顷；生物防治面积 1. 13 万公顷，利用管氏肿腿蜂进行生物防治面积 0. 89 万公顷，利用花绒寄甲进行生物防治面积 0. 24 万公顷；在人工捕杀栗山天牛成虫“突击行动”中，全市出动人力 13 445 人次，车辆 4 921 台次，1 000 盏专用诱虫灯具发挥了其他方式不可替代的诱集作用，共捕捉栗山天牛成虫总重量高达 10 015. 91 千克，折合害虫数量约 460 万头，创造了吉林省以县为单位的捕捉害虫数量之最。

五、取得的经验与成绩

从 2006 年省政府启动栗山天牛灾害应急处置预案以来，集安市通过虫害木伐除、除害处理、林冠下补植造林、生物防治、人工捕杀等措施的全面实施，栗山天牛灾害发生面积降幅达到 36. 0%；成灾面积降幅达到 40. 6%，呈现出发生面积、危害程度双下降的良好局面。成绩的取得主要来自以下几个方面。

（一）政府和主管部门高度重视

集安市政府和市林业局高度重视栗山天牛灾害的除治工作，做到“一把手”常过问，分管局长亲自抓，积极筹措防治资金，舍得投入，为栗山天牛灾害的应急处置工作提供了坚实的组织保障和资金保障。

（二）“双线”责任制的全面落实

省政府“5. 20 视频工作会议”的及时召开，政府和林业双线责任制的落实，对应急处置工作开展起到重大推动作用。

（三）广泛深入开展宣传工作

各种媒体和各种宣传载体的大力广泛宣传，为栗山天牛灾害应急处置提供了舆论和人力资源支持与保障。

（四）真抓实干、成效显著

应急处置工作进一步提高了政府和社会对林业有害生物防治工作重要性的认识，提高了林业有害生物防治工作的社会地位，锻炼了应急处置人员队伍，实现了防治工作由林业行业行为向政府乃至社会行为的重大转变。

附录篇

附录一：吉林省重大突发性林业有害生物灾害应急处置预案

1. 总则

1.1 目的及依据

林业有害生物是指影响森林、林木、林木种子等正常生长发育并造成严重损失的林业病、虫、杂草以及其他有害生物。重大突发性林业有害生物灾害是指因人为或自然原因由国（境）外或省外传入的或本土的林业有害生物引起的、对林业造成（或潜在造成）重大经济损失的生物灾害。为了有效防范和避免重大突发性林业有害生物灾害造成巨大经济和生态损失，保障省土生态安全，为全省经济建设和社会发展提供良好生态环境，根据《植物检疫条例》、《森林病虫害防治条例》和《国务院办公厅关于印发省（区、市）人民政府突发公共事件总体应急预案框架指南》、《吉林省人民政府关于制定突发公共事件总体应急预案工作的通知》以及国家林业局制定的《突发林业有害生物事件处置办法》，制定本预案。

1.2 工作原则

1.2.1 坚持预防为主，全面调查、重点监测的原则。

1.2.2 坚持快速反应，迅速扑灭，不留后患的原则。

1.2.3 坚持平战结合，分级联动，各司其责的原则。

1.2.4 坚持属地管理，行业指导，条块结合的原则。

1.3 重大突发性林业有害生物现状

根据林业有害生物普查资料记载，我省林业有害生物种类高达 2 000 余种。其中：国家规定的 20 种检疫性林业有害生物在我省有分布和发生的共 5 种，能够在我省定殖的有 12 种；我省补充规定的检疫性林业有害生物有 7 种；国家发布的 233 种危险性林业有害生物在我省有分布的共有 77 种，能够在我省定殖的有 145 种；中华人民共和国进出境植物检疫危险性病、虫、杂草名录中的一、二类有害生物共 84 种，能在我省定殖的有 33 种。

1980 年以来，从国外、省外传入我省的林业有害生物灾害有桑白蚧、日本松干蚧、光肩星天牛、双条杉天牛、竹节虫、松针红斑病等，对我省林业生态建设、省内土地生态安全和区域经济发展造成了巨大的危害和损失。随着市场经济的繁荣和对外贸易及经济交流的发展，外来和危险性林业有害生物传播、入侵、定殖、扩散、暴发成灾的可能性和危险性不断加大。松材线虫病重大疫情随着松科植物及其产品传播的危险性极大，我省作为松材线虫病的适生区，防范工作十分繁重；美国白蛾重大疫情已经扩散蔓延到辽宁省铁岭市，距我省直线距离仅 70 千米，防范工作也迫在眉睫；日本松干蚧疫情 1994 年侵入我省后，10 年间造成 15 万亩松林染疫，5 万亩松林被迫砍伐；为防控日本松干蚧疫情的扩散蔓延，10 年间累计投入防治资金高达 4 000 余万元。

我省本土的重大林业有害生物如青杨天牛、白杨透翅蛾、青杨虎天牛、栗山天牛、云杉八齿小蠹、落叶松毛虫、伊藤厚丝叶蜂、黄二星舟蛾、杨树烂皮病、落叶松枯梢病、落叶松早期落叶病、森林鼠害等，每种年度发生面积一般都在 20 万～150 万亩之间。因此，我省重大、突发性及危险性林业有害生物危害森林资源和生态环境的形势不容乐观。

1.4 适用范围

本预案适用于吉林省行政区域内各类重大突发性林业有害生物灾害的应急处置全过程。

1.5 预案启动

本省范围内，林业有害生物灾(疫)情出现下列情况之一，应立即启动本预案：

(一)对人类健康构成威胁，可引起 1 例以上人类传染性疾病的林业有害生物灾害；

(二)首次发生(发现)国(境)外或省外传入的检疫性林业有害生物灾害和专家评估认为入侵后能对我省林业和生态环境建设产生重大危害的外来林业有害生物灾害；

(三)集中连片、突发成灾，面积在 1.5 万亩以上，对当地森林资源、生态环境造成严重危害和重大损失的本土林业有害生物灾害。

2. 组织机构及职责

吉林省人民政府领导全省重大突发性林业有害生物灾害的应急处置(以下简称“重突灾害应处”)工作，省林业厅负责组织、协调、指导全省重突灾害应处工作。省财政厅、省发改委、省农委、省牧业局、省民政厅、省交通厅、省公安厅、省邮政局、省进出境动植物检疫检验局、省气象局、省通信管理局、省民航管理局、沈阳铁路局吉林省各分局等相关部门为重突灾害应处参加部门。上述相关部门要各司其职，各负其责，积极配合，协同作战，全力做好全省重突灾害应处工作。

2.1 组织机构

2.1.1 吉林省人民政府成立吉林省重突灾害应处指挥部(以下简称“省指挥部”)，省指挥部设在吉林省林业厅。

指挥长：省政府主管林业副省长

副指挥长：省政府主管林业副秘书长

常务指挥：省林业厅厅长

常务副指挥：省林业厅分管副厅长

成员：省林业厅、省发改委、省财政厅、省农委、省牧业局、省民政厅、省交通厅、省公安厅、省邮政局、省进出境动植物检疫检验局、省气象局、省通信管理局、省民航管理局、沈阳铁路局吉林省各分局等相关部门主要负责人。

省指挥部下设办公室和专家组。办公室设在省林业厅，办公室主任由常务副指挥兼任，成员由省林业厅办公室、财务处、计划处、造林绿化处、资源林政处、野生动物保护处和省森林病虫防治检疫总站等主要负责人组成。专家组组长由省林科院院长担任，成员由吉林省林业科学研究院、东北师范大学、吉林农业大学、北华大学和省森林病虫防治检疫总站有关专家组成。

2.1.2 当发生重大突发性林业有害生物灾害时，灾害发生地的市(州)、县(市、区)人民政府必须成立相应的应急处置指挥部，具体负责和组织协调本行政区域内重突灾害应处工作，落实相应责任和任务，并按照省指挥部批准的应急处置实施方案进行应急处置。

2.2 职责

2.2.1 省指挥部主要职责：统一指挥全省重大突发性林业有害生物灾害预防、灾情调查监测和灾情应急处置工作，协调解决应急处置工作中的一系列重大问题。

重大突发性林业有害生物灾害一经确认后，经省政府批准，发布预警信息，启动预案。省指挥部负责召集全体成员会议，通报灾(疫)情情况，部署具体工作。迅速组织有关人员赶赴灾(疫)情发生现场，监督、检查、指导灾(疫)情封锁、防控、除治等措施的落实。灾情得到控制后，布置落实灾后恢复和建设工作。

2.2.2 办公室主要职责：负责处理重突灾害应处的日常管理工作，协调指挥部各成员单位的应急处置工作。

2.2.3 成员单位主要职责

省林业厅：负责全省重突灾害应处工作的监督、检查和技术指导。具体组织实施重突灾害调查监测、发布预警、应急防控、灾情处置、灾后生态恢复等防灾控灾减灾体系实施和运作。向省政府提出划定疫区、保护区、设立检疫检查站等实施封锁、隔离建议，负责向国家林业局、省政府报告相关情况和向有关市、县通报情况及公文、信息、宣传的审核工作。

省财政厅：负责专项应急处置资金的筹集、拨付及使用监督。

省发改委：负责重突灾害应处项目的立项保障和发展规划工作。

省农委：负责重突应处工作中涉及与农村及农民相关政策的宣传和教育工作。

省牧业局：协调和处理重突灾害应处过程中农、牧民发生的放牧难等一系列问题。

省民政厅：负责接受社会捐赠资金、物资的监督和管理，协助灾后重建工作。

省交通厅：负责保证公路畅通，同时负责协调各地区公路、水路应急运输组织。

省公安厅：协助查处非法调运携带灾(疫)情传播的森林植物及其产品的运输单位和个人，堵截违规运载工具，维持灾(疫)害现场治安，维护交通秩序，确保救灾物资、设备、药剂药械的运输顺畅。

省出入境动植物检疫检验局：加强与省森林病虫防治检疫总站配合与合作，协助查处违禁调运进境寄主植物及其产品的单位和个人，并提供境外有害生物来源情况。

省气象局：负责组织有关市(州)、县(市、区)气象部门，为同级指挥部提供灾害应急处置工作方面的气象服务，并协助林业部门开展相关的灾害监测工作。

省通信管理局：负责组织、协调有关部门提供救灾所需有线、无线通讯设备和通讯保障，确保指挥通信线路的畅通。

省民航管理局：负责组织、协调有关部门开展航空救灾所需飞行作业器材。

省内各铁路分局、省邮政局：根据救灾工作的需要，负责组织、协调救灾物资、设备以及药剂药械的运输和输送，确保及时到位。

2.2.4 专家组主要职责：负责重突灾害的调查、核查、评估和分析，为指挥部提供技术咨询，提出应对重突灾害的处置意见和建议，组织开展灾害预测、预警、预防和应急处置等方面的科学研究。

2.2.5 市(州)级指挥部的主要职责：根据灾(疫)情处置需要和省指挥部的要求，在市

(州)人民政府领导下组织开展辖区内的灾害应急处置工作；配合省指挥部迅速组织专业人员到达现场，落实具体的应急处置措施；协调有关部门联合开展应急处置工作，保障应急处置所需的物资、仪器、设备、药剂药械、人员队伍、经费和其他需要；加强对应急处置现场的监督、检查和指导，层层落实责任，确保应急处置工作质量；按照省政府依法划定疫区、保护区的需要进行强化管理，实施封锁，严防灾(疫)情的传播扩散；及时向市人民政府和省指挥部报告有关情况。

2.2.6 县级指挥部主要职责：负责组织制定重突灾害的现场应急处置实施方案，应急处置实施方案经省指挥部批准后，立即按照方案有关规定和要求严密组织人、财、物力并逐项加以落实。组织专业队伍对发生区及其周边地区灾(疫)情进行调查、取样、检验及相关技术分析和跟踪监测，同时利用先进的药剂药械及仪器设备对灾(疫)情进行快速封锁、除治及扑灭。检疫检查站设立后，严格隔离灾(疫)害现场，封锁疫区，严防寄主植物及其产品无序流动，防止灾(疫)情扩散蔓延。及时向当地人民政府和市(州)指挥部报告灾(疫)情封锁、除治及扑灭情况，并做好舆论宣传和输导工作，争取其他部门和当地群众对重突灾害应处工作的支持与配合。

3. 调查、监测与预警

3.1 调查、监测与报告

3.1.1 灾(疫)情的调查监测

县级森防检疫机构是重突灾害调查监测的实施单位，在省、市(州)森防检疫机构指导下，建立辖区内重突灾害监测工作制度，通过国家级和省级中心测报点的示范和带动作用，健全以林场、乡镇林业站为基本调查监测单元的林业有害生物调查监测网络，落实森保员为具体调查监测工作第一责任人员，由森保员组织本单位护林员共同对所辖区域的森林、林木生长状况和林业有害生物发生危害情况进行定期调查，按规定和要求上报调查数据。县级森防检疫机构要定期组织开展辖区内林业有害生物普查或专项调查，发现病死树和其他异常现象，要及时调查取样，对发现的林业有害生物要进行及时鉴定，一旦发现林木严重受害，构成本预案启动条件，要设专人保护现场，立即实施监控，同时上报灾(疫)情。对所发现但尚不能作出准确鉴定的林业有害生物种类，由省森林病虫防治检疫总站负责组织专家鉴定。

3.1.2 重大突发性灾(疫)情的报告

各级林业行政主管部门、森防检疫机构、调查监测网点是重突灾害事件的责任报告单位，森防检疫机构的专业技术人员是重突灾害事件的责任报告人。县级森防检疫机构对各调查监测单元上报的灾(疫)情数据汇总后要认真进行研究和分析，发现符合本预案启动条件的灾(疫)情，并进行现场核实，初步确认后逐级报告至省森林病虫防治检疫总站。省森林病虫防治检疫总站组织专家核实，省林业厅要将有关情况及时向省指挥部进行全面报告。

3.1.3 重大突发性灾(疫)情的举报

任何单位和个人都有向各级重突灾害应处指挥机构报告重大突发性林业有害生物发生危害情况及其后果隐患的权利，也有举报不履行或者不按规定履行调查、监测、报告职责的单位及个人的权利。

3.2 预警级别及发布

根据省森林病虫防治检疫总站提供的突发性林业有害生物发生危害的严重程度、影响范围和灾情级别，征求专家组意见后，由省重大突发性林业有害生物灾害应急处置指挥部发布预警信息，启动应急预案，采取相应的应急处置措施。突发性林业有害生物灾(疫)情预警级别从低至高分为四级，具体分级标准如下：

一般级灾害(Ⅳ级，蓝色标志)：仅在1个县内的1个乡镇行政区域新发生(发现)外来检疫性林业有害生物，或严重危害、集中连片、发生面积1.5万~4.5万亩的本土林业有害生物灾害。

较大级灾害(Ⅲ级，黄色标志)：仅在1个县内的2~4个乡镇行政区域范围内新发生(发现)的外来林业有害生物，或严重危害、集中连片、发生面积4.5万~7.5万亩的本土林业有害生物灾害。

重大级灾害(Ⅱ级，橙色标志)：发现能够造成1~5人患传染性疾病的林业有害生物，或仅在1个县内的5个以上乡镇、2个县级行政区域新发生(发现)外来检疫性林业有害生物，或严重危害、集中连片、发生面积7.5万~15.0万亩的本土林业有害生物。

特大级灾害(Ⅰ级，红色标志)：发现能够造成5人以上患传染性疾病的林业有害生物，或在3个县级行政区域新发生(发现)外来检疫性林业有害生物，或严重危害、集中连片、发生面积15.0万亩以上的本土林业有害生物。

3.3 监测预警支持系统

3.3.1 重大突发性林业有害生物灾害的预警支持系统以各级森林病虫害防治检疫机构为依托，以国家级、省级中心测报点为骨干，以乡镇(林场)森保员、护林员为队伍，形成省、市(州)、县(市、区、森工局)、乡镇(林场)四级调查监测覆盖网络。运行机制为：一是通过正常传输渠道，即森保员、护林员实地调查采集的发生危害数据，汇总到县级森防检疫站，县级检疫站经过分析汇总，将数据传送到市(州)级森防检疫站，经市(州)级森防检疫站再行分析汇总，最后传送到省森林病虫防治检疫总站，由省森林病虫防治检疫总站进行分析研判。二是非正常渠道，即县级、市(州)级、省级专业技术人员或其他灾(疫)情举报人员在实地调查过程中发现灾(疫)情后，将调查情况直接上报省森林病虫防治检疫总站。

3.3.2 各级林业主管部门要加强森防检疫机构、人员队伍、监测预警体系、检疫御灾体系、防灾减灾体系基础设施建设，以各级森防检疫机构为依托，建立快速准确的信息采集、传递、处理、决策系统和正常运转、指挥有力的应急指挥信息系统及高效、快捷的远程诊断专家决策系统，建立健全重大突发性林业有害生物灾害专业应急处置队伍，强化培训和演练，全面提升林业有害生物灾害的监测预警和应急处置能力和水平。

4. 应急响应

4.1 分级响应

4.1.1 对从国(境)外新传入的高度危险和特别危险的林业有害生物，做到早发现、早报告、早隔离、早封锁、早除治、早扑灭。根据其危害程度、流行强度和扩散速度，将情况直接上报国家林业局，同时建议国家林业局将其列为国家级检疫性林业有害生物。

4.1.2 对森林资源、生态环境造成严重危害和重大影响的检疫性或其他危险性林业有害生物，由省林业厅提出应急处置方案，采取就地封锁、隔离、扑灭等紧急防控措施。

4.1.3 对森林资源、生态环境造成严重危害，集中连片暴发成灾面积在 1.5 万亩以下的林业有害生物灾情，按应急预案程序，由当地县级林业主管部门提出处置措施，经批准后，组织力量和药剂药械，实施防治。

4.2 信息共享和处理

4.2.1 省森林病虫防治检疫总站负责处理全省调查监测网络上报的重大突发性灾(疫)情数据，并对数据进行实时的科学分析，综合评价林业有害生物灾(疫)情的发生趋势，核实灾(疫)情后 2 个工作日内报告省林业厅，并详细说明灾(疫)情信息来源、发生性质、危害区域、危害程度、危害趋势等相关的初步判断和拟采取的措施以及报告单位负责人、报告人和联系方式等。

4.2.2 省林业厅在分析研究后认为可能属于重大林业有害生物灾害的，在 2 个工作日内向国家林业局报告，经国家林业局确认为重大林业有害生物灾害的，要及时向省重大突发性林业有害生物灾害应急处置指挥部报告，由省指挥部发布预警信息，及时通知成员单位和灾害发生地的地方人民政府做好应急处置准备工作。

4.2.3 省指挥部发布灾害预警信息后，灾害发生地的市(州)级、县级应急处置指挥机构必须在 5 日内向毗邻和可能涉及的市、县级林业主管部门通报情况。接到通报的市、县级林业主管部门要密切关注灾害的发生发展趋势并加强调查监测工作。

4.2.4 各级林业行政主管部门要加强国际间、省际和部门间的交流与合作，及时掌握有关重大林业有害生物的信息，认真听取专家意见和建议，定期组织有关专家对可能入侵的重大林业有害生物进行风险性分析，评定风险等级，提出调查监测和预防措施及控制技术。对已入侵但未形成重大灾害的外来林业有害生物，要根据其危害、分布、蔓延和流行特点，提出监测、控制与扑灭技术措施，并响应相应级别的应急方案和程序，采取相应防控措施。

4.3 通报与信息发布

4.3.1 新闻、信息的发布做到统一组织、把握时机、真实准确、注重实效。新闻媒体要求现场采访报道的，必须有由省林业厅统一组织，归口管理。

4.3.2 省指挥部建立林业有害生物新闻发布制度，根据需要及时向社会准确、及时、客观地发布重大突发性林业有害生物灾害发生危害的有关信息。发布的内容、程序按规范性格式由专人负责，任何单位和个人不得擅自对外发布。

4.4 通讯

建立健全处置全省重大突发性林业有害生物灾害指挥通讯系统和通讯录，在应急处置过中，由省指挥部办公室使用专用电话、专人负责各级指挥机构及现场处置情况的联络，确保通讯联络及有关信息系统网络畅通。

4.5 应急结束

应急预案启动后，专家组负责对灾情发展变化和处置效果进行评估，及时向省指挥部和灾(疫)情发生地人民政府提交评估报告，提出继续实施、终结实施或转为非重大林业有害生物灾害事件的处理意见。

5. 后期评估和善后处理

5.1 后期评估

应急处置预案结束后，省指挥部办公室要会同林业有害生物灾害发生地林业主管部门及时组织专家组和有关人员对重大林业有害生物灾害造成的损失进行评估，分析灾害发生的原因和应汲取的经验教训，提出改进措施和意见，向省指挥部报告，同时抄送灾(疫)情发生地人民政府，并将相关情况向有关部门进行通报。

5.2 善后处理

应急预案结束后，省指挥部办公室指导灾害发生地林业主管部门开展灾后重建工作，重点实施专家组后期评估提出的改进措施，恢复受灾林分，清理因应急措施而设立的临时设施。

6. 保障措施

6.1 通讯保障

各级林业行政主管部门应在通讯管理部门配合下，建立和完善重大突发性林业有害生物灾害应急指挥通讯系统，配备必要的有线、无线和卫星通讯器材及交通工具，确保本预案启动后指挥部和有关部门及现场工作组之间的联络畅通。

6.2 经费保障

重大突发性林业有害生物灾害应急处置所需的经费，按《突发事件财政应急保障预案》执行，省财政部门对发生的重突灾害应处工作优先拨给专项救治和扑灭资金。各级政府也要将重突灾害应处所需经费列入本级政府财政预算。属于重大突发性林业有害生物灾害造成重大经济损失的单位和个人，地方政府应酌情予以补助。

6.3 物资储备

省林业厅根据全省林业有害生物发生规律和特点，储备药剂药械、设备仪器、运输车辆、油料及其他物资，并根据建设规划和应急处置物资储备需求由省财政部门安排储备建设资金。市(州)级、县级林业主管部门对物资储备建设工作应当紧密配合，地方财政部门要给予支持。

6.4 技术保障

省森林病虫防治检疫总站要及时了解和掌握国内外林业有害生物发生及防治信息，对具有潜在危险性的林业有害生物要会同科研院所和大专院校进行超前研究，制定预防和应急处置技术方案，为指挥决策提供技术支持。

6.5 人员保障

各级林业主管部门要根据有害生物灾害发生形势和专家意见，建立健全森防检疫机构，加大基础设施、设备建设投入，加强防治检疫专业人才和队伍的培养和训练，建立起一支素质高、装备优的能够自如应对林业有害生物灾害处置的专业管理和技术人员队伍。

6.6 监督与演练

根据不同时期重大林业有害生物的发生危害情况及潜在威胁，省林业厅定期组织对各地的应急处置能力进行检查、督促和指导，如机构、队伍建设，物资、技术储备情况等。市(州)级和县级林业主管部门每年都要对应急处置专业人员队伍进行技术培训，并组织小规模的实战演习，不断提高对重大林业有害生物灾害的应急处置能力。

7. 附则

7.1 省林业厅根据全省林业有害生物发生情况及趋势，及时对《预案》进行修订，经专家论证后，报省政府备案。市(州)级和县级林业主管部门应参照本预案制定各自的应急预案和实施方案，并报省林业厅备案。

7.2 对在处置重大突发性林业有害生物灾害工作中做出突出贡献的单位和个人，要按照有关法律、法规或文件等规定给予表彰和奖励；对在应急处置实施过程中因玩忽职守或渎职而造成损失的单位和个人，将依法追究其责任。

7.3 本预案由省人民政府委托省林业厅制定，并由省林业厅代省人民政府负责解释。

7.4 本预案抄报国家林业局，自公布之日起实施。

附录二：吉林省日本松干蚧疫情、栗山天牛灾害应急处置工作方案

为了全面加强对日本松干蚧疫情和栗山天牛灾害[以下简称灾(疫)情]应急处置工作的组织领导，落实责任，规范灾(疫)情应急处置工作程序，现制定日本松干蚧疫情和栗山天牛灾害应急处置工作方案如下。

一、应急处置工作的指导思想和原则

(一)指导思想

以科学发展观为指导，紧紧围绕全面建设小康社会总目标，遵循"预防为主，科学防控、依法治理、促进健康"的林业有害生物防治方针，以全面提高控灾减灾能力为中心，实行政府统一领导、分级负责，行业配合、相互协作，依靠专家、科学防控，全面动员、快速反应等有效措施，落实灾害应急处置责任，建立健全林业有害生物灾害应急处置长效机制，确保全省森林资源和森林生态安全，促进国民经济持续快速健康协调发展。

(二)坚持的原则

坚持系统管理，地方政府负全责，实行政府目标责任制；坚持统一规划，突出重点，全面推进；坚持分区施策，因林施治，大面积种群控制；坚持依靠科学，利用先进的科技成果，注重取得实效；坚持保护环境，治理与恢复并进以及实现生态、经济、社会效益相统一的原则。

二、应急处置总体目标和具体任务

(一)总体目标

从2006年起，利用5年时间，即到2010年，全面遏制日本松干蚧疫情的严重危害和扩散蔓延，实现对重点疫情保护区的有效保护；利用6年时间，到2011年，全面解除栗山天牛灾害的危害，达到有虫不成灾的最终目标；对受害林分全面进行生态恢复，将林业有害生物灾害造成的损失降到最低程度。

(二)具体任务

1. 日本松干蚧疫情

(1)调查监测任务

各疫情防控区的林业主管部门要在每年疫情两次显露期，组织相关人员按事先确定的监测责任区，适时对日本松干蚧寄主林分逐林班、逐小班进行虫情踏查和标准地调查，详

细掌握疫情分布、发生、危害情况，为疫情防控工作提供翔实依据。

(2)疫情防控任务

对寄主林分进行全面的清林和营林抚育，伐除衰弱木，通风透光，促进林分生长，丰富林间生物多样性，不断提高林分抵御灾害能力。严格执法，加大疫情的检疫防范力度，严禁日本松干蚧寄主树木及其产品进入未发生区，一旦发现有寄主树木和产品流入，要立即依法扣留，全面进行除害处理。

(3)疫情封锁、除治和综合治理任务

对封锁扑灭区主要采取化学除治，建造疫情无寄主树木隔离带；对综合治理区要实施生物防治为主、化学防治救急为辅的综合治理措施，最大限度地控制疫情传播，减少灾害损失。

2. 栗山天牛灾害

(1)虫情调查监测任务

对栗山天牛调查监测覆盖率要达到100%，并详细掌握灾害发生区内林木受害情况和栗山天牛种群发展趋势，为治理工作提供翔实依据。

(2)虫害木采伐、除害处理及恢复更新任务

对重度发生林分要实行皆伐，对中度发生林分要实施虫害木择伐，要对伐除后的虫害木全面进行除害处理，铲除虫源。对采伐后的林地要及时补植更新，进行生态恢复。

(3)综合治理任务

对虫害木伐除后的林分，利用花绒寄甲和管氏肿腿蜂进行生物防治；在成虫羽化高峰年利用黑光灯进行全面诱捕，动员社会力量实行人工捕杀，力求尽早全面解除栗山天牛灾害，促进灾害区的生态恢复。

三、应急处置组织领导机构及职责

(一)省级指挥机构

为确保日本松干蚧疫情和栗山天牛灾害应急处置工作顺利实施和取得预期目标，省人民政府决定成立林业有害生物灾(疫)情应急处置指挥部，机构设置如下：

指挥长：主管副省长

副指挥长：主管副秘书长

常务指挥：省林业厅厅长

常务副指挥：省林业厅分管副厅长

成员：省发改委、省财政厅、省农委、省牧业局、省民政厅、省交通厅、省公安厅、省科技厅、省邮政局、吉林出入境检验检疫局、省气象局、省通信管理局、省政府应急办、省政府新闻办、省民航监管办、沈阳铁路局、省森警总队等部门主要负责人。

省指挥部下设办公室和专家组。

办公室设在省林业厅，办公室主任由常务副指挥分管副厅长兼任，办公室副主任由省林业厅办公室主任和省森林病虫防治检疫总站站长兼任，成员由省林业厅财务处、计划处、造林绿化处、资源处、野生动物保护处、科技产业处、种苗站、种苗中心、宣传中心等处室负责人组成。

专家组组长由省林业科学研究院院长担任，成员由省林业科学研究院、东北师大、吉林农大、北华大学和省森防检疫总站等单位的知名专家组成。

（二）职责

1. 省指挥部主要职责

统一指挥全省灾（疫）情调查监测、预防和应急处置工作，召集全体成员会议，通报灾（疫）情，部署具体工作，监督、检查、指导灾（疫）情封锁、防控、除治等措施的落实，协调解决应急处置工作中的一系列重大问题。

2. 指挥部办公室主要职责

负责日本松干蚧和栗山天牛灾（疫）情应急处置工作的监督、检查和技术指导；负责制定灾（疫）情应急处置总体工作方案和总体实施方案，落实各项处置任务和措施；建立健全防灾、控灾、减灾体系；具体组织实施灾（疫）情调查监测、应急防控、灾情处置、灾后生态恢复等防灾、控灾、减灾体系实施和运作；向省政府提出治理对策及措施建议；协调指挥部各成员单位的应急处置工作；负责向国家林业局、省政府报告相关情况和向有关市、县通报情况及相关公文、信息、宣传材料的审核和报送工作。

3. 成员单位主要职责

省财政厅：主要负责灾（疫）情应急处置财政经费保障，负责专项应急处置资金的筹集及使用监督，按照有关规定和程序及时拨付救治资金，同时，协助林业部门做好所需药剂、药械等备品的集中采购工作。

省发改委：主要负责灾（疫）情应急处置的立项保障和专项规划工作，加大林业有害生物监测、预报、防治和检疫体系建设力度。

省农委：主要负责灾（疫）情应急处置工作中涉及与农村及农民相关政策的宣传和教育，积极协助做好灾害处置工作，防止阻碍应急处置工作的现象发生。

省牧业局：主要负责协调和处理灾（疫）情应急处置过程中发生的农、牧民放牧难等问题，协助做好疫源疫病监测、检验工作。

省民政厅：主要负责对所接受的社会捐赠资金、物资的监督管理和发放救济，协调组织开展灾后重建工作。

省交通厅：主要负责救灾物资的运输畅通，协调各地公路、水路的应急运输组织和封锁检查等工作。

省公安厅：主要负责协助林业部门开展联合执法，处理相关治安案件，查处非法调运疫物的单位和个人，维持灾害现场治安和交通秩序，确保救灾物资的运输和发放安全。

省科技厅：主要负责应急处置急需的科研项目攻关以及灾害综合治理技术的研发和推广。

吉林出入境检验检疫局：主要负责协助林业部门对违法出入境检疫案件的查处，并提供境外相关林业有害生物来源信息。

省气象局：主要负责为同级指挥部提供应急处置方面的气象资料和相关信息，做好与防控工作相关的各种气象服务。

省通信管理局：主要负责组织企业提供救灾所需有线、无线通讯设备和通讯保障，确保指挥通信线路畅通。

省政府应急办：主要负责灾（疫）情信息和综合协调工作，接收和办理向省政府报送相关紧急重要事项。

省政府新闻办：主要负责组织协调省内媒体对灾害应急处置工作进行相关政策宣传，

把握新闻舆论导向。

省民航监管办：主要负责组织、协调有关部门开展航空救灾所需飞行作业器材及相关飞行救灾活动的各种服务工作。

省邮政局：主要负责林产品邮寄检疫验证把关工作。

沈阳铁路局：主要负责省内铁路货运站点的相关救灾货物运输及检疫把关工作，确保救灾物资及时到位。

省森警总队：主要负责协助进行灾害应急处置工作。

4. 专家组主要职责

负责灾(疫)情的调查、核查、评估和分析，为指挥部提供技术咨询，提出应对灾(疫)情的处置意见和建议，组织开展灾(疫)情预测、预警、预防和应急处置等方面的科学研究。

(二)市(州)、县(市、区)指挥机构及职责

灾(疫)情应急处置预案启动后，灾害发生地的市(州)、县(市、区)必须成立相应的应急处置指挥部，具体负责和组织协调本行政区域内灾(疫)情应急处置工作，落实相应责任和任务，并按照省指挥部批准的灾(疫)情应急处置规划和实施方案进行应急处置。

1. 市(州)级指挥部主要职责

根据灾(疫)情应急处置需要和省指挥部的要求，在市(州)人民政府领导下组织开展辖区内灾(疫)情应急处置工作；配合省指挥部迅速组织专业人员到达现场，落实具体的应急处置措施；协调有关部门联合开展灾(疫)情应急处置工作，保障应急处置所需的物资、仪器、设备、药剂药械、人员队伍、经费和其他需要；加强对应急处置现场的监督、检查和指导，层层落实责任，确保应急处置工作质量；及时向市(州)人民政府和省指挥部报告有关情况。

2. 县级指挥部主要职责

负责组织制定灾(疫)情现场应急处置实施方案，应急处置实施方案经省指挥部办公室批准后，立即按照方案有关规定和要求严密组织人、财、物力并逐项加以落实。组织专业队伍对发生区及其周边地区的灾(疫)情进行调查、取样、检验及相关技术分析和跟踪监测，同时利用先进的药剂药械及仪器设备对灾(疫)情进行快速封锁、除治及扑灭。严防寄主植物及其产品无序流动，防止灾情扩散蔓延。及时向当地人民政府、市(州)指挥部和省指挥部报告灾(疫)情封锁、除治及扑灭情况，并做好舆论宣传和疏导工作，争取其他部门和当地群众对灾(疫)情应急处置工作的支持与配合。

四、灾(疫)情应急处置工作相关要求

(一)灾(疫)情的调查监测与报告

县级森防检疫机构是灾(疫)情调查监测的实施单位，在省、市(州)森防检疫机构指导下，建立辖区内灾(疫)情监测工作制度，通过国家级和省级中心测报点的示范和带动作用，健全以林场、乡镇林业站为基本调查监测单元的灾(疫)情监测网络，落实森保员为具体调查监测工作第一责任人员，由森保员组织本单位护林员共同对所辖区域的灾(疫)情发生危害情况进行定期调查，按规定和要求上报调查数据。

(二)应急处置队伍、体系建设

各级林业主管部门要加强森防检疫机构、人员队伍、监测预警体系、防灾减灾体系基础设施建设，以各级森防检疫机构为技术依托，建立快速准确的灾(疫)情信息采集、传递、处理、决策系统和运转正常、指挥有力的应急指挥信息系统，建立健全灾(疫)情专业应急处置队伍，强化培训和演练，全面提升对灾(疫)情的监测预警和应急处置能力及水平。

(三)应急处置的分级响应

我省灾(疫)情发生面积大，涉及面广，对森林资源、生态环境造成危害严重，省林业厅要制定省级灾(疫)情应急处置总体方案，明确采取的封锁、扑灭等紧急防控对策和措施。市(州)、县(市、区)林业主管部门要结合省级应急处置总体方案并根据本地灾(疫)情发生危害实际情况提出具体灾(疫)情应急处置实施方案，经省指挥部办公室批准后，组织力量和药剂药械实施应急处置。

(四)应急处置的信息发布

新闻、信息的发布由省林业厅统一组织，归口管理，根据需要及时向社会准确、及时、客观地发布我省灾(疫)情有关信息。做到统一组织、把握时机、真实准确、注重实效。发布的内容、程序按规范性格式由专人负责，任何单位和个人不得擅自对外发布。

(五)应急结束

灾(疫)情应急处置预案启动后，专家组负责对灾(疫)情发展变化和处置效果进行评估，及时向省指挥部和灾(疫)情发生地人民政府提交评估报告，提出继续实施、终结实施或转为非重大林业有害生物灾害事件的处理意见。

(六)后期评估

灾(疫)情应急处置预案结束后，省指挥部办公室要会同灾(疫)情发生地林业主管部门及时组织专家组和有关人员对灾(疫)情造成的损失进行评估，分析灾(疫)情发生的原因和应汲取的经验教训，提出改进措施和意见，向省指挥部报告，同时抄送灾(疫)情发生地人民政府，并将相关情况向有关部门进行通报。

(七)善后处理

灾(疫)情应急处置预案结束后，省指挥部办公室指导灾(疫)情发生地林业主管部门开展灾后重建工作，重点实施专家组后期评估提出的改进措施，恢复受灾林分，清理因应急措施而设立的临时设施。

五、应急处置工作的组织与领导

(一)建立健全政府目标管理责任制

在灾(疫)情应急处置预案启动实施过程中，要切实将灾(疫)情应急处置责任、目标和任务落实到各级政府肩上，明确地方政府要对灾(疫)情应急处置工作负全责，建立完善的灾(疫)情应急处置目标管理责任制，层层签订责任状、层层对上负责，逐级抓落实、抓检查、抓奖惩，把灾(疫)情应急处置任务和目标完成情况作为考核领导干部政绩的一项重要内容，定期进行考核，确保应急处置工作深入开展和取得实效。

（二）强化应急处置工作管理

1. 组织管理

在灾（疫）情应急处置实施过程中，各级指挥机构要制定相应的政策，建立健全各项规章制度和管理办法，强化对应急处置工作的全过程管理，提高管理工作水平，确保质量。同时要建立工作进展月报表制度，加强工作进度和信息反馈工作。

2. 资金管理

灾（疫）情应急处置资金属于救灾资金，资金投入量大，必须严格管理，强化资金使用的监督。监察、审计和财政部门要加大应急处置资金的审计监管力度，严防截留、挤占、挪用应急处置资金现象发生，对违反规定的要严肃处理。

3. 业务管理

林业部门要发挥灾（疫）情应急处置规划、组织、指导、协调和监督作用，把应急处置工作作为一项重点任务，设专门机构和专人负责，为同级政府当好参谋和助手，做好规划和实施方案编制工作。积极做好与有关部门和政府间的协调工作。在应急处置预案实施过程中要加强业务指导，实施全过程监督，随时掌握情况，并对发现的技术问题及时调控和纠正。

六、应急处置保障措施

（一）通讯保障

各级林业行政主管部门应在通讯管理部门配合下，建立和完善重大林业有害生物灾害应急指挥通讯系统，配备必要的有线、无线和卫星通讯器材及交通工具，确保本预案启动后各级指挥机构和有关部门及现场工作组之间的联络畅通。同时，建立健全灾（疫）情指挥通讯录，在灾（疫）情应急处置过中，由省指挥部办公室使用专用电话、专人负责各级指挥机构及现场处置情况的联络，确保通讯联络及有关信息系统网络畅通。

（二）经费保障

灾（疫）情应急处置所需的经费，按《突发事件财政应急保障预案》执行，省财政部门对发生的灾（疫）情应急处置工作优先拨给专项救治和扑灭资金。各级政府也要将灾（疫）情应急处置所需经费列入本级财政预算。

（三）物资储备

省林业厅根据全省灾（疫）情发生规律和特点，储备药剂药械、设备仪器、运输车辆、油料及其他物资，并根据建设规划和应急处置物资储备需求由省财政部门安排储备建设资金。市（州）级、县级林业主管部门对物资储备建设工作应当紧密配合，地方财政部门要给予支持。

（四）技术保障

省森林病虫防治检疫总站要及时了解和掌握国内外灾（疫）情及防控信息，要会同科研院所和大专院校进行超前研究，制定预防和应急处置技术方案，为指挥决策提供技术支持。

（五）人员保障

各级林业主管部门要根据灾（疫）情发生趋势和专家意见，建立健全森防检疫机构，加大基础设施、设备建设投入，加强防治检疫专业队伍及人才的培养和训练，建立起一支素质高、装备优、能够自如应对灾(疫)情应急处置的专业管理和技术人员队伍。

(六)责任

对在灾(疫)情应急处置工作中做出突出贡献的单位和个人，要按照有关法律、法规或文件等规定，给予表彰和奖励；对因玩忽职守或渎职而造成灾害除治不利，或引起灾害扩散蔓延而造成损失的单位和个人，将依法追究其刑事、行政以及经济责任。

附录三：吉林省日本松干蚧疫情应急处置总体实施方案

为加强我省日本松干蚧疫情治理，保护我省现有寄主松林资源、城市绿化、自然景观和文化遗产，根据省人民政府关于发布日本松干蚧特大疫情预警信息和启动应急处置预案的会议精神以及疫情应急处置工作的实际需要，特制定2006～2010年日本松干蚧疫情应急处置总体实施方案如下：

一、疫情分布、发生情况和防控区划

（一）疫情分布及发生危害情况

日本松干蚧是我省补充规定的检疫性林业有害生物，属于典型的外来入侵物种，在我省主要侵害赤松、油松和黑松，对寄主松林有较强的侵害能力。1994年首次发现日本松干蚧疫情侵入我省，十二年来，虽然采取了一定的措施进行防控，但一直没有取得预期效果，疫情分布和发生面积逐年增加。2005年疫情专项调查结果表明：全省寄主松林面积96.57万亩，日本松干蚧疫情分布面积23.80万亩，发生面积14.04万亩。疫情发生区域包括通化、辽源、四平、长春和吉林地区。对2001年省政府划定的日本松干蚧疫情保护区－长春市市区构成了口袋状包围态势。同时，日本松干蚧疫情向东扩散蔓延到桦甸市的二道甸子镇，对天佛指山国家级自然保护区、长白山国家级自然保护区及长白山美人松保护区赤松林的生存和生态安全构成严重威胁。

（二）防控区划

根据我省日本松干蚧疫情分布、发生情况和封锁扑灭、综合治理以及需要重点保护区域，对我省日本松干蚧疫情防控作如下区划：

1. 重点保护区

区域范围包括长春地区的长春市市区；延边地区的龙井市、和龙市、安图县；白山地区的抚松县、长白县。目前上述区域尚未发现日本松干蚧疫情，并且该区域存在着两个国家级自然保护区，具有十分重要的景观价值、科研价值和自然遗产价值。其重点保护的部位包括：长春市市区、天佛指山国家级自然保护区、长白山自然保护区、长白山美人松保护区。

2. 封锁扑灭区

指对重点保护区构成严重威胁的区域。

(1)靠近长春市市区重点保护区周边的区域：具体包括伊通县、双阳区、净月开发区、二道区、九台市、磐石市和永吉县。

(2)靠近延边地区和长白山自然保护区的周边区域：具体包括蛟河市、桦甸市、靖宇县和抚松县。

其中，靠近长春市市区周边的区域均具有日本松干蚧疫情的分布和发生；靠近延边和长白山的区域目前仅发现桦甸市有疫情分布和发生，蛟河市、靖宇县、抚松县尚未发现日本松干蚧疫情。

3. 综合治理区

该区域为我省日本松干蚧疫情老发生区，包括通化地区各县(市、区)，辽源地区各县(区)及四平地区的四平市区和梨树县。

4. 调查监测区

该区域包括除上述区域之外、有寄主林分分布、目前尚未发现日本松干蚧疫情的所有县(市、区)。

二、疫情防控的指导思想、坚持的原则和采取的对策

(一)指导思想

以保护我省重点保护区域和生态环境为目标，坚持“重点保护、防止扩散、重点扑灭、综合防控”的总体思路和“政府组织、行业指导、社会参与、联防联治”的应急处置对策，采取高度戒备和非常规技术措施，集中人、财、物力，依靠现有最新科技成果，严防日本松干蚧疫情扩散蔓延，有效遏制当前疫情高发态势，全面降低虫口密度，最终实现有虫不成灾目标。

(二)坚持的原则

在日本松干蚧疫情应急处置过程中，要全面坚持系统管理、计划抗灾、主动御灾、重点除治、联防联治和协调应用多种技术措施综合治理，坚持对日本松干蚧种群实施大面积种群控制的原则，实现对重点保护区域的全面保护。

(三)治理对策

对我省现有日本松干蚧寄主林分进行全面间伐清理和清除林内萌生寄主幼树，有计划、有重点、有步骤地对寄主松林(低质低产)实施更新改造，在全省范围内禁止跨县级行政区域调运寄主林木及其产品。对重点保护区全面加强日本松干蚧疫情调查监测，一旦发现疫情侵入，迅速进行扑灭；对封锁扑灭区实施对重度受害林分寄主树木皆伐，适时实施氧化乐果打孔注药防治，有计划地在两个区域带上建造疫情自然传播无寄主树木隔离带，封锁扑灭疫情，始终保持日本松干蚧虫口处于低密度状态，有效防止扩散蔓延；对综合治理区实施封山育林，加强寄主林分的抚育管理，在寄主林分中补植阔叶树种，使林分不断朝着混交林方向发展，同时加大生物防治措施，利用瓢虫类天敌昆虫和保护其他种类天敌进行长期生物控制，使林分有虫不成灾；对调查监测区进行定期疫情调查监测，一旦发现疫情侵入，要迅速进行除治。通过5年治理，有效遏制疫情扩散蔓延，全面降低日本松干蚧种群密度，实现有虫不成灾和可持续控灾目标。

三、疫情应急处置目标

（一）重点保护区

对寄主林分建立调查监测档案，在每年2次显露期死看死守，进行定期、定时、定人、定任务调查，调查监测覆盖率100%，全面禁止寄主树木及其产品调运，发现疫情及时封杀，全面阻止日本松干蚧疫情侵入该区域。

（二）封锁扑灭区

调查监测覆盖率100%，染疫赤松伐除率100%，在两个区域带上分别建立20千米宽疫情自然传播无寄主树木隔离带，实现对重点保护区域的全面保护；对剩余的寄主林分适时实施化学防治，防治率100%。通过连续5年实施综合治理，日本松干蚧种群下降到较低密度，解除发生面积，疫情得到有效封锁。

（三）综合治理区

全面实施封山育林，对日本松干蚧寄主林分全面实施清林和抚育改造，补植阔叶树种和蜜源植物，增加林分生物多样性，全面实施生物防治和持续控制，生物防治率100%；对个别中度发生疫情的林分辅以化学防治进行救急，使日本松干蚧疫情自然和生物控制作用稳步加强。

（四）调查监测区

对寄主林分调查监测率达到80%以上，对日本松干蚧疫情能够主动防控，做到疫情侵入后能够及时发现、报告并采取除治措施封锁扑灭。

四、疫情应急处置技术措施

（一）疫情调查监测

1. 建立寄主林分档案

以林场（乡镇）为单位，对经营管理范围内的寄主林分（寄主树木）建立档案，注明寄主林分（寄主树木）所在的详细地点、林班、小班、林龄、林分组成、下木下草、林分密度、郁闭度等情况，并绘制辖区内寄主林分分布示意图，标明调查线路，明确调查监测责任人和责任区。

2. 线路踏查

以寄主林分自然块为单位，在每年2次的日本松干蚧疫情显露期，选择一条最长对角线进行线路目测踏查，查看寄主树木上是否有日本松干蚧虫体，填写《日本松干蚧疫情线路踏查登记表》。

3. 标准地调查

对踏查过程中发现疫情的寄主林分要设标准地调查，选取样株、样枝（样方），检查虫口数量，最后换算成10厘米树皮上的虫口密度。

标准地的设置，面积100公顷以下至少设3块，100公顷以上至少设5块，标准地面积0.2公顷/块，采取“S”形线路的方式抽取10～30株样树，取枝计算虫口密度，填写《日本松干蚧疫情标准地调查表》。

4. 疫情调查的组织实施和结果上报

由县级林业主管部门组织林场（乡镇）森保员实施调查，每年调查2次，第一次为5月中下旬，第二次为8月中下旬，每次调查期均为20天，每7天上报一次调查汇总结果，报至县级森防检疫机构汇总，作为疫情防控工作的重要依据。

（二）重点保护区和疫情未发生区的疫情预防

1. 根据重点保护区保护的需要，定期对日本松干蚧疫情进行全面调查监测。同时，森防检疫机构要严格执法，定期对木材及林产品集散地实施检疫检查，严防日本松干蚧寄主树木及其产品从疫情发生区调入和交易，发现违规调入的要就地销毁，严防疫情人为传播；疫情未发生区也要实施定期调查监测和检疫检查。

2. 加大木材检查站堵截工作力度

木材检查站要全面履行职责，严禁寄主树木及其产品调运进入重点保护区。对违规的调运单位和个人，及时移交当地森防检疫机构依法处理，防止疫情人为传播。检疫机构可派员进驻木材检查站，开展检疫工作。

3. 在日本松干蚧疫情显露期要对寄主树木进行全面的疫情监测调查和监测，对外围疫情动态进行深入了解和分析，确定重点监测部位，一旦发现疫情侵入，立即采取化学除治措施扑灭疫情。

（三）疫情发生区的疫情治理

1. 将寄主林分中天然落种萌生的寄主幼树及被压木、衰弱木全面清除（注意保留阔叶树种），使林分郁闭度保持在0.6～0.7之间，使林分通风透光，促进下草下木的生长，不断增加林分物种的多样性，提高林分自控疫情的能力。

2. 森防检疫机构要对疫材疫木进行跟踪管理，全面做好疫材疫木的除害处理，除害处理合格后指定地点加工使用，不得外运，防止疫情人为传出。

3. 生物防治　瓢虫类昆虫是日本松干蚧的重要天敌，在晚秋可人工收集保护越冬，来年春季进行林间释放，对日本松干蚧具有持续的生物控制作用。

4. 化学防治

（1）树干打孔注药防治：树干打孔注药时期为卵囊的高峰期，每年2次，第一次在5月下旬至6月上旬，第二次在8月下旬至9月上旬，用树干打孔注药机进行树干打孔，在树干基部每隔7厘米打一孔，注氧化乐果原液进行防治。

（2）喷雾防治：对于新发现的小面积固定若虫期的日本松干蚧疫情，可用500倍液80%敌敌畏乳油喷施树干和树冠进行防治；对大面积疫情，可在初孵若虫高峰期树干树冠喷施500倍液80%液敌敌畏、800倍液40%毒丝本、800倍液50%甲基对硫磷进行防治。

（3）林间喷（防）烟防治：在初孵幼若虫高峰期至盛末期，选择闷热或无风的傍晚，用辛硫磷、氧苯灵、毒丝本、蚧霸和林虫清油剂进行喷（防）烟，使烟雾在林间弥漫，笼罩林分，具有显著杀虫效果，该法适用于远离人居、林龄较大、郁闭度较高的疫林防治。

五、疫情应急处置任务

（一）疫情调查监测

各疫情防控区林业主管部门要在每年5月中下旬和8月中下旬，组织林场、乡镇林业站森保员及护林员，按事先确定的调查监测责任区的踏查线路，适时对日本松干蚧寄主林分逐林班逐小班进行虫情线路踏查和标准地调查，详细掌握疫情分布、发生、危害情况，为疫情防控工作提供翔实依据，同时要将调查监测结果逐级上报备案。

（二）疫情预防任务

1. 对寄主林分进行全面的清林和营林抚育

全省凡是有寄主林分的区域，在2006年年底之前，必须对所有的寄主林分进行全面清理，伐除天然萌生寄主幼树、被压木、衰弱木，将寄主林分的郁闭度保持在0.6～0.7之间，使林分通风透光，促进林分下草下木的生长，丰富林中物种的多样性。从2007年开始，对寄主林分林间空地补植珍贵阔叶树种，使林分逐渐向混交林方向发展，不断提高林分的自控能力，为日本松干蚧疫情的防控奠定坚实的基础。

2. 疫情预防任务

该项任务主要在疫情未发生区，该区的所有木材检查站要全面履行检疫检查职责，严禁日本松干蚧寄主树木及其产品进入该区域；森防检疫机构要对本行政区域内的木材及林产品集散地定期进行严格检查，严格执法，一旦发现有寄主树木和产品流入，立即依法扣留，全面进行除害处理。

（三）疫情封锁、除治及综合治理任务

1. 封锁扑灭区

（1）在卵囊盛期，对高大疫林实施氧化乐果打孔注药，除治疫情；在初孵若虫盛期，对低矮寄主林分实施喷雾防治；对远离人居、树木高大、郁闭度大的寄主林分在初孵若虫高峰期实施喷（放）烟防治。

（2）建造疫情无寄主树木隔离带

在封锁扑灭区距重点保护区的边缘地带分别建造20千米宽日本松干蚧疫情自然传播无寄主树木隔离带，隔离带的建造于2006年冬季至2007年春季全面完成。

2. 综合治理区

以天敌生物防治为主，每年晚秋大量收集瓢虫进行人工保护越冬，提高越冬后的成活率，于第二年5月进行林间释放。对调查监测过程中发现的虫口密度高的寄主林分参照封锁扑灭区的化学防治措施进行处理。

六、治理资金核算

（一）调查监测费

全省96.57万亩的寄主松林，每年需要进行2次调查监测，按调查监测费0.3元/亩次计算，5年累计监测面积为844.30万亩，则总的调查监测费为253.30万元。年均为50.66万元。

（二）清林及抚育费

全省寄主林分面积共96.57万亩，其中保护区寄主松林面积为12.11万亩，此部分不需要清林，则全省实际发生的清林面积为84.46万亩，按清林抚育费用40.0元/亩计算，则清林抚育费用总计为3 378.40万元。

（三）隔离带建造及计划更新费用

隔离带建造和计划更新砍伐费用不涉及费用支出，通过疫材疫木的出售还有盈余。总采伐面积8.75万亩，采伐成本（含除害处理费）170.00元/立方米，则采伐成本累计为1 487.50万元，按每亩出材量3立方米计算，总出材量为26.25万立方米，按销售价260.00元/立方米材积计算，则盈利额为6 825.00万元。

(四)更新造林生态恢复费用

造林更新及管护费用200.00元/亩计算，更新造林8.75万亩，费用支出为1 750.00万元。

(五)综合治理区

1. 化学除治

化学除治累计面积以38.32万亩计算，其中工时费20.00元/亩，共766.40万元；树干打孔注药机600台，共计90.00万元；高射程喷雾机200台，共计32.00万元；喷烟机200台，共计44.00万元；化学药剂492.3吨，共计1 083.06万元。因此化学除治费用5年共为2 015.46万元，年均为403.09万元，平均每亩每次防治费用为10.52元。

2. 生物防治面积

生物防治面积5年累计为248.86万亩，按防治费用20.00元/亩计算，5年防治费用为4 977.20万元，每年的平均防治费用为995.44万元。

综合上述防控成本，5年累计需要支出7 036.86万元，每年防控经费支出平均为1 407.37万元，年均防控成本为14.57元/亩。

附图、附表(略)。

附录四：吉林省栗山天牛灾害应急处置总体实施方案

为加强栗山天牛灾害治理，全面保护我省现有天然柞树林木资源，根据省人民政府关于发布栗山天牛灾害预警信息和启动应急处置预案的会议精神以及应急处置工作的实际需要，特制定2006～2011年栗山天牛灾害应急处置实施方案。

一、灾害发生情况和治理区划

（一）灾害发生及危害情况

我省柞树林分面积共2 545.5万亩，柞树是我省森林资源中面积最大、蓄积最高的树种，主要分布在延边、吉林、通化、白山地区。2005年全省栗山天牛灾害专项调查结果显示，全省栗山天牛分布面积460万亩，占柞树林分分布面积的18.1%；发生面积197.98万亩，占柞树林分分布面积的7.8%，其中：轻度发生76.07万亩，中度发生55.78万亩，重度发生67.13万亩。灾害主要发生在通化、吉林、辽源地区以及四平地区的伊通县、白山地区的靖宇县及三岔子林业局、湾沟林业局、红石林业局。

（二）灾害应急处置区划

根据我省栗山天牛灾害发生情况和应急处置需要，对灾害发生区进行以下区划：

1. 重点扑灭区　指67.13万亩栗山天牛重度发生危害的灾害分布区域。
2. 综合治理区　指55.78万亩栗山天牛中度发生危害的灾害分布区域。
3. 监测防治区　指76.07万亩栗山天牛轻度发生的虫情分布区域。

二、灾害治理的指导思想、坚持的原则和采取的对策

（一）指导思想

以保护我省柞树林资源和生态环境为目标，坚持“防止扩散、重点扑灭、综合防控、生态恢复”的总体思路和“政府组织、行业指导、社会参与、联防联治”的应急处置对策，采取综合技术措施，集中人、财、物力，依靠现有最先科技成果，将当前高发的栗山天牛灾害控制在经济、生态允许水平之下，确保林分健康生长。

（二）坚持的原则

在栗山天牛灾害应急处置过程中，要全面坚持系统管理、计划抗灾、主动御灾、大面积种群控制、协调应用多种技术措施实施灾害综合治理，维护和促进森林生态平衡，实现经济、生态和社会效益相统一的原则。

(三)治理对策

将我省现有柞树林分作为保护对象，从清理虫害木、除害处理、铲除虫源、全面降低栗山天牛种群密度入手，对重度受害林分实施寄主树木皆伐，对中度受害林分实施虫害木择伐，对虫害木伐除后的林分利用伐根萌生更新和人工补植造林更新的办法进行生态恢复，在此基础上，协调利用生物天敌控制、黑光灯诱捕、人工捕杀等技术措施，对栗山天牛实施大面积种群控制，全面监测种群变化，通过6年治理，将栗山天牛灾害控制在经济和生态双重允许水平之下，实现可持续控灾。

三、灾害应急处置措施和目标

(一)重点扑灭区

1. 治理措施　对该区林分的近、成熟以上的寄主树木实施皆伐，伐除的立木蓄积为182.59万立方米；对造材后的132.31万立方米虫害木材积全部进行除害处理；对皆伐后的林分实施伐根萌生和补植造林更新。

2. 治理目标　寄主林木伐除率100%，伐除的虫害木除害处理率100%，虫害木伐除后3年之内100%恢复更新，通过2006年和2007年冬季2年连续伐除和除害，全部扑灭栗山天牛在该区域种群，使严重危害情况和灾害扩散趋势得到全面解除，采伐后的林地生态将得到逐步稳定恢复。

(二)综合治理区

1. 治理措施　对该区林分寄主树木的虫害木实施全面择伐，择伐比例约占寄主树木1/4，伐除的蓄积为37.93万立方米，对造材后的22.76万立方米虫害木全部进行除害处理；对择伐后的林分实施生物天敌控制、黑光灯诱捕、人工捕杀等技术措施及伐根萌生和补植造林进行生态恢复。

2. 治理目标　调查监测覆盖率100%以上，防治率100%，通过连续5年实施综合治理，栗山天牛种群下降到较低密度，解除中度发生危害面积，有虫株率控制到5%以下。

(三)监测防治区

1. 治理措施　对该区域的寄主林分在成虫羽化高峰期进行黑光灯诱捕、花绒寄甲和管氏肿腿蜂生物天敌防治等综合措施进行生物、物理防治。

2. 治理目标　调查监测覆盖率100%，防治率100%，通过连续5年实施综合治理，栗山天牛种群下降到较低密度，基本上消除栗山天牛的危害，有虫株率控制到2%以下。

四、应急处置技术措施

(一)虫害木采伐、除害和更新还林

1. 虫害木采伐

虫害木采伐是栗山天牛灾害治理的一项基础性措施，通过虫害木伐除，即可合理利用虫害木资源，又可通过虫害木的除害处理消灭大量虫源。根据栗山天牛灾害的发生情况，对重度发生林分寄主树木实施皆伐，对中度发生林分的虫害木实施择伐，虫害木的伐除工作从有利于防止下一个成虫高峰期扩散蔓延和有效利用伐根萌生角度出发，必须在2006年冬季和2007年冬季全面完成。

2. 虫害木的除害处理

(1)虫害木的熏蒸除害处理

将1.2毫米厚的农用薄膜用胶黏剂粘连起来，罩在虫害木的楞垛上，沿楞垛四周挖30厘米深沟槽，将薄膜四周放入沟槽内，将土回填踩实，然后用磷化铝熏蒸处理，在20～25℃时，用药量10～15克/立方米，密闭熏蒸5天，可100%杀死木材内的栗山天牛幼虫。

(2)物理除害措施

在栗山天牛羽化前，可对疫木进行削片或烧炭处理，也可达到除害处理目的。

3. 虫害木采伐后的更新还林

(1)伐根萌生更新

研究结果表明，冬季采伐的50年生以下的柞树伐根100%具有萌生能力，70年以上的伐根有33.3%失去萌生能力。采伐后的伐根在春季能够萌生出多个萌芽，并且萌芽生长旺盛，2年生时地径可达到1.08厘米，高生长可达86厘米，如果抚育管理得当，4～5年即可恢复林相。

(2)补植造林更新

对伐根萌生能力较差的林地，必须在采伐后的第二年进行补植更新造林，防止水土流失。可适地适树选择如红松、云杉等珍贵针叶树种进行林内补植，使林分朝着混交、异龄、多层方向发展，促进林分生态平衡。

(二)生物天敌防治

1. 花绒寄甲生物防治

花绒寄甲是我省本土习居的寄生性天敌种类，目前人工繁育技术已经成熟，一头雌成虫产卵量能够达到6 500粒/年，室内和林间试验结果表明，寄生率可达45%～85%，并且在栗山天牛幼虫期和蛹期均可林间释放，进行生物防治，在林中有持效防治作用。2007～2011年，可在虫害木伐除之后，利用花绒寄甲对林分进行生物防治。对每株虫害木上投放花绒寄甲卵粒20～30粒，生物防治效果显著。

2. 管氏肿腿蜂生物防治

管氏肿腿蜂对2龄栗山天牛幼虫和蛹具有30%～40%的寄生能力。在2008和2009年6月初的蛹期和2龄幼虫期进行林间放蜂防治，每株虫害木放蜂1管(50头)，具有一定的生物防治效果。

(三)物理防治

1. 黑光灯诱捕

利用栗山天牛成虫最为敏感的黑光灯，在2008年和2011年成虫羽化高峰年进行诱捕，从7月上旬开始设灯诱捕，将黑光灯设置在受害林分中的开阔地段，黑光灯的高度要超过周围林木，用直流蓄电池供电，每晚20:00至翌日2:00，气温在25℃以上的闷热夜晚，每天晚上可诱捕60亩林分，在成虫羽化期的20多天时间里，反复在240亩受害林分内循环诱捕，可起到十分明显的防治效果。在灯诱的同时，结合人工捕杀，效果十分显著，这是一项十分成熟且易于大面积推广的适用技术。

2. 人工捕杀

根据栗山天牛成虫白天活动有时间性和群集性特点，在成虫羽化高峰年的羽化盛期，组织人工进行捕捉是一项成功经验。捕捉时间：上午7：00～10：00，下午4：00～7：00，此时栗山天牛多分布在树干2米以下活动，有利于人工捕杀。要想捕捉彻底，须反复几次进行才能收到理想效果。

五、灾害应急处置任务

(一)虫情调查监测

栗山天牛发生危害区寄主林分面积1 285.78万亩，要求按林班进行踏查，对达到发生标准的林班，要求按小班进行标准地调查，统计受害程度。虫情调查监测工作由当地林业主管部门统一组织，在每年10～11月，以林场和乡镇林业工作站为基本调查单位，在以往寄主林分登记和调查资料基础上，逐林班、逐小班进行虫情线路踏查和标准地调查，填写《栗山天牛线路踏查记录表》和《栗山天牛灾害标准地调查表》，要求调查监测覆被率100%，详细掌握灾害发生区内柞木受害情况和栗山天牛种群发展趋势，为治理工作提供翔实依据。同时要将调查监测结果逐级上报备案。

(二)灾害治理任务

1. 虫害木采伐、除害处理及恢复更新

虫害木采伐蓄积220.52万立方米，皆伐面积67.13万亩，皆伐蓄积平均按2.72立方米/亩计算，则需要伐除182.59万立方米虫害木蓄积；中度发生林分按1/4柞树受害计算，55.78万亩需要伐除为37.93万立方米虫害木蓄积。因此，上述两项相加，需要伐除的虫害木蓄积总计为220.52万立方米。虫害木的伐除工作必须在上一级资源管理、监督部门和森防检疫机构的监管下实施。按虫害木出材率60%计算，则伐除的虫害木出材量为132.31万立方米，需要全部进行除害处理，全面杀死木材内的幼虫和蛹。

2. 生物防治

(1)2007～2011年，对虫害木清理后的林分和轻度发生林分总计124.85万亩，利用对花绒寄甲实施生物防治。

(2)2008年和2009年的5月末6月初，对124.85万亩寄主林分林间释放管氏肿腿蜂进行生物防治。

3. 黑光灯诱捕

在2007年全面做好黑光灯准备工作，于2008年和2011年分别集中在成虫羽化高峰年的20多天时间的羽化期内，定时、定人、定量、定任务进行黑光灯诱捕。

六、治理资金核算

(一)虫害木采伐除害及林分更新

1. 虫害木采伐和除害亏损

根据虫害木采伐实际支出情况，平均采伐成本为210元/立方米，除害处理费为10.0元/立方米，虫害木销售价平均为170元/立方米，采伐虫害木直接亏损额50.0元/立方米，因此采伐132.31万立方米材积虫害木的直接亏损为6 615.5万元。

2. 更新及抚育管护费用支出

补植造林按70株/亩计算(其余为伐根萌生)，补植造林费用直接支出为50.0元/亩，则67.13万亩的造林费为3 356.5万元；中度受害林分按更新造林的1/4计算，共折合13.95万亩，按造林费用为70.0元/亩计算，则13.95万亩的补植造林费为976.5万元；

造林后 3 年管护费按 10.0 元/亩年计算，则 81.08 万亩管护费支出为 2 432.4 万元。因此，造林更新及抚育管护费用累计为 6 765.4 万元。

（二）综合防治费用支出

1. 花绒寄甲防治费用支出

花绒寄甲天敌繁育方面，卵粒的生产成本为 180.00 元/万粒，防治上需要花绒寄甲卵粒 180 粒/亩，按 2007 年防治 76.07 万亩，2010 年和 2011 年各防治 124.85 万亩计算，3 年总防治面积为 325.77 万亩，需要花绒坚甲卵粒 5.86 亿卵粒，直接生产成本为 1 055.49 万元；按每人每天防治 30 亩、40 元工时费计算，防治 325.77 万亩需要支出 434.25 万元工时费。因此仅花绒寄甲防治项目的一次性支出就为 1 489.74 万元。

2. 管氏肿腿蜂防治费用支出

管氏肿腿蜂防治成本为 136.0 元/万头，下一个防治期需要在 2008 年和 2009 年 5 月末至 6 月初进行，按防治用蜂量 250 头/亩计算，防治 249.70 万亩需要 6.24 亿头，生产成本为 848.98 万元，工时支出需要 8.32 万个工时，工时费用为 332.85 万元。因此，仅管氏肿腿蜂防治一项支出就需 1 181.83 万元。

3. 黑光灯诱捕防治

按每盏灯防治 240 亩计算，124.85 万亩需要 5 200 盏，按每盏黑光灯 680 元/盏计算，仅黑光灯一项支出就为 353.60 万元，每盏灯需要 2 个人操作，防治期按 20 天、工时费为 50.0 元/人・天计算，需要 20 万个工日，则 2008 年、2011 年两年防治工时费合计支出为 2 000.00 万元。因此，仅黑光灯诱捕防治一项费用支出就需 2 353.60 万元。

综合上述治理项目综合成本，5 年累计需要支出 1.84 亿元，5 年治理成本为 92.93 元/亩，年均治理成本为 18.59 元/亩。

附图、附表（略）

附录五：吉林省日本松干蚧疫情防控技术规程

为了规范全省日本松干蚧疫情调查时间、调查方法和防控技术，特制定本规程。

1 疫情调查

1.1 建立寄主林分档案

疫情发生区和与疫情发生区毗邻的县级森防检疫机构以及林场(乡、镇)要分别对辖区内的赤松、油松、黑松寄主林分(树木)建立档案，注明寄主林分所在林场(乡、镇)的详细地点、林班、小班、林龄、林分组成、林分密度、郁闭度等情况，并绘制辖区内寄主林分分布示意图，标明疫情线路踏查路线，明确疫情调查监测责任人。

1.2 疫情线路踏查

对日本松干蚧寄主林分以自然块为单位，选择一条最长的对角线进行线路踏查；对种苗繁育基地、贮木场及加工场点、绿化树、木材市场等则沿道路对日本松干蚧寄主树木及其产品进行线路踏查。查看寄主树木针叶是否枯黄、芽梢枯萎、树皮增厚、硬化、卷曲、翘裂、枝条下垂、幼树树干弯曲等情况发生。在日本松干蚧虫态显露期(每年的5月和8月)，仔细检查寄主树木的树干、3~5年生枝条及林下萌生的寄主幼树上有无固定若虫，树干翘皮下、轮枝结处、球果鳞片内是否有白色蜡丝包被的蛹和卵囊，树体表面是否有爬行的雌成虫、雄成虫或初孵活动若虫。

1.3 疫情标准地调查

对踏查过程中发现疫情的林分要设标准地进行详细调查。选取样株和样枝(方)，检查虫口数，最后换算成10平方厘米树皮上的虫口密度。

1.3.1 种苗繁育基地样方设置与调查

样方的累计总面积不能少于调查总面积的5%，每块样方面积为1~5平方米，样方内的苗木调查株数不得少于100株。

1.3.2 林分标准地设置与调查

寄主林分面积100公顷以下至少设3块，100公顷以上至少设5块，标准地面积0.2公顷/块，采取“S”形线路方式抽取样树10~30株，每株按不同方位在2~4年生枝条上取样，样枝取样数量为10~20厘米。

1.3.3 绿化树样树的设置与调查

对寄主树木每隔60株抽取1株，不足60株的每隔10株抽取1株，在被抽取的样树树冠按不同方位在2~4年生枝条上取样，量取10~20厘米长样枝检查虫口、计算虫口密度。

1.3.4 贮木场及加工场点的样方设置与调查

带皮木材采取楞垛表面或分层方式抽样调查，每批次（堆、垛）抽取不得低于 3～6 根样木，每根样木选设 10 厘米×10 厘米样方 2～4 个。

1.4 疫情发生分级标准

疫情发生分级标准见表 1。

表 1　日本松干蚧发生分级标准　　单位：头/10 平方厘米

发生程度	低虫口	轻度发生	中度发生	重度发生
统计指标	0.5 以下	0.5～2.0	2.1～7.0	7.1 以上

1.5 疫情调查的组织实施

1.5.1 疫情调查组织

由县级森防检疫机构组织林场（乡镇）森保员进行调查技术培训，使其充分掌握识别、调查日本松干蚧的基本技术技能。调查期间县级森防检疫机构要在辖区内巡回指导，督导调查工作按时开展。

1.5.2 疫情调查实施

疫情调查由林场（乡镇）森保员组织本单位得力人员实施。首次调查时，要将人员集中在一起，统一调查技术标准和方法，达到熟练掌握后，再分组进行。

1.5.3 调查时间

每年 2 次，第一次为 5 月中下旬，第二次为 8 月中下旬，每次调查期均为 20 天。

1.6 调查结果汇总与上报

调查结束后，林场（乡镇）森保员必须在 6 月 5 日和 9 月 5 日之前将调查结果汇总出来，6 月 8 日和 9 月 8 日必须将汇总结果报至县级森防检疫机构。

2 疫情预防

2.1 疫情保护区（以下简称保护区）的预防

2.1.1 强化宣传

疫情保护区的各级人民政府要把疫情预防工作纳入重要日程，加强对疫情危害的严重性、保护的重要性以及预防工作的紧迫性宣传工作力度，提高干部和群众对疫情预防工作的积极性；同时，制定相应的地方性法规和办法，堵塞预防工作漏洞；协调有关部门齐抓共管，把疫情预防工作各项政策、措施落实到位，责任到人。

2.1.2 建造疫情预防隔离带

根据保护区保护需要，经专家论证后，可根据疫情自然传播规律，在保护区面向疫情自然传播方向的边缘地带建造一条 20 千米宽无寄主树木疫情隔离带，防止疫情自然传播进入保护区。

2.1.3 建立疫情检疫检查站

在疫情发生区通往保护区的交通干道上设置疫情检疫检查站，，并充分发挥现有木材检查站的检疫检查只能，阻止疫情发生区的寄主树木及其产品进入保护区，防止疫情人为传入保护区。

2.1.4 保护区内开展经常性的检疫检查

保护区内的森防检疫机构要定期对保护区内违规调入的寄主树木及其产品进行拉网式检疫检查，发现违规调入的寄主树木及其产品要就地销毁，同时依法对违规责任人进行教育和惩处。

2.1.5 定期开展疫情监测和调查

在每年疫情显露期，林业、园林、交通、水利等部门要组织有关人员对保护区内的寄主树木进行疫情监测、调查和疫情动态分析，确定重点监测调查部位，一旦发现疫情传入，立即封锁扑灭疫情。

2.2 疫情未发生区的疫情预防

2.2.1 检查站检查把关

当地森防检疫机构可派员进入本辖区内的木材检查站，与木材检查站联合办公，凡是从疫情发生区调出的寄主树木及其产品，坚决禁止进入未发生区，严把人为调运检疫关口。

2.2.2 定期开展疫情调查

在日本松干蚧疫情显露期，县级森防检疫机构要组织靠近疫情发生区的林场(乡镇)森保员对与发生区疫林接近的寄主林分进行疫情调查，并与相邻的发生区的林场(乡镇)的森保员经常沟通了解情况，随时掌握发生区疫情动态，一旦发现疫情侵入，迅速采取化学除治措施扑灭疫情。

2.2.3 有计划的砍伐更新寄主林分

对靠近发生区的寄主林分，可根据其成材情况优先安排进行采伐更新，尽可能加大寄主林分距疫林之间的距离，减少自然传播疫情的几率，防止疫情自然侵入。

3 疫情防控技术

3.1 营林措施

3.1.1 清林

将寄主林分中林下天然落种萌生的寄主幼树全部清除。

3.1.1.1 清林时间

清林工作要在10月中下旬进行，此时日本松干蚧的虫态为1龄固定寄生若虫，距自然传播期时间最长，此时清林可确保被清寄主上越冬代固定寄生若虫死亡，避免来年传播疫情。

3.1.1.2 方式方法

将寄主林分中萌生的寄主幼树全部伐除，集中运出林外(间)空地，经整冬风吹日晒，待来年春季自然干枯，其上固定寄生若虫自然死亡，可有效减少寄主林分中日本松干蚧虫口数量。特殊情况下，随时可进行清林，将清除后的寄主树木集中销毁，也可达到避免疫情传播的目的。对营林措施清理和伐除的疫材疫木必须加强管理，可进行粉碎利用或溴甲烷(40克/立方米)帐幕熏蒸(48小时)除害处理后定点加工利用，不得外运；对剩余物要集中进行销毁。

3.1.2 抚育间伐

对郁闭度过大的寄主林分进行适当间伐，使林分保持合理的密度，通风透光，以不断增加林分生物多样性。

3.1.2.1 抚育间伐时间

应在日本松干蚧隐蔽期进行。

3.1.2.2 方式方法

首先伐除林内被压木、衰弱木等生长不良的寄主树木(注意保留林中其他阔叶树种)，使林分郁闭度保持在0.6~0.7。如果伐除被压木、衰弱木后郁闭度仍高于0.7，则可进一步间伐成材树木。

3.2 封山育林

利用林业法律法规约束，做好当地群众工作，不让人畜随意进入疫林，防止传播疫情和破坏林分生态环境。

3.3 生物防治

3.3.1 适用于生物防治的林分

林分生长势相对健壮，林内下草下木较多，虫口密度处于中度发生以下的林分。

3.3.2 瓢虫类天敌的人工收集、保存和释放

3.3.2.1 人工收集和保存

我省分布的瓢虫种类主要有异色瓢虫、多异瓢虫、红点唇瓢虫、黑缘红瓢虫、七星瓢虫、蒙古光瓢虫。10 月中下旬以后，瓢虫迁飞到林间南向或温暖向阳的石缝里，种群十分集中，可人工收集，采回的瓢虫要放在干燥的冷库、地窖、地下室中储藏，温度保持在±7℃之间，在早春复苏后，可喂 10% 的稀蔗糖水维持生命，为了促使其健壮和产卵，可喂以柞蚕蛹加蔗糖(5∶1 配比)的人工饲料。

3.3.2.2 林间释放

在 5 月初日本松干蚧固定若虫显露期，或各虫态均有时(5 月中下旬)，分一次或两次释放，成虫按 1 000 ~ 3 000 头/亩，小面积可采用单株释放法，大面积可采用中心点释放法(每亩 3 ~ 5 个点)，释放时要在气温低、湿度大、无风无雨的早晨和傍晚进行。

3.3.3 日本弓背蚁的人工助迁

每年 5 月可在非寄主林分中挖取蚁穴，用塑料薄膜包好，拿到寄主林分中，挖与蚁穴大小相应的坑，将塑料薄膜打开取出蚁穴放入坑中，周围培好枯枝落叶即可，每亩疫林迁入 4 ~ 5 个蚁穴。

3.4 化学防治

3.4.1 树干打孔注药防治

3.4.1.1 打孔注药防治适用的林分

可用于城市绿化、行道树、风景名胜绿化树、具有重要保护价值的古树以及林龄较大、面积较小的寄主林木的疫情除治。如果防治人员充足，也可进行大面积防治。

3.4.1.2 树干打孔注药时期(间)

树干打孔注药时期为初孵活动若虫孵化盛期，每年 2 次，第一次时间为 6 月上旬，第二次时间为 9 月上旬。

3.4.1.3 树干打孔注药使用的药剂

防治效果最好的药剂为 40% 氧化乐果乳油，其次为 50% 甲胺磷乳油。

3.4.1.4 打孔注药方式方法

利用自制打孔锤、尖头斧、充电式手提电钻或树干打孔注药机，在树干基部每隔 5 ~ 7 厘米打一个 2 ~ 3 厘米深，与树干成 45°角的孔，孔的直径为 1 厘米，然后用盛装氧化乐果原液的注药器，将药液注入孔中，注满为止，防治效果可达 100% 。如用 50% 甲胺磷乳油原液，防治效果可达 96% 以上。

3.4.1.5 安全事项

防治作业人员要戴防毒面具和胶皮手套，避免药物与皮肤接触，注意劳动保护。

3.4.2 喷雾防治

3.4.2.1 固定寄生若虫期防治

可用500倍液80%敌敌畏乳油在2龄寄生固定若虫期进行防治，用于新发现的疫情除治，防效可达100%。若用500倍液烟参碱防治，效果可达89.6%。

3.4.2.2 初孵若虫孵化高峰期防治

可用500倍液80%敌敌畏乳油，800倍液40%毒丝本乳油、50%甲基对硫磷乳油进行树干、树冠喷雾防治。适用于林龄较小、虫口密度较大的林分(林木)防治，防效可达90%以上，如果间隔7~10天再喷1次，可达到对疫情的除治。

3.4.3 喷(放)烟防治

3.4.3.1 防治时期(间)

初孵若虫孵化高峰期至末期。时间大体为6月10日前后和9月10前后。

3.4.3.2 防治方式方法

选择天气闷热和无风的傍晚或清晨，利用6HYB-25W背负式喷烟机和配制的辛硫磷、氧苯灵、毒丝本、蚧霸和林虫清烟雾剂等，进行林内喷(放)烟，烟雾在林中弥漫笼罩整个林分停留10分钟即可，防效可达90%以上。适用于林龄大、郁闭度高的林分防治。

4 疫情治理程序

4.1 防治设计与防治时间

根据每年6月10日和9月10日的疫情调查汇总结果，县级森防检疫机构对各林场(乡、镇)的疫林按不同林分状况、不同林分受害程度进行防治设计。对6月8日汇总的调查结果，防治设计必须在7月末批复至林场(乡、镇)，林场(乡、镇)必须在8月上中旬按防治设计的要求组织好药剂、药械及防治作业人员，9月上旬按设计全面开展防治施工作业；对9月8日汇总的调查结果，防治作业设计必须在来年4月末之前批复至林场(乡、镇)，林场(乡、镇)必须在5月上中旬按防治设计的要求组织好药剂、药械及防治作业人员，6月上旬按设计全面开展防治施工作业。防治作业由林场、林业站具体组织实施，县级森防检疫机构监督、检查、管理、指导。

4.2 防治作业质量监督

林场(乡、镇)的森保员既是本单位防治作业技术指导员，也是本单位防治作业质量监督员。防治时必须按照防治设计任务书注明的具体防治措施、防治方法及用药浓度、用药剂量准确进行，森保员在防治过程中必须亲临防治现场进行监督和指导，对不符合防治设计要求的作业必须按要求返工。

4.3 防治效果调查与验收

4.3.1 防治效果调查时间

6月上旬防治的林分其防治效果调查时间为8月中旬，9月上旬防治的林分其调查时间为翌年的5月中旬。

4.3.2 防治作业质量验收

按每种防治技术方法防治面积(株数)的5%进行抽样，然后设标准地进行虫口密度调查，计算虫口减退率和防治效果。防治效果调查时必须按照《防治作业质量验收书》规定的项目逐项填写齐全，并及时评价不同防治技术措施的防治效果，去粗取精、去伪存真，不断总结、完善防治技术方法，以保证取得最佳的防治效果。

附录六：吉林省栗山天牛灾害综合治理技术规程

栗山天牛是一种主要危害中龄以上柞树的蛀干害虫。为了规范栗山天牛灾害综合治理技术，特制定本规程。

1 栗山天牛生物学特性

栗山天牛三年完成 1 个世代，世代较为整齐，上一个成虫羽化高峰年为 2005 年，2008 年将是下一代成虫羽化高峰年。其他年份也有成虫羽化但数量相对较少。

1.1 成虫期

栗山天牛成虫羽化期为 7 月 10 日至 8 月 4 日，高峰期是 7 月中下旬。成虫羽化后在蛹室静伏 4～5 天，待体翅变硬后，用上颚咬一个扁长，椭圆形的羽化孔钻出，在树干上爬行，多选择 35 年生以上的柞树，在树干 2 米以下的部位咬破树皮吸食树汁补充营养。由于咬破的伤口有树液流出，常招引大量成虫前来取食，因此成虫具有较强的群集状态，有时在一株树上可发现聚集的成虫高达上百头。成虫还有较强的趋光性，晚间 21：00 至翌日凌晨 01：00 灯诱数量最多。成虫一次可飞翔的高度为 15～30 米，水平距离 30～80 米，成虫从羽化孔钻出后 2～3 天即可开始重叠式交尾，有多次交尾的习性，每次交尾 1.5～3.0分钟，交尾 2～3 天后开始产卵。产卵时成虫头部朝上，产卵器不断地在树皮上探触，遇到皮缝较深处便开始产卵，卵一般情况下单产，少数 2～4 粒堆产，产卵量平均为 20 枚/头，卵多产在树干 6 米以下，南和东南方向卵粒居多。成虫寿命平均 16 天。

1.2 卵期

卵期为 7 月 17 日至 8 月 4 日，盛期为 7 月下旬，卵期 10～15 天。

1.3 幼虫期

初孵幼虫期为 8 月 1 日至 8 月 28 日，盛期为 8 月 10 日至 8 月 20 日。卵孵化时，初孵幼虫将卵壳食掉 1/2，初孵幼虫在孵化处取食木栓层，并咬直径 1.5 毫米的圆形侵入孔，在侵入孔处堆积白色稀小球形木屑和粪便（如果初孵幼虫孵化时其旁边有羽化孔也能从羽化孔直接侵入树干内部）。翌年 5 月末、6 月初蛀入木质部取食。随着幼虫虫龄的增加，蛀道逐渐加长、加宽，蛀道壁光滑，多个幼虫蛀道交错钻蛀，使树干横切面呈不规则筛眼状，在侵入孔周围堆满白色锯末状粪便。当幼虫危害第三年（暴食期），进入被害严重林分内，可见被害树下成堆的褐色虫粪和木屑。整个幼虫期长达 1 000 余天，幼虫共 6 龄，第一年 1～2 龄，第二年 2～4 龄，第三年 4～5 龄，第四年 6 龄为老熟幼虫。其中：1 龄幼虫体长 4～6 毫米；2 龄幼虫体长 8～12 毫米；3 龄幼虫体长 16～26 毫米；4 龄幼虫体长 20～

40 毫米；5 龄幼虫体长 45～55 毫米；6 龄幼虫体长 60～70 毫米。

1.4 蛹期

栗山天牛化蛹期为 5 月 27 日至 6 月 17 日，化蛹高峰期为 6 月上旬。老熟幼虫化蛹前用木屑在蛀道一端构筑蛹室，在其中化蛹，蛹期 25 天左右。

2 栗山天牛发生与环境因子的关系

栗山天牛发生与林龄、胸径、树干部位、林分组成等密切相关，基本关系如下：

2.1 与林分组成的关系

柞树所占比例大(7 成以上)的林分发生危害重，反之则轻。

2.2 与林龄、胸径的关系

林龄、胸径越大受害越重，反之则轻。

2.3 与树干部位的关系

主要分布在树干 4 米以下，蛀道占 80%，这种情况与成虫产卵时选择木栓层厚、表皮粗糙、裂缝较深的习性有直接关系。也可能与树木的挥发、招引物质有关。

2.4 与立地条件的关系

南坡重于北坡(喜温、喜光特性)，山上重于山下，土壤贫瘠、干旱，树势生长弱的受害重。

3 栗山天牛综合防治技术措施

3.1 调查监测技术方法

3.1.1 分布、发生及危害界定

3.1.1.1 分布面积：将有虫株率大于 0.0% 的林分视为栗山天牛分布面积。分布面积以林班为单位进行统计。

3.1.1.2 发生面积：将有虫株率大于或等于 5.0% 的林分视为发生面积。发生面积以小班为单位进行统计。

3.1.1.3 低虫低感面积：分布面积－发生面积＝低虫低感面积。

3.1.1.4 发生面积分级标准

发生危害程度	轻度发生	中度发生	重度发生
有虫株率	5.0%～9.9%	10.0%～19.9%	20.0%以上

3.1.1.5 成灾面积界定标准：有虫株率大于 10.0% 的林分视为成灾面积。成灾面积以小班为单位进行统计。

3.1.2 调查技术方法

3.1.2.1 准备工作：调查工作以林场和林业站为基本单位进行，由森保员负责组织进行。首先根据森林资源档案和林相图结合应施调查林分的分布情况，根据林分组成相似、林龄相近的原则，划定踏查块，踏查块的面积不超过 100 公顷/块，对踏查块进行统一编号，登记每个踏查块所包括的林班和小班，填写《栗山天牛专项调查踏查林分登记表》，以备踏查时使用。

3.1.2.2 踏查：每年 10～11 月，采用样株调查法，在踏查块内等距选取 100 株柞树样树，逐株调查样树上有无栗山天牛羽化孔、树干基部有无蛀屑或树干上有无虫粪和蛀屑，将结果填入《栗山天牛线路踏查记录表》。

3.1.2.3 标准地调查：将踏查记载有虫株率在5%以上（含5%）的林分，确定为应施标准地调查的林分。标准地调查以小班为单位进行，标准地面积0.2公顷，调查株数30株，每小班设1块标准地，填写《栗山天牛标准地调查记录表》。

3.1.2.4 内业整理：以林场或林业工作站为单位对外业调查资料进行整理，统计出栗山天牛分布面积、低虫低感面积、发生面积、危害程度和成灾面积，然后汇总上报。

3.2 防治技术措施

3.2.1 营林措施

3.2.1.1 营林抚育

对生长过密、栗山天牛零星发生的林分，要伐除虫害木、被压木，伐除强度应控制在15%～20%，达到减少有虫株率、控制害虫种群密度、改善林分质量、提高抗虫能力的目的。

3.2.1.2 卫生伐

对栗山天牛危害较轻，有虫株率较少(20%以下)，团块状受害较重的中、成、过熟林的虫害木，应实行卫生伐，清除虫源，避免扩散蔓延，卫生伐后封山育林，控制率可达50%～90%。

3.2.1.3 皆伐改造

对重度受害(有虫株率20%以上)的成、过熟林中的虫害木应皆伐改造。更新非寄主树种造林(林龄50年以上)或伐根萌芽更新(林龄30～50年)。这种方法是消灭虫源、控制扩散、合理利用虫害木资源的一种必要措施，控制率可达95%以上。

3.2.1.4 封山育林

对抚育伐、卫生伐、皆伐改造的林分，在采伐后必须封山育林，禁止人、畜随意进入。

3.2.2 虫害木除害处理

对伐除的虫害木在造材后必须进行除害处理。除害处理的方法为：将1.2毫米厚的农用薄膜，用胶黏剂粘连起来，罩在虫害木的楞垛上，沿楞垛四周挖30厘米深沟槽，将薄膜四周放入沟槽内，将土回填踩实，然后用磷化铝熏蒸处理，在20～25℃时，用药量10～15克/立方米，密闭熏蒸5天，可100%杀死木材内栗山天牛幼虫。

3.2.3 虫害木采伐后的更新

3.2.3.1 利用伐根萌生更新还林

在冬天寒冷季节采伐的50年生以下的柞树100%具有伐根萌生能力，并且萌发幼树生长旺盛。从51年生开始，个别伐根失去萌发能力；71年生以后，有33.3%的伐根失去萌发能力。采伐后的春季，能在伐根上能萌生多个萌芽，并且生长旺盛，此时如果加强抚育管理，在每个伐根上保留2～3个萌芽，由于伐根庞大的根系吸收水分和养分供萌芽生长，因此，萌芽生长较快。2年生时地径可达1.08厘米，高生长可达86厘米。如果人为管理得当，4～5年即可恢复林相。通过虫害木采伐、伐根萌生的治理技术措施，即可消灭部分虫源，又可省去大量的人工造林更新费用，同时还可以合理利用虫害木资源，可谓一举多得。

3.2.3.2 采伐后人工造林更新

50年生以上的柞树伐根萌生能力较差，虫害木伐除后，需要人工补植更新造林。可适地适树选如择红松、云杉等珍贵乡土树种进行林内补植，使林分朝着针阔混交林方向发展，以形成对栗山天牛具有一定抗性的林分。由于有避荫环境，补植造林的针叶树苗木成活率高，生长状况好。待若干年后补植的针叶幼树需要大量光照时，保留的阔叶树已接近成熟，可以采伐利用。这样，针、阔两代林同时生长，可大大缩短林分培育周期。

3.2.4 人工防治措施

根据成虫活动有时间性和群聚性的特点，在成虫集中出现年份的羽化盛期(7 月下旬)，组织人工进行捕捉是一项成功经验。捕捉时间为上午7：00～10：00，下午16：00～19：00，此时栗山天牛多分布在树干 2 米以下活动。要想捕捉彻底，需反复几次进行捕捉，才能收到最佳效果。

3.2.5 灯诱成虫

3.2.5.1 黑光灯、高压汞灯、白炽灯均有诱集效果。大功率的高于小功率的。但最近的研究试验证实，一种特定波长的紫外荧光灯对栗山天牛的诱集效果最好，诱捕半径 100 米左右，诱捕高峰期每盏灯 1 个晚上可诱集到 500 余头成虫。在灯诱成虫的同时，配合人工捕杀，效果十分理想，是一项十分成熟并且易于大面积推广使用的有效技术。

3.2.5.2 因林区电源网络稀少，因此诱虫灯以直流蓄电池供电最为方便，不受交流电源的限制。为了将诱来的成虫杀死，在灯下挖坑，坑内铺一与坑面齐平的塑料薄膜，坑内放水，并加入触杀剂(如溴氰菊酯)，以淹杀诱集来的天牛成虫。诱虫灯要设置在受害较重林分中的开阔地段，灯的高度要超过周围林木，并设白色幕布，以增强诱虫效果。

3.2.5.3 设灯时间

在成虫羽化期 7 月初至 8 月中旬，每晚 20：00 至翌日 2：00。

3.2.6 生物防治

3.2.6.1 自然天敌

自然情况下的栗山天牛天敌主要有以下几种：

(1)花绒寄甲　花绒寄甲属于本土习居天敌种类，一年完成 2～3 代，以成虫越冬，5 月上旬成虫在栗山天牛排粪孔周围的树皮裂缝处产卵，2～3 天卵即孵化，一龄幼虫寻找栗山天牛幼虫和蛹寄生。一龄幼虫具有发达的胸足，钻入天牛坑道中搜寻寄主，当发现寄主后，附着于天牛幼虫腹面的节间膜内，从上颚中分泌毒液注入天牛体内使其麻醉，使天牛幼虫不食不动，花绒寄甲幼虫寄生后，即脱去胸足，变成蛆状幼虫，以口钩钩咬取食天牛体液和体内器官等营养物质，7～9 天即可将天牛幼虫取食殆尽，成为老熟幼虫，然后吐丝结茧化蛹，蛹期 24 天左右。花绒寄甲对栗山天牛蛹和幼虫的寄生率相当高，目前可进行人工大批量繁殖和在林内释放来防治栗山天牛。

(2)栗山天牛跳小蜂　栗山天牛跳小蜂也是本地天敌种类，寄生在栗山天牛幼虫体内，对栗山天牛幼虫有一定的控制能力，在栗山天牛老熟幼虫期杀死寄主，一头 5 龄栗山天牛幼虫可繁育出 1 000 余头跳小蜂，而且雌雄性比大(大约 10∶1)因此，有较大的生物防治利用价值。

(3)啄木鸟　只能捕食 3 龄以前幼虫，幼虫一旦蛀入树干深处，因柞树材质坚硬，啄木鸟也无能为力了。林间调查发现虫害木树干上有被啄木鸟叨食的痕迹。

(4)野鸡　能够捕食成虫，调查时曾在野鸡的胃里发现过未消化的栗山天牛虫体。

(5)花鼠(俗称五道眉)和松鼠　花鼠和松鼠是林间习居的啮齿类小动物，食性杂，喜食树木种子，并兼食昆虫、蚂蚁等动物性食物，林间发现花鼠和松鼠有捕食栗山天牛成虫的习性，最多每天可捕食30余头。

（6）真菌和细菌　林间伐虫害木时发现，蛀道内栗山天牛幼虫和蛹有受真菌和细菌侵染的现象，真菌属于白僵菌类，细菌种类不详，但开发利用价值不大。

3.2.6.2 人工繁育可批量生产的天敌种类

（1）管氏肿腿蜂　管氏肿腿蜂是天牛类幼虫和蛹的广谱性寄生蜂，我省通化市林业局和集安市林业局早在1997年就对管氏肿腿蜂防治栗山天牛幼虫进行了立项研究，结果表明，管氏肿腿蜂对2～3龄栗山天牛幼虫和蛹具有较强的寄生能力，最高寄生率为56.7%，平均寄生率达40%左右，是栗山天牛生物防治的一项主要手段。林间放蜂时间掌握在2龄幼虫期和蛹期，具体时间应在5月末、6月初，此时温度较高，管氏肿腿蜂活跃，搜寻寄主能力强，具有较好生物防治效果。一般轻度发生的林分平均每5株挂一管；中度发生的每3株管一管；重度发生的每1株挂一管。每管肿腿蜂40～50头。林间放蜂时尽可能选择在虫害木上挂蜂管。

（2）花绒寄甲　目前，花绒寄甲人工大批量繁育已获成功。利用花绒寄甲寄生栗山天牛，可在栗山天牛2龄以后林间释放，此时栗山天牛虫道宽阔，有利于花绒寄甲搜寻寄主，提高寄生率。释放时，可将交尾后、产卵前的花绒寄甲放在虫害木下，每株虫害木下释放花绒寄甲10头，让其主动搜寻寄主寄生，或在虫害木上挂花绒寄甲卵卡，50～80粒卵/株，幼虫从卵中孵出后，即可爬行进入栗山天牛坑道中寄生其幼虫，并可在自然状态下大量繁殖，自行扩大种群数量，达到长期控制的防治效果。

3.2.7 无公害化学防治

3.2.7.1 不育剂的飞机喷施防治

利用不育剂在栗山天牛成虫高峰年的成虫羽化期进行树冠喷施，栗山天牛成虫在补充营养时将药剂吃入体内，可阻止其卵巢继续发育，具有十分显著的绝育效果。由于柞树林分分布偏远，加上山高、路陡，地面施药作业困难极大，因此，只能考虑飞机喷施药剂作业。2008年和2011年两个成虫羽化高峰年的7月上中旬进行飞防是最佳防治期，防治效果可达到80%以上。

3.2.7.2 打孔注药防治蛀道幼虫

在2～3龄幼虫期，5月进行树干打孔注药，沿树围7～10厘米打一个孔，孔深2.0厘米，注氧化乐果原液，距注药孔3米之内的小幼虫均可杀死。

附录七：2008 年度人工捕杀栗山天牛成虫“突击行动”实施方案

在栗山天牛成虫羽化期，采取灯诱栗山天牛怀卵成虫进行人工捕杀是防治栗山天牛的一项有效技术措施。2008 年是栗山天牛 3 年一遇的成虫羽化高峰年，根据《吉林省栗山天牛灾害应急处置总体实施方案》的部署，在 2008 年 7 ~ 8 月对栗山天牛害虫实施大面积人工捕杀，全面降低受害林分中害虫种群数量，努力减少灾害损失。各地要按照“大力宣传、全面发动、严密组织、不误时机、全力捕杀、不留死角、备足资金、有偿收购、严肃纪律、责任到人、评估效果、奖惩分明”的原则，周密部署好这次“突击行动”。为确保人工捕杀栗山天牛怀卵成虫“突击行动”全面有序开展，特制定本方案。

一、栗山天牛人工捕杀时间

栗山天牛害虫 3 年完成 1 个世代发育，各世代及发育历期相对整齐，成虫羽化期较为集中，有明显的羽化高峰年，高峰年羽化的栗山天牛个体数量约占整个种群数量的 90% 左右，并且成虫具有明显的趋光性，因此，成虫期是栗山天牛生活史中最薄弱的环节，也是栗山天牛防治的最佳时期。2008 年 7 月上旬至 8 月上旬的 1 个月时间为栗山天牛羽化期，每头雌成虫在羽化后平均产卵量大约为 20 粒左右，消灭 1 头尚未产卵的雌成虫，就等于消灭 20 头栗山天牛后代。因此，羽化高峰期人工突击捕杀栗山天牛怀卵成虫，对控制栗山天牛灾害具有显著的作用。

二、诱集栗山天牛的灯具

试验研究结果证实，栗山天牛在夜间对多种灯具发射的光线都有趋性。用于诱集栗山天牛的灯具主要有特定波段的紫外荧光灯和普通黑光灯。此外，高压汞灯、白炽灯、日光灯等灯光对栗山天牛也具有一定的诱集作用。在同等功率的光源条件下，对短波段光线的趋性明显大于长波段光线；在同一种波段光源条件下，对大功率光源的趋性明显大于小功率光源。在现有的可用于栗山天牛诱捕的灯具中，以紫外荧光灯对栗山天牛的诱集作用最强，诱捕的距离和面积最大；其次是普通黑光灯；再次是高压汞灯、白炽灯、日光灯。

紫外荧光灯是中国林业科学研究院研究的一项新成果，该灯光波属于紫外光波段，对栗山天牛成虫的诱集作用强烈，诱集半径能够达到 75 米。我省利用该项成果已委托专业厂家定点配套生产，并根据林区电源不便的现状，订制了包括直流蓄电池供电式和交流电供电式的标准型紫外荧光灯以及诱集半径 30 米的便携型直流电供电式紫外荧光灯；普通黑光灯在国内有多家生产厂商销售，也具备上述 2 种供电类型。

三、栗山天牛灯诱准备工作

(一)要落实防治任务。由于栗山天牛灾害发生面积大，分布面广，大部分受害林分远离村屯，给灯诱人工捕杀栗山天牛工作带来许多不便。因此，各县(市、区)林业主管部门一定要根据本地栗山天牛发生的实际情况，以乡镇、林场为单位，召开村组长、林场营林区负责人会议，在 5 月，落实诱捕人员和面积，做好诱捕人员责任区的统计和登记工作。在 6 月，逐林班、逐小班落实诱捕面积、用工及用灯数量(每盏灯需要 1 ~ 2 人配合进行捕捉)，避免诱捕期间人员集中、交叉，防止偏远受害林分遗漏现象的发生，确保栗山天牛人工捕杀工作全面、有序开展并取得防治实效。各地参考上述各种类型诱虫灯具及控制面积，制定细致、完善的栗山天牛成虫灯诱人工捕杀实施方案，于 2008 年 2 月 15 日之前上报省林业厅审定。

(二)要对人工捕杀栗山天牛“突击行动”进行广泛宣传。栗山天牛成虫人工捕杀“突击行动”只在 2008 年 7 月上旬至 8 月上旬的 1 个月时间之内，时间集中，作业林分面积大，任务重。因此，各地要采取行之有效的宣传措施，利用 3 月至 7 月上旬正式实施人工捕杀前这段时间，全面、深入地做好人工捕杀栗山天牛成虫的宣传和发动工作。通过电视、广播、报刊、公告、传单、标语等多种载体，以多种形式、多种渠道大力宣传栗山天牛灾害防治对保护森林资源、维护生态环境、促进当地群众增收等方面的重要性和迫切性，宣传发动工作务必做到家喻户晓，形成使林业职工和当地群众争先恐后报名参加人工捕杀栗山天牛的工作氛围，切实把人工捕杀栗山天牛工作落到实处。

四、做好人工捕杀栗山天牛培训和演练工作

各级林业主管部门要在 2008 年 6 月统一组织人工捕杀栗山天牛的培训和演练工作，把 2008 年 6 月作为培训和演练月，以《栗山天牛成虫人工捕杀防治技术方案》(见附录八)为指导，利用电视、多媒体、光盘等影像资料，强化培训，务必使林业职工和当地群众准确、熟练掌握栗山天牛诱虫灯具的使用、设置、设灯的时间以及栗山天牛的捕捉、销毁等方面的知识和技能，确保人工捕杀栗山天牛工作达到预期效果。

五、全面开展栗山天牛成虫人工捕杀救灾行动

各地要按照这次人工捕杀栗山天牛“突击行动”原则，统一进行组织，有计划、有目的地安排，周密部署栗山天牛人工捕杀工作。各中心测报点要在 6 月中旬开始全面做好栗山天牛羽化期发育进度预测，在辖区内至少设置 3 个观测点，每隔 3 ~ 5 天上报一次栗山天牛发育进度信息，在邻近成虫羽化始见期要每天上报一次栗山天牛羽化进度信息，全面做好成虫羽化发生期预测预报工作，为成虫人工捕杀工作提供充分依据。

当地林业主管部门均要根据本经营管理区栗山天牛灾害发生面积和危害程度，购置一定数量的栗山天牛专用诱虫灯具，一部分用于专业队对轻度发生和偏远林分的栗山天牛诱捕；一部分发放给当地群众有偿使用，诱虫结束后，当地林业主管部门再予以回收。因为当地群众受到经济利益驱使，必定要到发生严重、害虫多的林分中诱捕，这样，轻度发生和地处偏远的林分可能就要被遗漏，而这部分轻度发生的林分正是我们控制栗山天牛灾害

的重点，必须由林业部门自身组织的专业队伍进行防治。对购置的栗山天牛专用灯具，要建立严密的调配、领取、使用、保管等出入库制度，作为固定资产严防损坏和遗失。请务必在栗山天牛羽化期之前一个月(即6月5日之前)，将栗山天牛专用灯具就地就近发放到诱虫专业队和当地群众手中，教会使用方法，确定其诱捕林分、诱捕面积及诱捕时间，签订栗山天牛灯诱人工捕杀工作责任状，对灯具要妥善保管，落实包保责任制，做到每盏灯具都有专人管护，对落实的每片林分都要按规定和要求进行诱捕。要广泛发动当地群众，通过经济利益的调节和刺激作用，有偿使用林业部门购置的诱虫灯具，有组织、有计划地实施栗山天牛诱捕。

六、对捕捉到的栗山天牛实行有偿收购

对此次当地群众捕捉到的栗山天牛成虫，引入市场机制，由当地政府和林业主管部门组织进行收购，根据栗山天牛成虫羽化始见期、始盛期、盛期和盛末期预报，分别按成虫由高到低的3档价格收购，收购价格以充分调动群众捕杀栗山天牛害虫的积极性、使群众付出的劳动能够得到相应回报和促进捕杀害虫工作效率为原则自行制定。栗山天牛成虫收购点设在林场和乡镇林业工作站，对捕捉到的栗山天牛成虫应及时送交到收购点，收购点进行过秤检斤，并及时、足额兑现收购费用。收购点对收购的栗山天牛成虫及时进行杀死处理，晾干后装袋，统一交到县级林业主管部门再进行集中处理。

栗山天牛成虫收购费用要纳入当地政府财政预算，通过当地财政救灾资金和其他可以利用资金妥善解决。栗山天牛灾害发生危害的严重程度因地而异，对灾害发生面积大、危害严重的县份，因该项防治措施人、财、物力投入较大，省厅正在筹集资金，根据灾害面积、用灯、用人数量、诱捕到的栗山天牛数量以及对灾害应急处置工作态度，考虑给予适当的资金、物资补助。

七、要强化对栗山天牛人工捕杀救灾行动的组织和领导

栗山天牛成虫人工捕杀工作时间短，工作量大，任务重，要求严。因此，各级政府应急处置指挥机构要在4月就提前发布栗山天牛人工捕杀通告，明确责任、任务和目标，建立由政府主要领导牵头的组织保障体系，制定严密和完善的人工捕杀栗山天牛“突击行动”实施方案，层层落实任务和责任，以栗山天牛灾害发生区各林场、乡镇为基本单元，把灯诱和人工捕杀栗山天牛成虫工作落实到人头、地块。同时，在人工捕杀行动准备和实施的全过程中，要强化监督检查，实行严格奖惩，切实将栗山天牛人工捕杀工作落到实处、取得实效。

附录八：栗山天牛成虫人工捕杀防治技术方案

栗山天牛害虫三年1代，发育历期相对整齐，并且成虫具有明显的趋光性。利用栗山天牛趋光性诱集捕杀怀卵成虫，是防治栗山天牛的一项有效的技术措施。按照《吉林省栗山天牛灾害应急处置总体实施方案》有关规定，在2008年7~8月栗山天牛羽化高峰期，需要对发生栗山天牛的林分集中社会力量进行诱捕，快速降低林分虫口密度，减轻危害，有效防止灾害扩散蔓延。为此，特制定本方案。

一、夜间灯诱时间段

2008年是栗山天牛成虫羽化高峰年，羽化期为该年度的7月中旬到8月中旬的1个月时间。为了达到诱杀彻底、不让其漏网的目的，灯诱的时间段需要延长，定为7月5日至8月25日，前后各延长10天，共计50天时间(具体灯诱开始日期应结合栗山天牛成虫羽化期的监测预报)。在这一时间段，每天20：00至凌晨0：30，只要天气不下雨就进行林间设灯诱捕。

二、每盏灯的诱捕面积

(一)标准型栗山天牛专用黑光灯

根据中国林业科学研究院研究结果，灯管功率15瓦的标准型栗山天牛专用黑光灯灯体重量12千克，带高压电网，可兼诱杀其他害虫，该灯对栗山天牛成虫的诱集半径约为75米，即1个设灯点控制的面积为26.48亩。在栗山天牛灯诱时间段内，每盏灯可轮流控制4个设灯点，控制的总面积约为106亩。

(二)便携型栗山天牛专用黑光灯

灯管功率为7瓦的便携型栗山天牛专用黑光灯灯体重量2千克，不能兼用诱杀其他害虫，对栗山天牛成虫的诱集半径为30米，即1个设灯点控制的面积为4.24亩，按4个设灯点循环诱捕计算，控制的总面积约为17亩。

(二)普通型黑光灯

15瓦普通黑光灯对栗山天牛成虫的诱集半径约为50米，即1个设灯点控制的面积为11.77亩。在栗山天牛灯诱时间段内，每盏灯可轮流控制4个设灯点，控制的总面积约为47亩。

(三)白炽灯、高压汞灯、日光灯

200 瓦白炽灯、高压汞灯和 40 瓦日光灯对栗山天牛成虫的诱捕半径约为 40 米，即 1 个设灯点控制的面积约为 7.5 亩，但在林间施用受交流电电源限制，只能在村屯附近、便于连接交流电源的林分中使用。在栗山天牛灯诱时间段内，每盏灯可轮流控制 4 个设灯点，控制的总面积为 30 亩。

三、设灯方法

选择栗山天牛发生林分，按每盏灯能够控制的面积，设 4 个设灯点、在每个设灯点每天依次轮换进行诱集的方式方法进行诱捕，要求设灯点周围受害柞树相对集中，设灯点要设在较为开阔的林间天窗，设灯点周围 5 米之内没有高大树木遮挡光线，下草下木须清理干净，然后用绳子将黑光灯吊起来，灯的高度要求在 2 米以上，灯下铺上 4 米见方的白色塑料接虫布。

四、灯诱方法

灯诱之前首先对直流蓄电池式黑光灯的蓄电池按说明书要求充加电解液和进行充电备用；对交流电供电式的黑光灯要接好电源插座。在灯诱时间段内，在无雨的晚上 1 ~2 人一组按要求上山设灯，在 20:00 准时点亮诱虫灯直至凌晨 0:30。在上述时间里，如天气晴朗、闷热，栗山天牛成虫十分活跃，对灯光灯具有趋性，栗山天牛发现灯光后，会陆续向诱虫灯处飞来，有的可能会撞到诱虫灯上的高压电网，遭电击后掉入集虫袋内；有的落到灯下的白色塑料接虫布上；有的只是在诱虫灯附近的地上爬行。这时，就需要诱虫灯的管护人员进行人工捕捉放入手持的集虫袋中。

五、白天人工捕杀技术方法

栗山天牛发生危害严重的林分绝大多数分布在处于山脊、岗顶、陡坡等柞树林分中，上述地点的林分栗山天牛害虫数量多，种群密度大，捕捉较为容易。因此，在栗山天牛成虫羽化期，白天栗山天牛有在柞树树干上群居活动的特性，可在受害林分中寻找胸径较粗大或有明显受害特征的柞树，仔细观察树干上是否有栗山天牛成虫，发现后用手能直接够到的，就用手直接捏住栗山天牛胸部将其放入集虫袋内；伸手够不到的，可用捕捉杆粘取。捕捉杆的制作十分简单，即用一根长 2 ~3 米的木杆或竹竿，杆顶绑上废旧丝袜，用绑在竿头的丝袜粘取，栗山天牛就会被粘到丝袜上，难于逃脱，将竿头撤下，再用手将栗山天牛捉住，放入集虫袋。白天到受害林分中寻找和捕捉栗山天牛，虽然这种捕捉方法费工费时、效率不高，但也能捕捉到一定的数量的栗山天牛成虫。

六、对诱捕的栗山天牛的处置

将诱捕到的栗山天牛成虫及时交到林业主管部门在当地林场和林业工作站设置的栗山天牛收购站过秤检斤，换取诱虫费用。收购站将收购到的栗山天牛成虫及时用开水烫死后晾干装袋，定期交到林业主管部门统一保存或销毁。

附录九：栗山天牛成虫收购管理办法

根据《吉林省林业厅关于人工捕杀栗山天牛成虫“突击行动”方案》(吉林检[2008]18号)规定和“全省林业有害生物防控暨重大灾疫情应急处置视频会议”确定的栗山天牛灾害应急处置工作任务及目标，在今年的7月至8月栗山天牛成虫羽化高峰期，需要发动社会力量对栗山天牛成虫进行全面的灯诱捕捉，对捕捉到的栗山天牛成虫实行有偿收购，力求区域性消除栗山天牛灾害。为了规范栗山天牛成虫收购、验收、处理、数据上报等各工作环节，特制定本办法。

一、收购点的设置

此次栗山天牛成虫灯诱捕捉面积大、范围广，害虫发生的林分多分布在较为偏僻的山脊和岗梁，捕捉成虫的数量和工作量都相当大，因此，必须充分做好捕捉成虫的收购服务工作。要求各相关县(市、区、局)以方便群众为原则，根据栗山天牛灾害发生实际情况，合理设置成虫收购点，并提前公布收购点具体地址、联系电话、收购人员名单和每天收购的具体时间。

二、收购点的收购资金来源

此次栗山天牛成虫收购资金应采取多渠道筹集的办法予以解决。要求各相关县(市、区、局)必须保证所设成虫收购点备有充足的收购资金，确保及时兑现收购费用，坚决杜绝成虫收购工作中赊欠和打白条现象的发生。

三、成虫的收购及处理

(一)收购价格

栗山天牛成虫在整个羽化期内要出现以下几个阶段，即始见期、始盛期、盛期、盛末期、末期。羽化数量在始见期和末期最少，盛期最多，始盛期和盛末期居中。全省栗山天牛成虫收购参考价格40元/千克，各地可以依照栗山天牛羽化各阶段自行调整价格，以充分激励群众捕捉害虫的积极性。让群众的劳动得到均衡回报，达到最大限度地捕杀害虫目的。

(二)收购程序

在栗山天牛成虫收购过程中，各收购点要本着“公平、公正、公开”的原则，设立质量验收组，过秤检斤组，记账付款组，烫杀处理组。质量验收组要将所收购的栗山天牛成虫倒入塑料桶中，严格查验其中是否掺杂其他天牛类害虫或杂质，确保所收购的害虫全部都是栗山天牛成虫；过秤检斤组对验收合格的栗山天牛成虫进行检斤，确保足斤足两，开具过秤检斤凭证，一式三份，正本由过秤检斤组留存，副本一份交送货人，一份交烫杀处理组留存备查；烫杀处理组收取检斤凭证，并将收购到的栗山天牛成虫倒入开水锅中烫杀处理；记账付款组凭检斤凭证填写《栗山天牛成虫收购清单》（略），然后计费付款。每天收购工作结束之前，过秤检斤组、烫杀处理组和记账付款组要共同核对收购数量、付款金额，准确无误后，在《栗山天牛成虫收购清单》上签字画押，封存单据，结束当天的收购工作。

（三）收购后的处理

栗山天牛成虫收购期恰赶气温炎热的伏季，当天收购的成虫必须当天进行处理，避免腐烂变质，污染环境。收购后的成虫经过验收之后，通常采取以下几种处理方法：一是事先与当地养殖场或饲料加工厂联系，将收购的栗山天牛成虫作为猪、鸡、鸭等畜禽的饲料直接加以利用；二是不需要加工利用的，则应及时挖坑进行深埋或远离村屯进行沤肥处理。

四、收购后的害虫验收

对当天收购的成虫，在处理之前，由当地县级林业主管部门组织验收人员逐收购点进行每日验收；届时，省、市两级也组织验收组，以县为单位，对各收购点的成虫收购工作进行不定期抽查验收。

（一）日验收办法

当地县级林业主管部门组织验收队，每 2 人一组，分片包干，负责收购点的成虫收购数量和收购费用支出验收。验收时，首先查验过秤检斤凭证和《栗山天牛成虫收购清单》，核对当天收购成虫具体数量，对当天收购的成虫统一进行检斤核对。准确无误后，填写《栗山天牛成虫收购点日收购量统计表》，并附《栗山天牛成虫收购清单》（副本）；最后，监督收购点对当天收购的成虫进行处理。

（二）不定期抽查验收办法

在栗山天牛成虫收购过程中，省、市两级林业主管部门将组成联合验收组对各县（市、区、局）收购的成虫进行不定期抽查验收，随机抽取收购点，根据收购点《栗山天牛成虫收购清单》上记载的名单和联系方式进行随机核对，对收购点当天收购的成虫数量、付款金额进行抽查验收，并根据若干次抽查验收结果的总体收购数量和平均准确率写出总体评定意见，作为该县此次“突击行动”任务完成情况的衡量标准之一。

五、成虫收购数量的汇总和上报

栗山天牛成虫收购数量以县、局为单位，由当地县级林业主管部门每日进行统计，要求分别列出每个收购点当天收购数量，统计全县当天所收购的成虫数量，然后第二天以电子邮件上报到省森防检疫总站和市级森防检疫机构。省厅将届时将每天汇总并发布栗山天牛成虫人工捕杀数量信息。

六、奖励和惩处

在“突击行动”全面结束之后，省厅将逐县统计栗山天牛成虫捕杀数量，并结合省、市联合验收组对该县抽查结果和总体评定意见，最终核定该县总体捕杀数量，拨付成虫收购补助费用。对在此次成虫收购中组织得力，成效突出的单位和个人，将给予表彰奖励；对工作不得力、玩忽职守、弄虚作假等行为的单位和个人，将依法追究行政、经济直至刑事责任。

附表（略）。

附录十：吉林省人工捕杀栗山天牛“突击行动”考核办法

为了强化对人工捕杀栗山天牛成虫“突击行动”的组织和领导，确保“突击行动”工作任务落实和目标实现，根据《吉林省林业厅关于印发人工捕杀栗山天牛成虫“突击行动”方案的通知》及省政府林业有害生物防控视频会议精神的相关要求，结合实际工作情况，特制定本办法。

一、考核内容

以《人工捕杀栗山天牛成虫“突击行动”方案》为主要内容，重点考核人工捕杀栗山天牛成虫“突击行动”的组织保障、技术保障、宣传报道、诱捕人员及资金和灯具落实情况、成虫收购情况及工作总结完成情况，具体内容如下：

（一）组织保障：考核各单位“突击行动”指挥领导机构的组建情况，当地人民政府组织召开动员会议情况，重点考核是否签订政府责任状，且目标明确、有切实可行的奖惩办法。

（二）技术保障：考核是否按照上级业务主管部门的要求制定了切实可行的“突击行动”实施方案；是否开展“突击行动”的演练活动；是否按要求设置栗山天牛发育进度观测点并及时发布预报，且数据真实可靠。

（三）宣传报道：考核当地政府是否发布“突击行动”通告，当地电视台播放专题宣传片情况，当地广播、报纸等宣传媒体的宣传报道情况，乡镇和林场是否悬挂宣传条幅及对群众的宣传普及情况，“突击行动”宣传稿件的撰写及上报情况。

（四）诱捕人员、资金及灯具落实：考核所组织的诱捕人员数量能否满足“突击行动”的需要；根据“突击行动”实施方案中的资金预算额度和实际资金需要量考核各地资金预算情况；考核当地政府及林业主管部门的资金投入及使用情况；诱虫灯具的落实及兑现收虫款情况。

（五）成虫收购量：按照《栗山天牛成虫收购管理办法》中规定的程序，将统计的成虫收购总数量作为分子，根据各县（市、区）栗山天牛发生面积、危害程度测算后统计上报的成虫捕捉量为分母，计算各地完成成虫收购量的百分比。

（六）工作总结情况：“突击行动”结束后，考核各地工作日志记录是否及时全面，工作总结是否全面准确，并且上报及时。

二、考核方法

（一）考核工作采取日常检查与集中考核相结合的方式进行，省厅将派员在6~8月不定期到相关单位检查指导“突击行动”工作的开展情况。在各地“突击行动”工作结束后自查的基础上，省厅于9月对“突击行动”工作的完成情况进行逐县、市集中考核。

（二）考核采取百分制记分方法（见考核赋分表），分别对各市、县进行考核。根据发生面积及工作量的不同，各县（市、区）的考核最终成绩为该地“突击行动”实际考核成绩乘以相应系数。通化、吉林地区各县（市、区）及红石林业局最终成绩为实际考核成绩乘以系数1.1；白山市直属林场、靖宇县、东丰县、吉林市丰满区最终成绩为实际考核成绩；伊通县、东辽县、三岔子林业局最终考核成绩为实际考核成绩乘以系数0.9。各地区的最终得分按市级考核总成绩0.2、县级0.8的权重，计算出该地区的“突击行动”总成绩，并作为全年目标管理考核成绩的重要依据。

三、考核结果

总成绩在80分或以上为优秀，60～80分为合格，60分以下为不合格。考核结束后，省应急处置指挥部将在全省通报考核结果，并根据责任状进行奖惩兑现。

附件：

吉林省人工捕杀栗山天牛“突击行动”考核赋分表

项　目	赋　分　标　准	分值
组织保障	1. 成立了人工捕杀栗山天牛成虫“突击行动”指挥部(3)	3
	2. 政府召开了专门的动员会议(3)	3
	3. 签订了政府责任状，目标明确、责任落实，有奖惩办法(4)	4
技术保障	1. 制定了切实可行的实施方案(3)，各个环节分工明确，责任落实(2)	5
	2. 进行了人工捕杀演练活动(2)	2
	3. 按要求设置成虫发育进度观测点，观测点上报数据真实可靠(3)	3
	4. 及时有效、方便快捷的发布对栗山天牛发育进度预报(3)	3
宣传报道	1. 当地政府发布了“突击行动”公告(3)	3
	2. 在当地电视台播放专题宣传片(3)	3
	3. 报纸有专题报道(2)	2
	4. 相关乡镇和林场有宣传条幅(2)	2
	5. 对当地群众宣传普及率达50%以上(2)	2
	6. 及时报道“突击行动”的稿件达5篇以上(3)	3
人员、资金及灯具落实情况	1. 诱捕人员满足工作需要(3)基本满足(2)不满足(1)	3
	2. 资金预算合理，误差在±20%以内(2)	2
	3. 本级财政投入资金占需要资金的50%以上(10)，在41%～50%的(7)，在31%～40%的(4)	7
	4. 本级林业主管部门投入资金占需要资金20%以上(5)	5
	5. 上级下拨的专项经费专款专用，没有截留挪用(4)	4
	6. 及时、足额兑现收虫款(3)	3
	7. 诱虫灯落实率达95%以上(5)，在81%～95%的(4)，在65%～80%的(3)	5

（续）

项　目	赋　分　标　准	分值
成　虫 收购量	根据各县市区测算后上报成虫捕捉量为基数 1. 收购量完成80%以上的(30) 2. 收购量完成71% ~80%的(25) 3. 收购量完成61% ~70%的(20) 4. 收购量完成51% ~60%的(15) 5. 收购量完成41% ~50%的(10) 6. 收购量完成40%以下的不得分	30
工作管理	1. 及时全面地记录工作日志(1) 2. 在工作完成后，认真进行了总结，总结材料全面并及时上报(2)	3

注：市级考核中不涉及市级的项目全额赋分。

附录十一：四平市林业有害生物灾害应急处置预案

一、总　则

（一）编制目的

林业有害生物灾害是一种危害严重的自然灾害。为有效防范和应对林业有害生物灾害，最大限度地减少损失，维护我市林业生产安全，巩固生态建设成果，特制定本预案。

（二）编制依据

本预案依据《中华人民共和国森林法》、《森林病虫害防治条例》、《植物检疫条例》、《国家林业局突发林业有害生物事件处置办法》、《吉林省重大突发性林业有害生物灾害应急处置预案》、《吉林省森林植物检疫实施办法》等有关法律、法规、规章编制。

（三）指导思想

坚持"预防为主，科学防控，依法治理，促进健康"的方针，建立健全各级森林病虫害防治检疫机构，不断提高森防检疫人员综合素质，积极完善基础设施建设，以增强监测预警和防治减灾能力，建立快速反应机制，落实各项责任制度，全面提升应对重大林业有害生物灾害的防控能力，保护森林资源安全，促进我市林业和社会经济持续、快速、协调、健康发展。

（四）工作原则

1. 坚持预防为主，各项防治措施并举，防控结合的原则。

2. 坚持快速反应，紧急处置，控灾减灾的原则。

3. 坚持分级联动，各司其责的原则。

4. 坚持属地管理，以地方政府为主的原则。

（五）适用范围

本预案适用于四平市行政区域内林业有害生物灾害应急处置工作。发生下列情况之一的，应立即启动本预案。

1. 林业有害生物直接危及人类健康的。

2. 从国（境）外新传入林业有害生物的。

3. 新发生检疫性林业有害生物疫情的。

4. 非检疫性林业有害生物导致叶部受害成灾面积 1 万公顷以上、枝干受害成灾面积 1 000 公顷以上的。

5. 大面积发生的林业有害生物灾害事件。

二、组织机构及职责

（一）组织机构

成立四平市林业有害生物灾害应急处置指挥部：

总 指 挥：市政府副市长；

副总指挥：市政府主管副秘书长；

成员：市林业局、市财政局、市农办、市委宣传部、市交通局、市公安局、市邮政局、市气象局、火车站等单位主要领导。

市指挥部下设办公室和专家组：

办公室设在林业局，办公室主任由林业局局长担任。成员由市林业局计财科、造林科、绿化办、资源科、森防站负责人组成。专家组组长由林业局主管副局长担任，成员由林学院、森防站、林业科学研究院等专家组成。

（二）工作职责

1. 市指挥部主要职责

统一指挥全市灾情监测、预防和应急处置工作，召集全体成员会议，通报灾情，布置具体工作。监督、检查、指导灾情封锁、防控、除治等措施的落实，协调解决应急处置工作中的一系列重大问题。

2. 办公室主要职责

负责处理灾情应急处置的日常管理，协调指挥部和成员单位的应急处置工作。

3. 成员单位主要职责

市林业局：市灾情应急处置工作的牵头部门，负责灾情应急处置工作的监督、检查和技术指导，制订灾害应急处置实施方案。

市财政局：主要负责灾情应急处置的财政经费保障，负责专项应急处置资金的筹集及使用监督，按照林业部门的意见拨付救治资金。

市农办：负责灾情应急处置工作中涉及农村、农民的相关政策和宣传教育，积极协助做好灾情处置工作。

市委宣传部：负责灾情有关工作的宣传报道，严格把握新闻舆论的正确导向。

市交通局：遵守国家林业局等五部委（局）《关于国内托运、邮寄森林植物及林产品实施检疫的联合通知》的有关规定，积极支持配合森检机构开展检疫、复检等项工作。

市公安局：主要负责协助林业部门开展联合执法，处理相关治安案件，查处非法调运森林植物的单位和个人，维持灾区现场治安和交通秩序。

市邮政局：主要负责林产品邮寄检疫的把关验证工作。

市气象局：负责灾情应急处置方面的气象资料和相关信息，做好与防控工作相关的各项气象服务。

四平市火车站：协助配合森检机构，对车站进入或调出的森林植物及林产品的检疫把关工作。

4. 专家组的主要职责

负责灾情的调查、核查、评估和分析，为指挥部提供技术咨询，提出应对灾情的处置意见和建议，组织开展灾情预测、预警、预防和应急处置等方面的科学研究。

三、预警和预防机制

（一）全市林业有害生物灾害预防体系建设

根据我市的森林资源分布，在全市建立健全重大有害生物监测预警网络和应急指挥信息系统。划定一般预防区和重点预防区。市林业局要加强森林病虫害监测预警体系、检疫御灾体系和防治减灾体系建设，充分发挥各县区乡（镇）测报点、基层林业站、护林员的作用，加强各级应急指挥信息系统、监测预警专业队伍和基础设施建设，全面提升监测预警能力。

（二）监测机构

为切实有效防止林业有害生物灾害发生，建立市、县（区）、乡镇（林场）、村的四级监控体系：

1. 市林业局根据国家林业局和省林业厅的部署，组织开展林业有害生物灾害的监测、预防工作，并按要求及时上报；

2. 县（区）负责预测预报网点的建立，并实施监测预警工作；

3. 乡镇林业站、国有林场确定专门技术人员负责调查监测、预防工作；

4. 村确定专兼职护林员负责林业有害生物灾害的日常观察工作。

（三）加强信息交流和科技支撑

市林业局要加强与周边县市的交流与合作，及时掌握有关林业有害生物的信息。认真听取专家意见和建议，定期组织有关专家对可能入侵的林业有害生物进行风险等级评估分析，提出预防措施。对已入侵但未形成灾害的林业有害生物，要根据其危害、分布、蔓延和流行特点，提出监测、控制与扑灭技术措施，防止灾情扩大。

（四）检疫管理

市林业局要制定相应措施，严密封锁疫情，防止疫情扩散传播。同时，要加大检疫执法力度，防止危险性林业有害生物入侵。

四、应急响应

（一）响应程序

市林业有害生物灾害应急处置指挥部确认林业有害生物灾害后，及时将有关情况通报地方人民政府，接到市政府突发公共事件应急处置总指挥部命令后，立即启动预案。市林业有害生物应急处置指挥部召集全体成员会议，进行具体部署，迅速组织有关人员赶赴发生现场，检查督导疫区封锁、疫情除治和预防控制等措施的落实。地方政府组织开展物资、设备的调集，寻求技术支持及其他协调工作。及时向市委、市政府报告灾情动态。

（二）指挥与协调

市林业有害生物灾害应急处置指挥部负责辖区林业有害生物灾害的统一指挥，组织有关部门共同参加应急处置工作。

（三）信息发布

1. 报告制度

有关单位及个人发现重大林业有害生物或疑似情况时，应立即向所在地的林业主管部门报告。所在地林业主管部门应在 2 个工作日内核实并报告同级人民政府，同时报送上一级林业主管部门；市林业局认为可能属于重大有害生物的，应在2个工作日内同时报市政府和省林业厅(应同时说明信息来源、危害区域、程度、发生性质的初步判定、拟采取的措施及报告单位负责人、报告人及联系方式等)。

2. 通报与信息发布

(1)经确定为较大、重大、特别重大林业生物灾害的，市林业局必须在5日内向市防控指挥部及其他有关部门通报有关情况。

(2)接到通报后，市办公室要及时将有关情况通知有关县区及乡镇林业及其他有关部门，密切关注重大林业有害生物发生趋势并加强监测预警工作。

(3)市防控指挥部根据需要及时向社会准确、客观地发布重大林业有害生物发生、防治信息。经省林业厅和市防控指挥部同意，市林业局可以发布本行政区域内的有关信息。

(4)市防控指挥部负责林业有害生物灾害新闻发布。涉及对外报道时，未经市防控指挥部批准，任何单位和个人不得擅自发布。

(四)通讯

在林业有害生物灾害应急处理的整个过程中，必须保持通讯联络及有关信息系统网络畅通，明确主要联络和信息系统维护人员、专用电话和备用电话。

(五)应急结束

应急预案启动后，重大、特别重大林业有害生物灾害由市级专家组负责对疫情发展变化和防治效果做出评估，及时向市林业灾害指挥部提交评估报告，提出继续实施、终结实施或转为非重大林业有害生物灾害实施防治的意见，市林业灾害指挥部办公室根据专家组的意见，确定下一阶段工作计划，并报市政府应急办批准后宣布应急结束。

六、后期评估与善后处理

(一)后期评估

应急预案实施结束后，市防控指挥部办公室要及时组织专家组和有关人员对重大林业有害生物灾害造成的损失进行评估，分析林业有害生物灾害发生的原因和应吸取的经验教训，提出改进意见和措施，向市防控指挥部办公室报告，由市防控指挥部办公室向市应急办公室报送应急预案启动及实施的有关情况，报告同时抄报省林业厅。

(二)善后处置

应急预案实施结束后，市防控指挥部办公室指导发生地开展灾后重建，重点组织实施专家组后期评估提出的改进措施。清理因应急措施而设立的临时设施。

经专家组评估认为该重大林业有害生物灾害对林农造成重大损失的，市、县(区)政府应酌情予以补助。

七、保障措施

(一)通信保障

建立和完善重大生物灾害应急指挥系统，配备必要的有线、无线通讯器材，确保本预案启动时指挥部与有关部门及现场工作组之间的联络畅通。

(二)经费保障

处置重大生物灾害所需的财政经费，按《突发事件财政应急保障预案》执行。其基础设施建设投资，由基本建设投资渠道解决。

（三）物资储备

市防控指挥部办公室根据日常掌握的情况和重大有害生物的发生特点，储备药剂、药械、油料、运输车辆及其他物资。

（四）技术保障

及时了解和掌握国内、外林业有害生物发生、防治信息，对潜在危险性有害生物进行超前研究，制订防治技术方案，为指挥决策提供技术支持。

（五）人员保障

市林业局要根据林业有害生物灾害发生形势和专家意见，建立健全基层森防机构。同时要加强系统内有关人才的培养，建立起一支高素质的应对生物灾害专业管理和技术人员队伍。

（六）监督与演练

市林业局建立有害生物应急专家组，为处置林业有害生物灾害提供技术支持。根据专家的意见和不同时期林业有害生物的发生危害情况及其潜在威胁，市林业局定期组织检查，如机构、队伍建设，物资、技术储备情况等。每年市防控指挥部办公室负责市、县（区）、乡（镇）应急管理人员的上岗前和常规性培训工作。要分层次对专业指挥人员和除治专业队队员进行技术培训，组织小规模的实战演练，提高应对林业有害生物灾害的处置能力。

（七）奖惩

对在林业有害生物灾害应急管理和处置中做出突出贡献的单位和个人，要按照有关规定给予表彰和奖励。对在应急处置中玩忽职守造成损失的单位和个人，将依法追究其责任。

八、附　则

本预案由四平市市林业局负责解释。本预案自公布之日起实施。

附录十二：四平市杨树病虫害应急处置实施方案

一、应急处置工作的指导思想和坚持的原则

（一）指导思想

以科学发展观为指导，紧紧围绕全面建设小康社会总目标，遵循“预防为主，科学防控、依法治理、促进健康”的林业有害生物防治方针，以全面提高控灾减灾能力为中心，实行政府统一领导、分级负责，行业配合、相互协作，依靠专家、科学防控，全面动员、快速反应等有效措施，落实灾害应急处置责任，建立健全林业有害生物灾害应急处置长效机制，确保全市森林资源和森林生态安全，促进国民经济持续、快速、健康、协调发展。

（二）坚持的原则

坚持系统管理，地方政府负全责，实行政府目标责任制；坚持统一规划，突出重点，全面推进；坚持分区施策，因林施治，大面积种群控制；坚持依靠科学，利用先进的科技成果，注重取得实效；坚持保护环境，治理与恢复并进以及实现生态、经济、社会效益相统一的原则。

二、应急处置总体目标和具体任务

（一）总体目标

从2006~2010年，利用5年时间，全面治理杨树病虫害，虫口密度控制在发生指标以下，达到有虫不成灾，对受害林分全面进行生态恢复，将林业有害生物灾害造成的损失降到最低程度，有效保护“三北”防护林建设成果。

（二）具体任务

1. 利用2~3年时间全面控制食叶害虫

治理虫种：黄刺蛾、杨扇舟蛾、杨小舟蛾、分月扇舟蛾、杨毒蛾、柳毒蛾、舞毒蛾。

2. 利用5年时间逐步根治蛀干害虫及主干病害

治理病虫种：青杨天牛、白杨透翅蛾、杨干象、光肩星天牛、杨树烂皮病。

三、应急处置组织领导机构及职责

（一）市级指挥机构

为确保杨树病虫害应急处置工作顺利实施和取得预期目标，市人民政府决定成立杨树病虫害应急处置指挥部，机构设置如下：

指挥长：分管副市长。

副指挥长：分管副秘书长。

常务指挥：四平市林业局局长。

常务副指挥：四平市林业局分管副局长。

成员：市林业局、市发改委、市财政局、市农委、市牧业局、市民政局、市交通局、市公安局、市科技局、市邮政局、市气象局、市信息管理局、市委宣传部、四平车站、市森警支队主要负责人。

市指挥部下设办公室和专家组。

办公室设在市林业局，办公室主任由常务副指挥兼任，办公室副主任由市林业局办公室主任和市森林病虫防治检疫站站长兼任，成员由市林业局计财科、造林科、绿化办、资源林政科、产业开发办负责人组成。

专家组组长由森防站站长担任，成员由林业科学研究院、森防站、四平大学等有关科研、管理、教学单位有关专家组成。

（二）职责

1. 市指挥部主要职责

统一指挥全市杨树病虫情调查监测、预防和除治工作，召集全体成员会议，通报灾情，部署具体工作，监督、检查、指导灾情封锁、防控、除治等措施的落实，协调解决应急处置工作中的一系列重大问题。

2. 办公室主要职责

负责处理灾情应急处置的日常管理工作，协调指挥部各成员单位的应急处置工作。

3. 成员单位主要职责

市林业局：是灾害应急处置工作的牵头部门，负责灾情应急处置工作的监督、检查和技术指导；负责制定灾害应急处置工作方案和总体实施方案，落实各项处置任务和措施；建立健全防灾、控灾、减灾体系；具体组织实施灾情调查监测、应急防控、灾情处置、灾后生态恢复等防灾、控灾、减灾体系实施和运作；向市政府提出治理对策及措施建议；负责向省林业厅、市政府报告相关情况和向有关县（市、区）通报情况及公文、信息、宣传的审核工作。

市财政局：主要负责灾情应急处置财政经费保障，负责专项应急处置资金的筹集及使用监督，按照林业部门的意见拨付救治资金。

市发改委：主要负责灾情应急处置的立项保障和发展规划工作，加大林业有害生物监测、预报、防治和检疫体系建设力度。

市农委：主要负责灾情应急处置工作中涉及与农村及农民相关政策的宣传和教育，积极协助做好灾害处置工作，防止阻碍应急处置工作的事件发生。

市牧业局：主要负责协调和处理灾情应急处置过程中发生的农、牧民放牧难等一系列问题，协助做好疫源疫病监测、检验工作。

市民政局：主要负责对所接受的社会捐赠资金、物资的监督和管理，组织开展灾后重建工作。

市交通局：主要负责救灾物资的运输畅通，协调各地公路、水路的应急运输组织及封锁检查等工作。

市公安局：主要负责协助林业部门开展联合执法，处理相关治安案件，查处非法调运单位和个人，维持灾害现场治安和交通秩序，确保救灾物资的运输和发放安全。

市科技局：主要负责应急处置急需的科研项目攻关以及灾害综合治理技术的研发和推广。

市气象局：主要负责为同级指挥部提供应急处置方面的气象资料和相关信息，做好与防控工作相关的各种气象服务。

市信息产业局：主要负责提供救灾所需有线、无线通讯设备和通讯保障，确保指挥通信线路的畅通。

市邮政局：主要负责林产品邮寄检疫把关验证工作。

四平车站：主要负责市内铁路货运站点的相关救灾货物运输及检疫把关工作，确保及时到位。

市森警支队：主要负责协助进行灾害现场应急处置工作。

市委宣传部：主要负责协调省内媒体对灾害应急处置工作进行相关政策宣传，对应急处置过程中的典型人物、典型事迹及时进行宣传报道，严格把握新闻舆论的正确导向。

4. 专家组主要职责

负责杨树病虫害灾情调查技术方案的制定、核查、评估和分析，为指挥部提供技术咨询，提出应对灾情的处置意见和建议，组织开展灾情预测、预警、预防和应急处置等方面的科学研究。

（三）县（市、区）指挥机构及职责

灾情应急处置预案启动后，灾害发生的县（市、区）必须成立相应的应急处置指挥部，具体负责和组织协调本行政区域内灾情应急处置工作，落实相应责任和任务，并按照市指挥部批准的灾情应急处置规划和实施方案进行应急处置。

县级指挥部主要职责：负责组织制定灾情现场应急处置实施方案，应急处置实施方案经市指挥部批准后，立即按照方案有关规定和要求严密组织人、财、物力并逐项加以落实。组织专业队伍对发生区及其周边地区灾情进行调查、取样、检验及相关技术分析和跟踪监测，同时利用先进的药剂药械及仪器设备对灾情进行快速封锁、除治及扑灭。严防寄主植物及其产品无序流动，防止灾情扩散蔓延。及时向当地人民政府和市指挥部报告灾情封锁、除治及扑灭情况，并做好舆论宣传和疏导工作，争取其他部门和当地群众对灾情应急处置工作的支持与配合。

四、灾情应急处置工作相关要求

（一）灾情的调查监测与报告

县级森防检疫机构是灾情调查监测的实施单位，在省、市森防检疫机构指导下，建立辖区内灾情监测工作制度，通过国家级和省级中心测报点的示范和带动作用，健全以林场、乡镇林业站为基本调查监测单元的灾情监测网络，落实森保员为具体调查监测工作第一责任人员，由森保员组织本单位护林员共同对所辖区域的灾情发生危害情况进行定期调查，按规定和要求上报调查数据。

（二）应急处置队伍、体系建设

各级林业主管部门要加强森防检疫机构、人员队伍、监测预警体系、防灾减灾体系基础设施建设，以各级森防检疫机构为技术依托，建立快速准确的灾情信息采集、传递、处理、决策系统和运转正常、指挥有力的应急指挥信息系统，建立、健全灾情专业应急处置队伍，强化培训和演练，全面提升对灾情的监测预警和应急处置能力及水平。

（三）应急处置的分级响应

我市灾情发生面积大，涉及面广，对森林资源、生态环境造成危害严重，市林业局要制定市级灾情应急处置总体方案，明确采取的封锁、扑灭等紧急防控对策和措施。县（市、区）林业主管部门要结合市级应急处置总体方案并根据本地灾情发生危害实际情况提出具体灾情应急处置实施方案，经市指挥部办公室批准后，组织力量和药剂药械实施应急处置。

（四）应急处置的信息发布

新闻、信息的发布由市委宣传部统一组织，归口管理，根据需要及时向社会准确、及时、客观地发布我市灾情有关信息。做到统一组织、把握时机、真实准确、注重实效。发布的内容、程序按规范性格式由专人负责，任何单位和个人不得擅自对外发布。

（五）应急结束

灾情应急处置预案启动后，专家组负责对灾情发展变化和处置效果进行评估，及时向市指挥部和灾情发生地人民政府提交评估报告，提出继续实施、终结实施或转为非重大林业有害生物灾害事件的处理意见。

（六）后期评估

灾情应急处置预案结束后，市指挥部办公室要会同灾情发生地林业主管部门及时组织专家组和有关人员对灾情造成的损失进行评估，分析灾情发生的原因和应汲取的经验教训，提出改进措施和意见，向市指挥部报告，同时抄送灾情发生地人民政府，并将相关情况向有关部门进行通报。

（七）善后处理

灾情应急处置预案结束后，市指挥部办公室指导灾情发生地林业主管部门开展灾后重建工作，重点实施专家组后期评估提出的改进措施，恢复受灾林分，清理因应急措施而设立的临时设施。

五、应急处置工作的组织与领导

（一）建立健全政府目标管理责任制

在灾情应急处置预案启动实施过程中，要切实将灾情应急处置责任、目标和任务落实到各级政府肩上，明确地方政府要对灾情应急处置工作负全责，建立完善的灾情应急处置目标管理责任制，层层签订责任状、层层对上负责，逐级抓落实、抓检查、抓奖惩，把灾情应急处置任务和目标完成情况作为考核领导干部政绩的一项重要内容，定期进行考核，确保应急处置工作深入开展和取得实效。

（二）强化应急处置工作管理

1. 组织管理

在灾情应急处置实施过程中，各级组织指挥机构要制定相应的政策，建立、健全各项规章制度和管理办法，强化对应急处置工作的全过程管理，切实提高管理工作水平和质量。同时要建立工作进展月报表制度，加强工作进度和信息反馈工作。

2. 资金管理

灾情应急处置资金属于救灾资金，资金投入量大，必须严格管理，强化资金使用的监督。监察、审计和财政部门要加大应急处置资金的审计监管力度，严防截留、挤占、挪用应急处置资金现象的发生，对违反规定的要严肃处理。

3. 业务管理

林业部门要发挥灾情应急处置规划、组织、指导、协调和监督作用，把应急处置工作作为一项重点任务，设专门机构和专人负责，为同级政府当好参谋和助手，做好规划和实施方案编制工作。积极做好与有关部门和政府间的协调工作。在应急处置预案实施过程中要加强业务指导，实施全过程监督，随时掌握情况，并对发现的技术问题及时调控和纠正。

六、应急处置保障措施

(一)通讯保障

各级林业行政主管部门应在通讯管理部门配合下，建立和完善重大林业有害生物灾害应急指挥通讯系统，配备必要的有线、无线和卫星通讯器材及交通工具，确保本预案启动后指挥部和有关部门及现场工作组之间的联络畅通。同时，建立、健全灾情指挥通讯系统和通讯录，在灾情应急处置过程中，由市指挥部办公室使用专用电话、专人负责各级指挥机构及现场处置情况的联络，确保通讯联络及有关信息系统网络畅通。

(二)经费保障

灾情应急处置所需的经费，可申请省财政予以支持，各级政府也要将灾情应急处置所需经费列入本级政府财政预算。市财政部门对发生的灾情应急处置工作优先拨给专项救治和扑灭资金。

(三)物资储备

市林业局根据全市灾情发生规律和特点，储备药剂药械、设备仪器、运输车辆、油料及其他物资，并根据建设规划和应急处置物资储备需求，由市财政部门安排储备建设资金。县级林业主管部门对物资储备建设工作应当紧密配合，地方财政部门要给予支持。

(四)技术保障

市森林病虫防治检疫站要及时了解和掌握国内外灾情及防控信息，要会同科研所和大专院校进行超前研究，制定预防和应急处置技术方案，为指挥决策提供技术支持。

(五)人员保障

各级林业主管部门要根据灾情发生趋势和专家意见，建立健全森防检疫机构，加大基础设施、设备建设投入，加强防治检疫专业队伍和人才的培养与训练，建立起一支素质高、装备优的能够自如应对灾情应急处置的专业管理和技术人员队伍。

(六)责任

对在灾情应急处置工作中做出突出贡献的单位和个人，要按照有关法律、法规或文件等规定，给予表彰和奖励；对因玩忽职守或渎职而造成灾害除治不利，或引起灾害扩散蔓延而造成损失的单位和个人，将依法追究其刑事、行政以及经济责任。

1 长白山远眺

2 健康的松林

3 健康的柞树林

1 栗山天牛严重危害的寄主——柞树被害状

2 栗山天牛卵

3 栗山天牛幼虫及柞树木材被害状

4 栗山天牛蛹及柞树木材被害状

5 栗山天牛雌雄成虫交尾状

1 人工捕捉栗山天牛有偿收购宣传单

2 烫杀收购的栗山天牛成虫

3 栗山天牛灾害应急处置宣传横幅

4 “突击行动”期间人工捕捉栗山天牛成虫现场

5 支付收购栗山天牛现金

1 日本松干蚧危害状

2 日本松干蚧寄主油松的被害状

3 日本松干蚧卵囊

4 日本松干蚧初孵活动若虫

5 日本松干蚧固定寄生若虫

6 日本松干蚧雌成虫

1 日本松干蚧疫情应急处置演练现场

2 日本松干蚧疫林采伐作业现场

3 日本松干蚧疫林伐除现场

4 日本松干蚧疫林采伐剩余物销毁现场

5 日本松干蚧疫木熏蒸除害处理现场

1 日本松干蚧疫林采伐后的造林更新及生态恢复

2 清除寄主松林林下实生幼树预防日本松干蚧疫情

3 日本松干蚧性外激素诱捕监测

4 日本松干蚧疫情树干打孔注药防治作业现场

5 林内喷烟除治日本松干蚧疫情

6 飞机施药防治日本松干蚧疫情

1 吉林省林业有害生物灾害应急处置预案启动会议

2 吉林省林业有害生物防控暨重大灾疫情应急处置工作视频会议

3 防控暨应急处置工作视频会议主会场

4 吉林省人工捕捉栗山天牛“突击行动”总结表彰会

5 表彰人工捕捉栗山天牛“突击行动”立功受奖人员

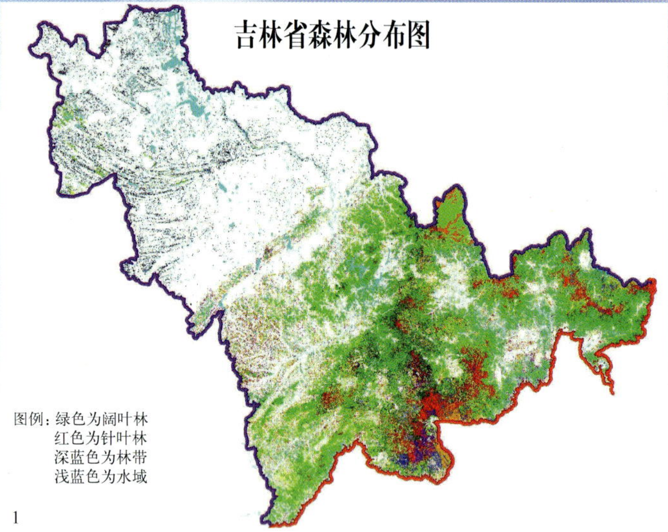

1 吉林省森林分布图（2005 年）

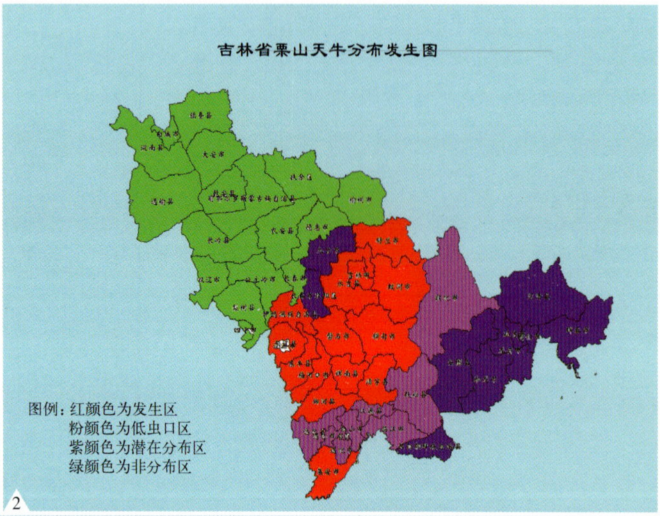

2 吉林省栗山天牛分布发生图(2005 年)

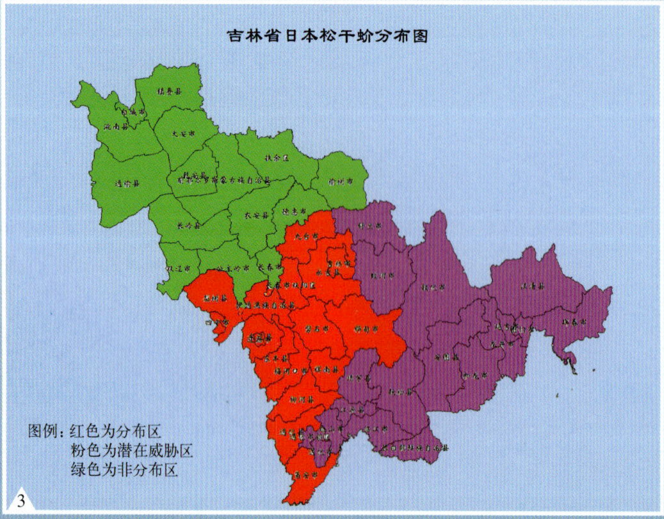

3 吉林省日本松干蚧分布图（2005 年）